無段変速機CVT入門

守本 佳郎

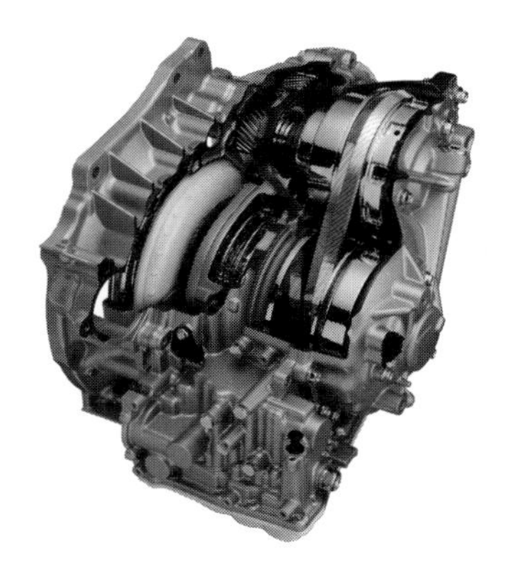

グランプリ出版

はじめに

日本においてはすでに大部分の車が運転操作の楽なオートマ車となった。オートマ車の中には歯車を使った多段自動変速機(AT：Stepped Automatic Transmission)と摩擦伝動等を使った無段変速機(CVT：Continuously Variable Transmission)がある。本来連続的に回転変化するエンジンと、連続的に速度変化する車両間の回転速度を変換するのが変速機であるが、これら連続変化するものをスムーズに効率よく変換するのには、連続的に変化する変速機CVTが望ましい。

しかるに連続的に変速する変速機は歯車を使えず、摩擦伝動のように連続的に力が加わる半径を変えることのできる機構を取らざるを得ない。このことが部品の寸法を大きくし、伝達効率を悪くし、また摩擦面における難しい技術を解決してゆかなければならなかった。

自動車の発明以来、数多くの研究者の素晴らしい創造性と、想像を絶する努力にもかかわらず、多段自動変速機を越える本格的なCVTが実現できない日々が続き、変速機開発者にとって夢の変速機と呼ばれていた。

オランダのVDT社(van Doome's Transmissie B.V.,)が金属ベルトの開発に成功して、一挙にベルト式CVTの実現の可能性が高まり、各社がその開発にしのぎをけずった結果、1987年にその中でVDT社が開発したユニットと日本の富士重工業(株)の開発したユニットが最初に商品化された。その後、ベルトCVTは日本では全FF乗用車の16%(2003年)まで増加し、さらに採用機種の拡大とともに増加の兆しである。

21世紀に入る頃には国内のほとんどの自動車メーカーがCVTの商品化を行っており、自動車部品の重要な地位を占めるにいたっている。ここに、主にベルト式CVTについて過去に多くの研究者、設計者が知恵と汗を注いで開発した多くのCVTユニットやその中に潜む高度な技術、複雑な構成、新しい創造的なメカニズム、機能、性能等について入門の形でわかりやすくまとめてみた。

解説の中には、ATやCVTの開発に良く出てくる簡単な計算式も織り込んだ。計算式は各要因の影響量が明確に数式で表現できる便利な手段であるが、取り付きにくい面もあるので、できるだけ簡単な実例計算を加えた。専門的な言葉がわからないという声を聞くもので、本書に出てくる専門用語の主要なものについて巻末に解説付きでまとめてみた。

自動変速機の入門書として「オートマチック・トランスミッション入門」坂本研一著(グランプリ出版)があり、これから自動変速機の開発に関わる若い人たちに多く読まれており、技術の底上げとして社会的に大変貢献している現場を見て、私も経験したCVTについて、この種の入門書が見当たらないため書くこととした。

これからCVTの開発に携わる人の入門書として、業務上関連のある人たちの知識として、また自動車や機械に興味深い人たちへの知的満足を与える書として役立てれば幸いである。

本書作成にあたり坂本研一様を始めとして、ジヤトコ(株)から多くの資料や、多くの方のご支援を戴いたことに関して厚くお礼を申し上げたい。

守本佳郎

無段変速機CVT入門

目次

第1章　CVTとは

1．CVTとはどんなものか

自動車用変速機には手動変速機、いわゆるマニュアル（MT）と自動変速機、いわゆるオートマ（AT）がある。車の足元にペダルが三つあって、左足で操作するクラッチペダルとH型に手で動かすシフトノブがあるのがMT。これは車が停止状態から発進したり速度が変わったりするたびにクラッチペダルやシフトノブを動かす必要があり、これは労力と高度な運転技術が必要となる。

一方、足元のペダルが二つと手で動かすマニュアルレバーがあるが、車が前進方向に走るときは左足と左手はほとんど動かす必要のないのがAT。運転操作が楽であり、運転者

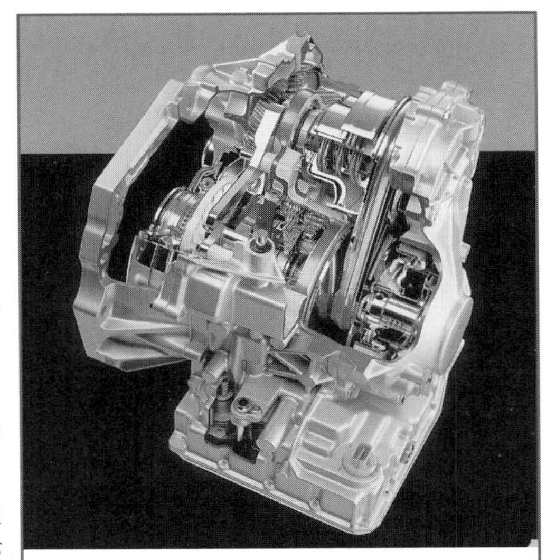

図1--1　ベルト式CVTが組み込まれたトランスミッション

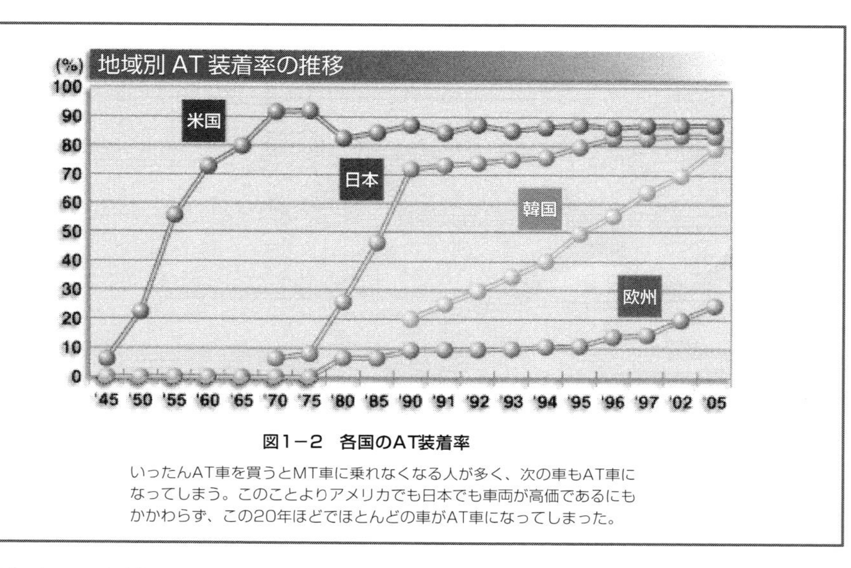

図1－2　各国のAT装着率

いったんAT車を買うとMT車に乗れなくなる人が多く、次の車もAT車になってしまう。このことよりアメリカでも日本でも車両が高価であるにもかかわらず、この20年ほどでほとんどの車がAT車になってしまった。

が神経をそれ以外の運転に集中できるため事故が少ないという統計結果もある。

AT車に乗ってしまうと、MT車はその操作がわずらわしく、乗れなくなってしまう人も多い。したがって、いったんAT車を買うと次の車もAT車になって、アメリカでも日本でも車両が高価であるにもかかわらず、AT車が普及した。その経過は図1－2でみるように、20年ほどでほとんどの車がAT車になってしまったのである。車両部品の変遷は一般的には高価で複雑な部品でも、操作が楽で性能の良い部品に変更してゆく歴史的事実がある。

ATの運転方法は基本的には同じであるが、機構によって次の二つに分類される。歯車を使って力を伝え階段的（ステップ的）に変速比を選択する自動変速機いわゆるAT（Automatic Transmission）、と摩擦で力を伝え連続的（スロープ的）に変速比の変わる無段変速機いわゆるCVT（Continuously Variable Transmission）がある。

CVTも自動変速機であるが、本書ではステップ式自動変速機のことをAT、無段変速機のことをCVTと呼ぶこととする。CVTのなかにもいろいろな方式があるが、現在自動車用のCVTとして大多数に使用されているのはベルトプーリ式CVTであり、本書では主にこれについて説明する。本来ならば他の方式のCVTと区別するためにベルトプーリ式CVTをBCVT（Belt CVT）と呼ぶべきであるが、特に断らない場合はベルトCVTを単にCVTと記すことにする。

自動車の運転は、車速で考えると連続的に変化しているのに対してステップ的に変速比が変わると、その分エンジン回転数が高くなったり低くなったりして無理やり対

図1－3　ATとCVTの車両速度とエンジン回転

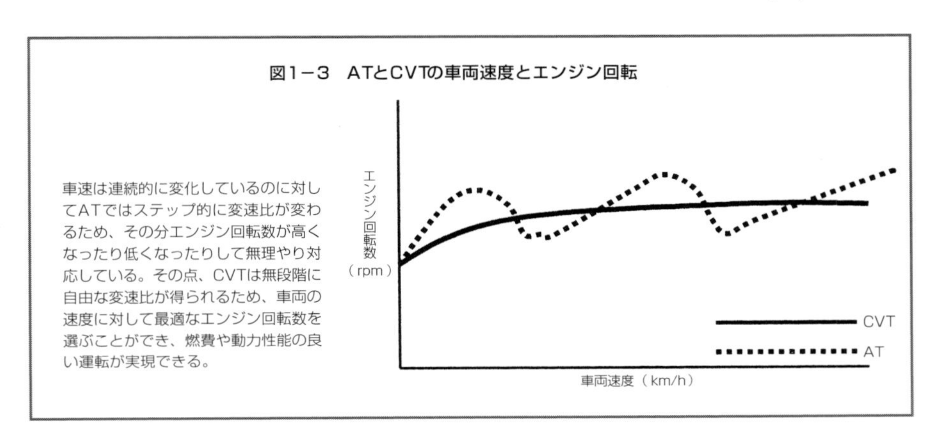

応することになる。そのため、変速のときに振動が発生(変速ショック)したり、ガソリンを節約する運転(燃費の良い運転)や加速の良い運転(動力性能の良い運転)をするためにに、より適したエンジン回転数のところが使えないことになる。その点、CVTは無段階に自由な変速比が得られるため、図1－3に示すように、エンジンの回転を大きく変えることなく、車両の速度を連続的に変えることができる。このため、燃費や動力性能の良い運転が実現しやすいので、理想の変速機、技術者の夢の変速機などと呼ばれている。

2. 自動車に変速機はなぜ必要か

変速比について考えてみる前に、トルクと駆動力、回転速度と車両速度の関係をみてみよう。車輪が出す力をトルク、速度を回転速度(または回転数)といい、車両が出す力を駆動力、速度を車両速度という。これらの関係は、

$$\text{車輪のトルク} = \text{車両の駆動力} \times \text{車輪の半径}$$

$$\text{車輪の回転速度} = \frac{\text{車両速度}}{2\pi \times \text{車輪の半径}}$$

したがって、トルクとは駆動力と車輪の半径を掛けたものである。車輪の回転速度は、車両速度を2π×車輪の半径で割ったものである。車輪が1回転すると車輪の外周分の距離となるため、車輪の半径に2πを乗ずることとなる。車輪の半径を大きくする、たとえば大きなタイヤにすると、同じ駆動力を得るためには大きなトルクが必要である。一方、車輪の半径を大きくすると、同じ車両速度を得るためには車輪の回転速度は小さくても良い。

		力		速度	
		（SI単位）	（工業単位）	（SI単位）	（工業単位）
車輪	名称	トルク		回転速度	
	単位	（Nm）	（kg-m）	（rad/sec）	（rpm）
	換算	9.8	1	2π/60	1
車両	名称	駆動力		車両速度	
	単位	（N）	（kg）	（m/sec）	（km/h）
	換算	9.8	1	1000/3600	1

換算は工業単位を1とした値

表1－1
車輪と車両、SI単位と工業単位の関係
・力はSI単位では1kgの重さの物体は地球上では重力の加速度（G）が9.8m/sec^{2}であるため9.8N（ニュートン、N＝kg×G）となる。重さと力は工業単位では同じkgであるが、SI単位ではkgとNと異なる単位である。
・SI単位の方が振動や遠心力を計算する場合重力の加速度の換算をする必要がなく、計算が楽である。

ここで、車輪と車両の単位の関係を表1－1に記した。単位は基本的にはSI単位を使うことになっている。

しかし、車両のスピードメータの車両速度表示は日本ではkm/hであり、タコメータのエンジン回転速度表示はrpm（1分間の回転数）のように実用的に普及した単位（工業単位）が使われている。これらの単位の記号と換算値を記載したので、この際、車輪と車両の力と速度のSI単位と工業単位の関係を理解して欲しい。

次に、本題の自動車に変速機はなぜ必要かについて考えてみよう。エンジンが出しているトルクをタイヤに伝えないと車は動かない。車両は低速では急な発進をしたり急な坂道を登ったりしなければならず、車輪に大きなトルク、すなわち車両には大きな駆動力が必要である。また、高速走行中は急に大きな加速も要らないし、急な坂道もないため大きな駆動力は要らないが、静かで燃費の良い走りにするためエンジン回転数の割には車両速度を高くしている。したがって、図1－4のような車両が必要とする駆動力の特性となる。

図1－4　エンジントルクと車両の必要駆動力

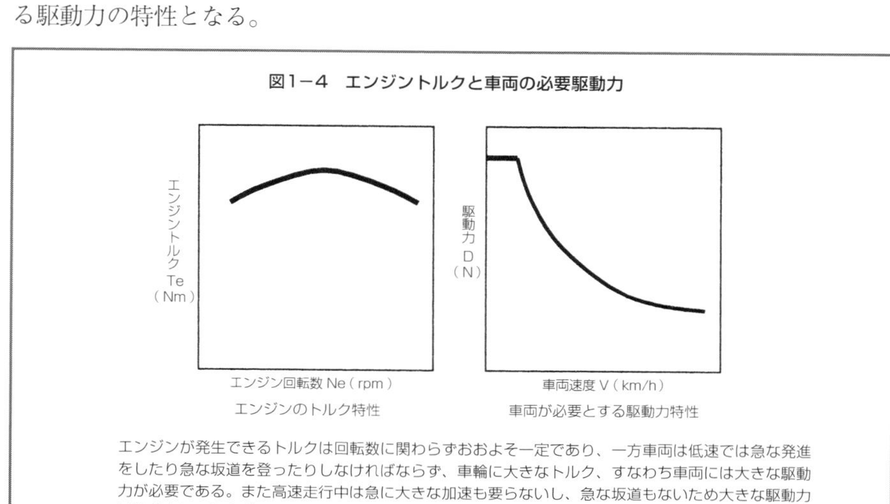

エンジンが発生できるトルクは回転数に関わらずおおよそ一定であり、一方車両は低速では急な発進をしたり急な坂道を登ったりしなければならず、車輪に大きなトルク、すなわち車両には大きな駆動力が必要である。また高速走行中は急に大きな加速も要らないし、急な坂道もないため大きな駆動力は要らない。したがって、エンジンの特性のままでは車両の走行に必要な要求には応えられない。

ところが、エンジンが発生できるトルク特性は図1－4のように回転数に関わらずおおよそ一定で、そのままでは車両の走行に必要な車両の要求には応えられない。

この二つの矛盾を解決するために使われるのが変速機である。低速ではエンジンの回転を大きく減速して大きな力をタイヤに伝え、高速では減速量を減らし(変速比を小さくし)、エンジン回転数の割には走行速度を高くしている。この減速の割合の逆数、すなわちトルクの増大の割合が変速比である。したがって、低速では大きな変速比を、高速では小さな変速比を使用する。

$$変速比 = \frac{出力トルク}{入力トルク} = \frac{入力回転数}{出力回転数}$$

発進で使用する変速位置を1速(1st Gear、またはLow Gear)、高速で使用する変速位置を5速変速機の場合は5速(5th Gear、またはHigh Gear)と呼ぶ。

自転車は、ペダルをこぐ人のトルクはほぼ一定で、自転車も低速では急な坂も登りたいし、高速ではペダルをゆっくり漕ぎたい要求があるため変速機をつけるが、これと同じことである。

変速比は変速機で選択できる変速比と、固定の減速機構でつくる変速比がある。全変速比はこの二つの変速比を乗じたものである。

全変速比＝変速機で変速できる変速比×固定の変速比

エンジンのトルク、回転数から車両の駆動力、速度を求める式は変速機技術者にとって重要であるため式1－1に関係式を記載する。またこの式で計算を行った一例を表1－2に示す。この式及び表を見ると変速機の変速比(it)を大きくすると車両の駆動力は大きくなり、速度は小さくなることがわかる。

式1－1　エンジンと車両の駆動特性を求める式

車両の駆動力(D)、車両スピード(V)は

$$D = \frac{(Te - Tf)\,it \cdot if \cdot \eta}{R}$$

$$V = \frac{2\pi R \cdot Ne\ (60/1000)}{it \cdot if}$$

ここで、D：車両の駆動力(N)

V：車両の速度(km/h)

Te：エンジントルク(Nm)

Tf：駆動系のフリクショントルク(Nm)
it：変速機の変速比
if：終減速比(固定の変速比)
η：駆動系の伝達効率
R：タイヤの動半径(m)
Ne：エンジンの回転速度(rpm)

＜解説＞回転数や車両速度はタコメータやスピードメータではrpm、km/hを使用しているため、この単位の方が一般に使われる。そのために車両速度の式の中に(60／1000)があるのはそれを換算するためである。
＜計算例＞下記数値の場合の変速比と車両駆動力、車両速度の関係を表1－2に示す。
エンジントルク：Te＝100Nm
エンジン回転数：Ne＝1000rpm
終減速比：if＝4.111
タイヤ有効半径：R＝0.305m
駆動系の伝達効率：η＝0.95
駆動系のフリクション：Tf＝5Nm

ロー変速比をハイ変速比で割った値を全変速比幅と呼ぶが(表1－2参照)、この全変速比幅が近年自動車の高速走行化により順次大きくなっている。ローの変速比は発進のために必要な変速比で決まり、ハイの変速比は車両が高速化すれば、高速走行でエンジン回転を下げて静かに走りたいからますます高い変速比が要求される。

日本においては、高速道路が開通する前は最高速度がせいぜい60km/h程度だったので全変速比幅はATの場合2.6程度でよかったが、高速道路ができて最高速度が100km/hとなると4.0程度が必要となる。さらに高速走行頻度が増えたり、ヨーロッパのように速度無制限となったり、エンジン最高回転速度の低いディーゼルエンジンの割合が多

表1－2　変速比と車両駆動力、速度の関係

変速段	変速比 入力回転数／出力回転数	車両駆動力（N） エンジントルク100Nmの時	車両速度（km/h） エンジン回転1000rpmの時	全変速比幅 1st変速比／5th変速比
1st	3.5	4258	7.99	4.667
2nd	2.6	3163	10.8	
3rd	1.4	1703	20.0	
4th	1	1216	28.0	
5th	0.75	912	37.3	

変速機の変速比(it)大きくすると車両の駆動力は大きくなり、速度は小さくなることが解る。エンジン回転数1000rpm時の車両速度をV1000という。たとえば上記計算例の5thのV1000は37.3km/hである。

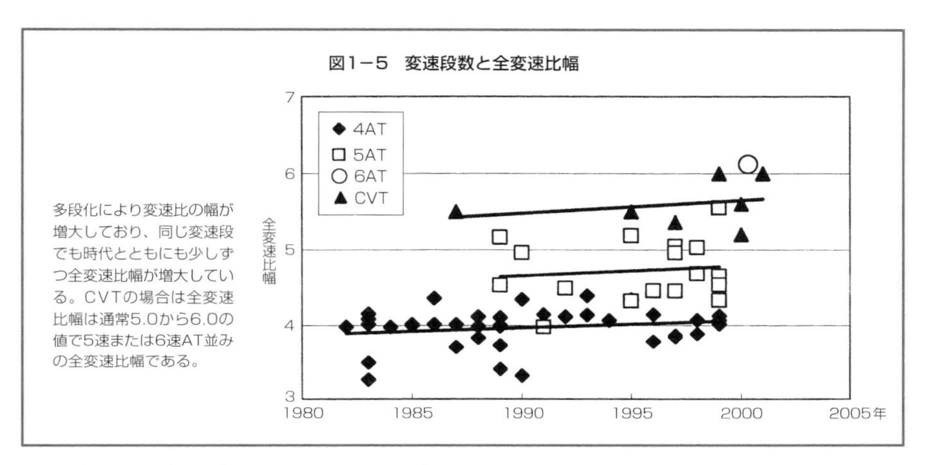

い地域では、全変速比幅は5.0や6.0が欲しくなってくる。

ロー変速比とハイ変速比だけでは中間スピードが走れなくなるため、あいだに変速段を設け3、4、5、6速ATと全変速比幅の大きいほど図1−5のように、多段のATとなる。ATの変速段はおよそ10年強で1段追加され6速まで商品化されてきたが、その後、10速ATまで製品化されている。

CVTの場合は中間の変速比は無段階につくれるため、変速比の幅が重要な意味を持ち、通常5.0から6.0の値で5速または6速AT並みの全変速比幅である。

3．歯車伝動と摩擦伝動は何が違うのか

ATは動力を金属の歯車で伝達する。CVTは同じ金属であるが、摩擦力で伝達するという違いがある。歯車は変速比を変えるためには歯車の組み合わせを変えてやらねばならず、変速比は階段的に変わってしまうことになる。一方、CVTは摩擦力であるため接触する半径を連続的に変えることができ、連続的な変速比が得られる。

これはCVTの良い点であるが、悪い点もある。一般に金属の油中での摩擦係数は大きめに見ても0.1（＝伝達力／押し付け力）程度である。これは図1−6のように、歯車に比べ10倍の力で押さえつけるか、または10倍大きい半径部で押さえつけないと同じトルクが伝達されないことを意味する。10倍の力で押さえつけると、通常金属が破損（フレーキング、ピッチングなどという）したり摩耗したりするため、接触する面積を大きくしたり、力の作用する半径を大きくしたりする必要がある。さらに、二つの金属

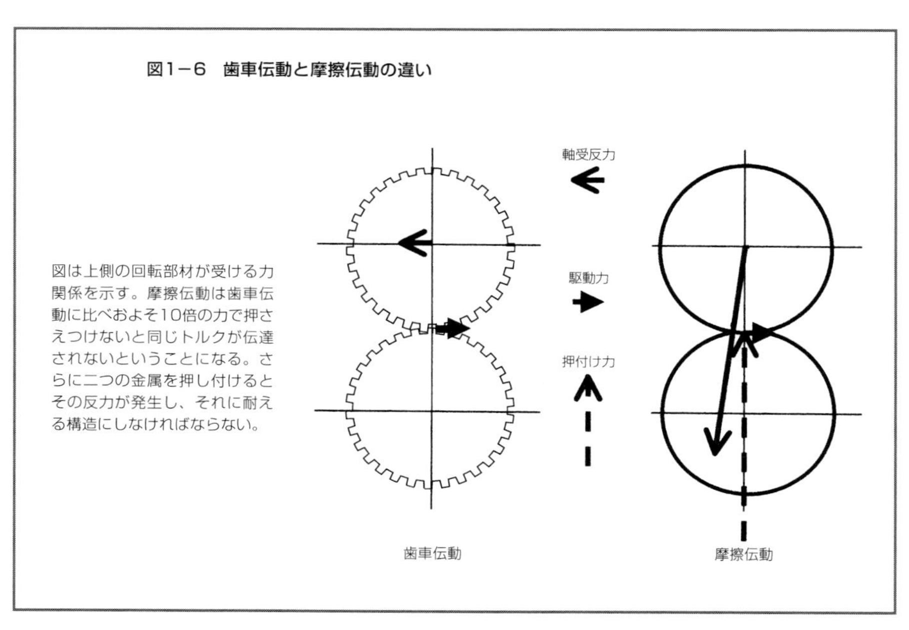

を押し付けるとその反力(反作用という)が発生し、それに耐える構造にしなければならない。

一般的には、接触面積と半径を両方とも増やしており、これが部品のサイズが大きくなってしまう原因である。したがって、CVTはATより一般的には変速機全体で重く、大きくなってしまう傾向にある。

さらに、ガソリンの消費に影響する伝達ロス馬力については概念的に見て、

伝達ロス馬力＝入力軸馬力－出力軸馬力≒滑り量×摩擦係数×押し付け荷重

となり、歯車と摩擦伝動を比較した場合、摩擦係数は同じような金属であるためほぼ同じ、滑り量はそれぞれ条件によりその量は異なるが大差はない。押し付け荷重が摩擦伝動の方が10倍も大きいため、伝達ロス馬力は歯車伝動に比べ大きな値となってしまう。

ただし、後述するが無段階変速のメリットを生かして、変速機全体で市街地走行ではCVTの方がATよりガソリンの消費の少ない(燃費が良い)走行が可能となる。

4. AT、CVTはどんな機能を持っているのか

AT、CVTは先に説明したようにエンジンのトルクを変換してタイヤに適切な駆動力をつくること（下記①）が最も重要な機能であるが、これ以外にもFF（Front Engine Front Drive）車用ATを例にして②以下の多くの機能を持つ必要があり、図1－7に各機能を受け持っている部品を示す。

①変速機能：適切な駆動力が出せる。つまり、低速から高速まで必要に応じた駆動力、エンジン回転にできるよう、複数の変速比を持つ。

②発進機能：発進できるようにする。つまり、エンジンは停止状態から力を出せないため、止まっている車を回転しているエンジンで動かす。

③制振機能：振動を低減する。つまり、エンジンは爆発、圧縮等を繰り返しながら回転しているためスムーズな回転をしない（これを回転変動という）。このまま力をタイヤに伝えると車体に振動が伝わり車内が騒音のるつぼとなるので、これを防止する。

④後進機能：後進する。エンジンは逆回転できないので、歯車を使って逆に回してタイヤに伝える。

図1－7　FF、AT断面の各機能を持つ部分

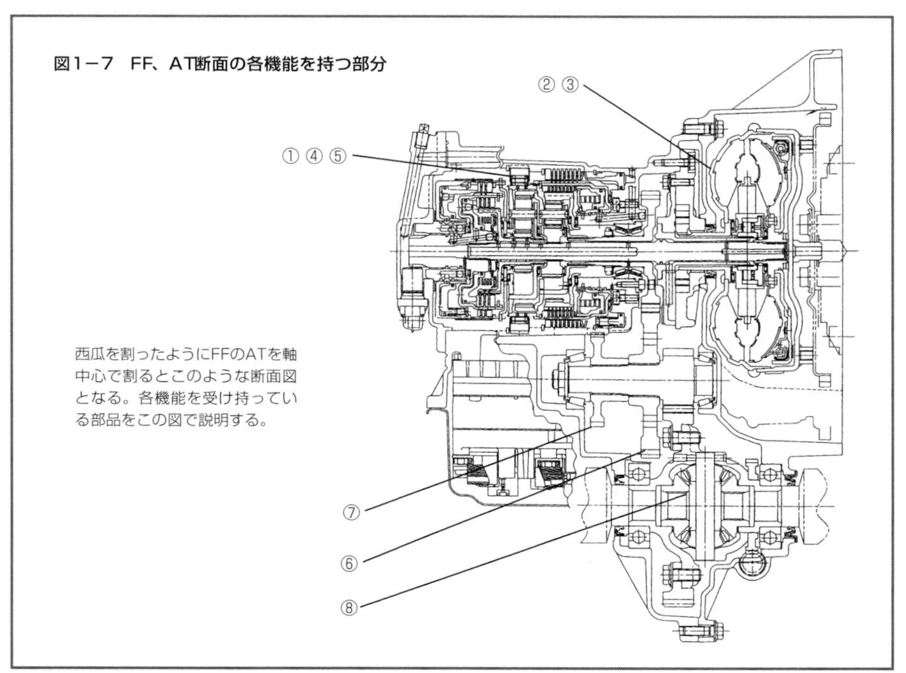

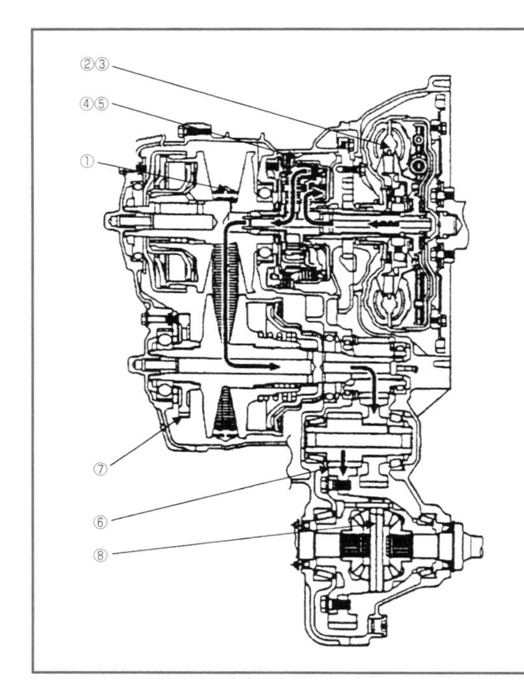

図1−8　FF、CVT断面の各機能を持つ部分

CVTにおいても自動変速機という意味では同じ機能のユニットであるため、ATの持つ機能をすべて満たしている。

⑤ニュートラル機能：ニュートラルをつくる。エンジンを始動するときに車が動いてしまっては危険なので、エンジン始動時は動力を伝えないようにする。

⑥減速機能：エンジンの回転はタイヤの回転に比べて高速回転である。このため歯車で減速してタイヤに伝達する。

表1−3　AT、CVTの構成部品と機能の関係

構成部品		機能	
AT	CVT	NO	機能の内容
遊星歯車、クラッチブレーキ等を組み合わせた変速部品	ベルト、プーリ等を組み合わせた変速部品	①	変速機能
	遊星歯車、クラッチブレーキ等を組み合わせた前後進切替部品	④	後進機能
		⑤	ニュートラル機能
トルクコンバータ	トルクコンバータ	②	発進機能
		③	制振機能
減速歯車	減速歯車	⑥	減速機能
パーキングシステム	パーキングシステム	⑦	パーキング機能
差動歯車	差動歯車	⑧	差動機能
AT用油圧機構	CVT用油圧機構		①〜⑤の作動を制御する
AT用電子制御	CVT用電子制御		

ATに比べてCVTはベルト、プーリなどの組み合わせと、油圧、電子制御部のみ大きく異なるが、その他の部品については似たような部品が使われている。

⑦パーキング機能：車を駐車時動かなくする。駐車ブレーキはあるが2重安全のため、及び寒冷地では駐車ブレーキを使うと凍結により、翌朝車が動かなくなる場合があるため、ATのシフトレバーでパーキングする。
⑧差動機能：カーブ走行時は外側のタイヤの回転が内側より速くなるため、力は伝えるが左右が自由に回転するようにする。

以上のようにATには多くの機能があり、これらを全部満たさないと自動車用としては使いものにならない。CVTにおいても、自動変速機という意味では同じ機能のユニットであるため、図1－8に示すように、これらすべての機能を満たしている。

AT、CVTの構成部品と先に説明した機能について表1－3にまとめてみた。この表からもわかるように、ATに比べてCVTはベルト、プーリなどの組み合わせと、油圧、電子制御部のみ大きく異なるが、その他の部品については似たような部品が使われている。CVTのプーリとベルトは第3章で、ATと似た部品、例えばトルクコンバータ前後進切替部品などについては第4章で、それらの制御については第5章で詳述する。

またCVTのトルクの伝達を説明すると、エンジンでつくられたトルクは、

エンジンクランク軸→トルクコンバータ(②、③)→前後進切替装置(④、⑤)→プライマリプーリ→ベルト→セカンダリプーリ→減速歯車(⑥)→差動歯車(⑧)→左右の車輪軸

と伝わり、左右の車輪を駆動することとなる。

第2章　自動車用CVTの歴史

1．自動車用CVTの揺籃期

1939年にゼネラル・モーターズ(GM)社が、基本的には現在と同じ構成のATの商品化に成功した。ベンツがガソリンエンジンを搭載した実用車を走らせたのが1886年であるから、それまでの50年あまり、主体は手動変速機である。しかしながら、ベルト式ではないが摩擦伝動などによるCVTは、ATの歴史よりも古く、1900年代の初めから少量生産された実績がある。しかしながら、成功した商品とはいえないものだった。

(1)揺籃期のCVT開発の発表年表

論文や雑誌、特許などで発表されたCVTは数多くあるがその一端を発表された年で表2−1に年表の形にまとめてみた。

それらを分類すると、

①2面間の摩擦力で伝動し摩擦が作動する半径を変えて変速するもの(摩擦伝動)。
②入出力プーリとベルトを用い入出力のベルト半径を変えて変速するもの(ベルト伝動)。
③クランク運動で遥動回転を与え一方向クラッチ(One Way Clutch)で回転力に変え、クランクのストロークを可変にして変速するもの(遥動伝動)。
④油圧の圧力を利用して、油圧ポンプと油圧モータでトルクを変換して変速するもの(Hydro Static)。

表2－1　CVT揺籃期の文献などによる歴史

発表年は文献等で発表された年次で示す

年代	発表年	CVT方式	開発会社	雑誌・論文等	図のNo.	分類
1900	1907	The Friction Drive Car	Bucbeye mamufacturing co.,	Mortor Age	2－1	①
1910	1911	Single-disc change gears	Stanley Institute	Practical Treatise on Automobiles	2－2	①
	1911	Double-disc change gears	Stanley Institute	Practical Treatise on Automobiles	2－3	①
1920	1924	Variable throw mechanism in an engine flywheel		Automotive Industries		⑦
	1924	Roller ratchet used on the rear axle		Automotive Industries	2－4	③
	1925	Variable cone pulley CVT	Heldt,P.M.,	SAE Transactions	2－5	②
		Weiss Nutating CVT	Weiss Engineering Corporation	SAE Transactions		⑦
	1927	LCB eccentric CVT		Automotive Industries		⑦
1930	1928～1934	Toroidal traction CVT	GM	Personal Correspondence	2－6	①
	1937	Waterbury hydrostatic CVT	Waterbury	SAE Journal	2－7	④
		De lavaud variable stroke CVT	Heldt,P.M.,	SAE Transactions	2－8	③
		Variable stroke torque converter fitted into crankcase	R.v.R	SAE Transactions		③
1940						
1950						
1960						
1970	1974	Honda CVT	Honda	SAE of Japan	2－9	⑤
	1976	Forster Tractiondrive	Ford motor	ERDA Contractor Coordination Meeting	2－10	①
	1976	Excelematic off-center or cone roller toroidal drive	Kraus,j.h.,	Mechanical Engineering	2－11	①
	1977	Hydromechanical transmission	Orshansky Transmission CO.,	NATO Committee on Automotive Pro		④
	1979	Vadetec nutating traction drives	Vadetec	SAE Paper	2－12	①
1980	1980	Bales-mccoin variable cone roller CVT	Bales-mccoin tractionmatic,Inc	NASA for the U.S.Dep. of Energy		①
	1983	DAF variable cone pulley transmission	DAF	The Motor Vehicle	2－13	②
	1988	Metal Type V-Belt CVT	VDT			②
	1989	Kumm variable pitch flat belt pulley CVT	Knmm,E.L.,	U.S.Patent		②
	時期不明	Jaguar overdrive CVT	Jaguar	Courtesy of.Jaguar carsInk		⑥
		TDX CVT employing the traction drive flywheel	TractionTec Corp.	Courtesy of TractionTec Corp.		①
		Epilogics variable stroke CVT	Epilogics	Drawing supplied by Epilogics		⑦

⑤油の運動エネルギーを利用し、翼の角度と流体の流れの変化により変速するもの(Hydro Dynamic)。
⑥V溝プーリに摩擦円盤を押し付けるタイプ(プーリ伝動)。
⑦その他
などの分類を表に追記した。また、一部の発表例について構造説明を加えて以下図2－1～13に紹介する。多くの先輩研究者の想像力豊かな発想と英知、財力、当時の先端技術をもとに最大限の努力がなされたが、1980年代オランダのVDT社の発明した金属ベルト式CVTの出現以前には成功したといえるCVT方式は見出せていない。

また1939年にGMが本格的なATの開発に成功し、その後、数10年間は変速機技術者がAT開発に専念したのか、CVTの発表例が少ない。

(2)代表的な発表例、発表年及び詳細

a. 初期のフリクションドライブカーの宣伝記事(1907年、図2－1)

CVTはATの歴史よりも古く1900年代の初めから少量生産された実績がある。フリクションドライブ方式のCVTで、2000～3000マイル走行ごとに摩擦板を交換しなくてはならないなどの問題があり、多くは生産されなかったと伝えられている。

図2－1 初期のフリクションドライブカーの宣伝記事(1907年)

b. Single-disc change gears (1911年、図2－2)

“b”のフライホイールにディスク“c”を押し付け、ディスクを車軸に平行なスプライン軸上を手でレバーを介して車両の左右に移動することにより発進、変速、前後進切り替えを行うもの。スプライン軸からはチェーンで車輪を駆動している。

c. Double-disc change gears(1911年、図2－3)

左右の車輪を別々のディスクで駆動する方式。ディスクにかかるトルクが半分になり、入力軸のスラスト力が釣り合うのが先のSingle-disc型より有利。

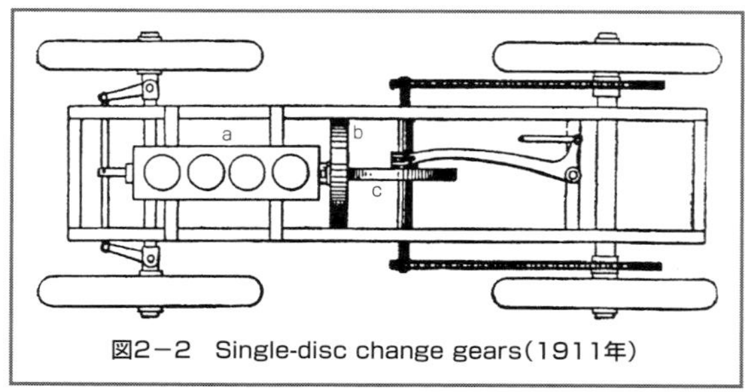

図2－2 Single-disc change gears(1911年)

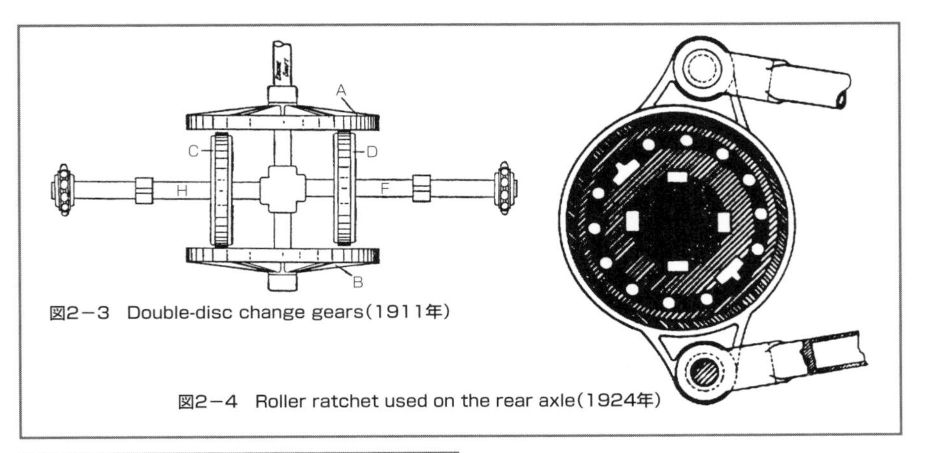

図2−3　Double-disc change gears(1911年)

図2−4　Roller ratchet used on the rear axle(1924年)

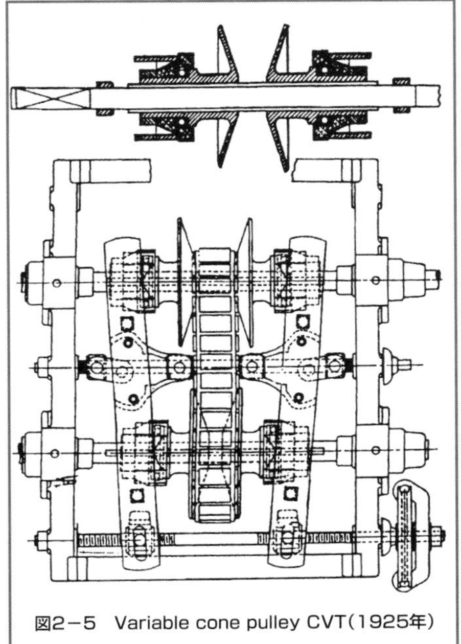

図2−5　Variable cone pulley CVT(1925年)

d. Roller ratchet used on the rear axle(1924年、図2−4)

上下のリンクを左右に揺さぶり外輪を遥動回転させる、内輪は車輪に固定されている、内外輪の間に一方向クラッチ(One Way Clutch)を置くことにより、リンクの揺さぶりが車輪を一方向に回転させる。リンクをクランク軸の偏芯量を変えることにより、揺さぶり量を変えると変速することとなる。駆動トルクの変動が大きな問題となる。

e. Variable cone pulley CVT(1925年、図2−5)

入出力プーリに金属のチェーン型Vベルトを掛け入出力プーリをリンクにより押し付け位置を変え、ベルト半径を変えることにより、変速させる金属ベルト式CVT。

後の金属ベルト式CVTと原理は同じであるが、強度や制御がまだ自動車用に使えるレベルにない。

f. Toroidal traction CVT(1928−1934年、図2−6)

円弧断面を有する入出力円盤とその間に挟まれたローラ間を摩擦伝動(実態は油を

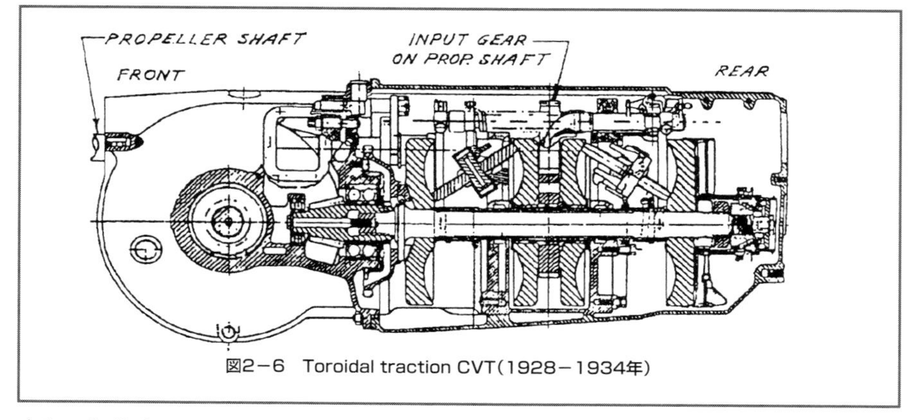

図2−6　Toroidal traction CVT(1928−1934年)

介して伝動するトラクションドライブ)によりトルクを伝達する、GMから発表されたフルトロイダルCVT。スラスト力を釣り合わせるため2組のCVTを背中合わせに配置している。中央の2枚の円盤が入力となり、ローラを介して外側の二つの円盤が出力となる。性能の良いオイルや金属材料の技術が発達していなかったのと、本格的なATの台頭のせいかプロトタイプまでで終わっている。

g. Waterbury hydrostatic CVT(1937年、図2−7)

プランジャー型のポンプとモータを使用しており、図の右側が入力側で、ポンプの傾斜板の角度を変えることにより、同じ回転数でも流体の吐出量を変えることができる。一方、左側はモータでポンプから供給された高圧の流体でプランジャーを動かし、角度が固定された傾斜板を押し付けることにより回転力を得ることができる。すなわち入力側の傾斜板の角度を変えることにより変速比を連続的に変えることができる。摺動部のフリクションが大きく、油のリークがあり伝達効率の悪いのが問題。

図2−7　Waterbury hydrostatic CVT(1937年)

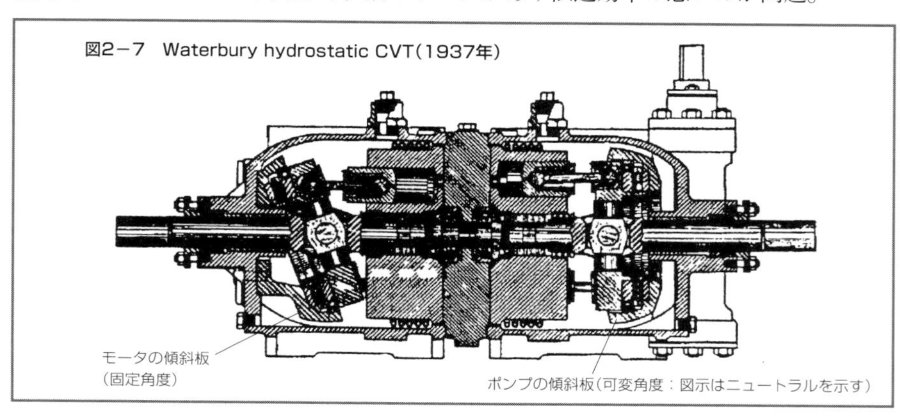

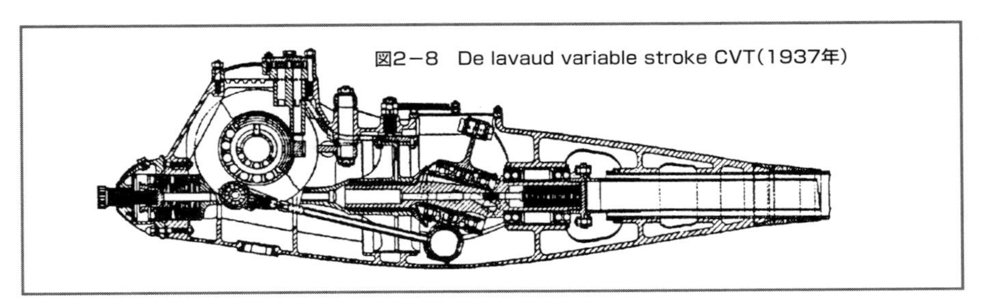
図2−8　De lavaud variable stroke CVT(1937年)

h. De lavaud variable stroke CVT(1937年、図2−8)

上図の右側が入力軸で傾斜板を回転させ、傾斜板によりロッドが左右に遥動し外輪を遥動回転させる。タイヤ軸に固定された内輪との間に一方向クラッチがあり、内輪

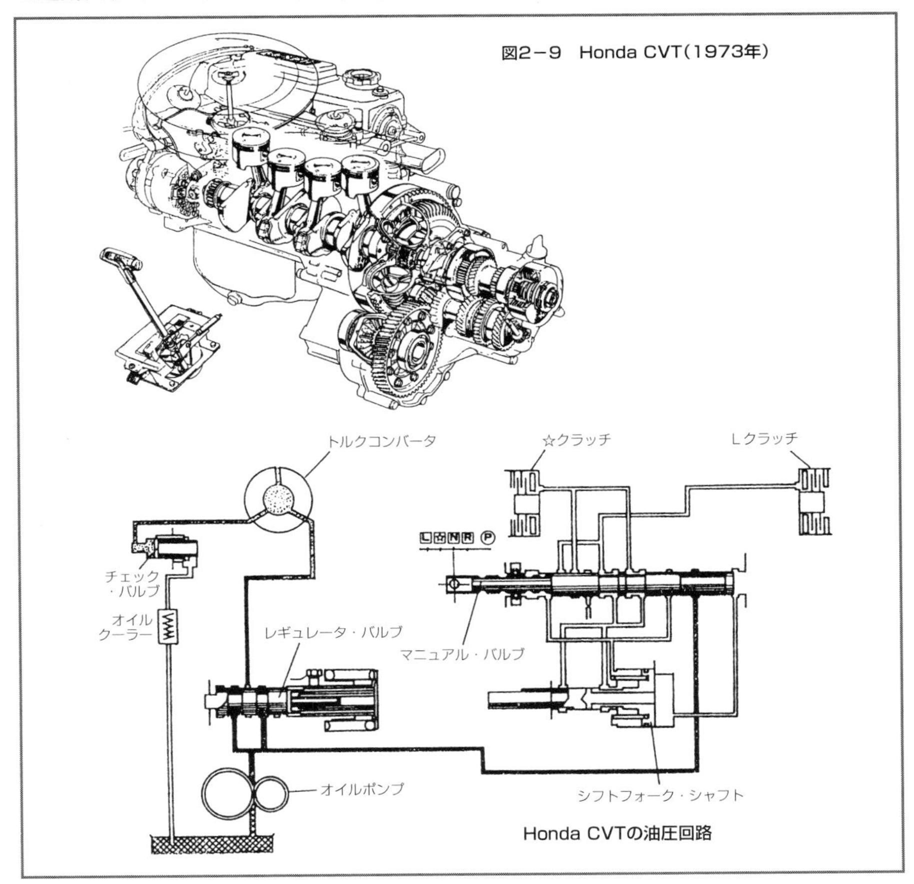

図2−9　Honda CVT(1973年)

Honda CVTの油圧回路

に一方向の回転力を与える。傾斜板の傾斜角を変えることによりロッドの遥動量が変わり変速比が変わる。駆動力の断続があり振動が大きい。

i. Honda CVT(1973年、図2−9)

トルクコンバータの発進時のトルク比を3程度に設定し、平地の通常走行では発進から高速まで変速をしないで走行できるようにした、一種の無段変速機。坂道や急発進など大きな駆動力が必要なときは手動で低速ギアに切替えることが可能。ATに比べ

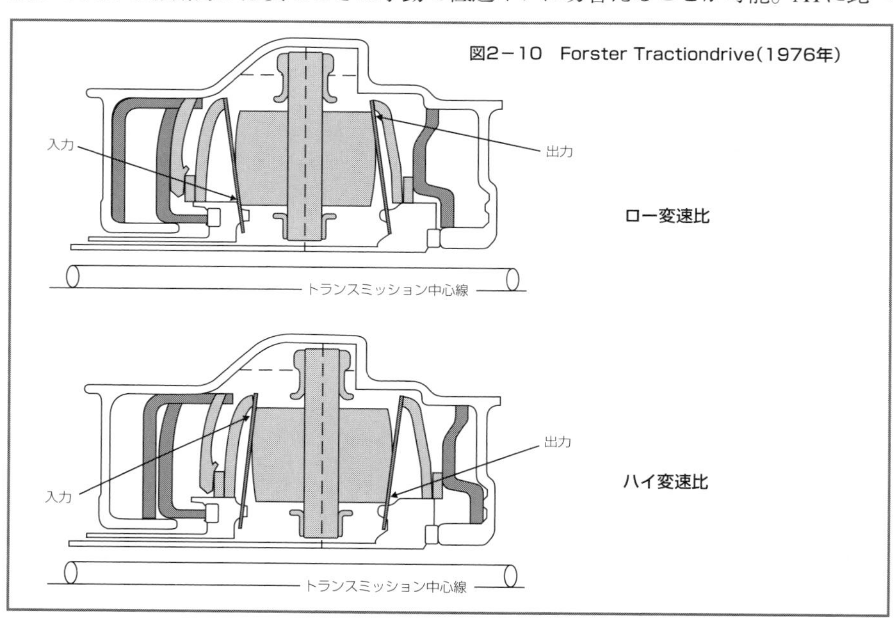

図2−10　Forster Tractiondrive(1976年)

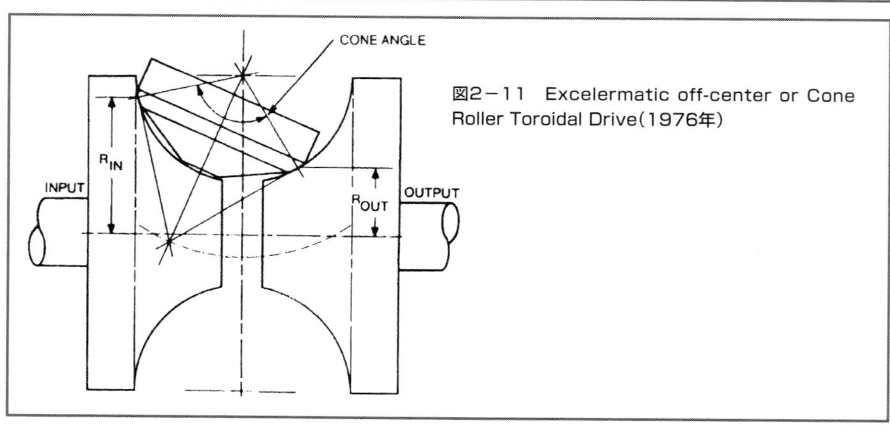

図2−11　Excelermatic off-center or Cone Roller Toroidal Drive(1976年)

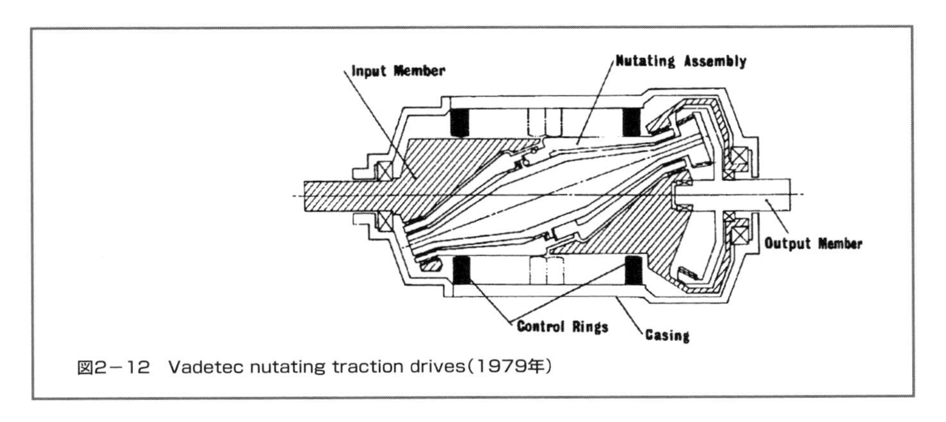

図2－12　Vadetec nutating traction drives(1979年)

ると駆動機構も制御部品もきわめてシンプルである。

j. Forster Tractiondrive(1976年、図2－10)

2枚のフレキシブルな円盤が入出力側にそれぞれあり、中央の凸面のカーブを持ったローラを挟んでいる。図の左が入力軸で右が出力軸。円盤を押し付ける力をコントロールすることにより、ロー側(上図)からハイ側(下図)の変速をする。フレキシブル円盤の耐久性が課題。

k. Excelermatic off-center or Cone Roller Toroidal Drive (1976年、図2－11)

InputとOutputのディスクの間にコーンがあり、コーンが遥動することにより変速する。1999年ジヤトコから商品化された、ハーフトロイダルCVTの原型。

l. Vadetec nutating traction drives(1979年、図2－12)

図の左側の入力軸によりInput Member全体が回転し、その中に斜めに支持されたNutating Assemblyが回転できるようになっている、Nutating Assemblyの一部分が2本のControl Ringsと接しており回転力を受ける。Control Ringsが黒く塗られた位置から白い位置まで左右に動くことによりNutating Assemblyの回転数が変わり、この回転力を歯車で右側の軸に伝達する。このことにより前後進、ニュートラル、変速のすべてがControl Ringsで行われる。

m. DAF variable cone pulley transmission(1983年、図2－13)

入出力プーリの間にV型のゴムベルトを掛け、プーリの幅を変えることによりベルトの半径を変えて変速する。ゴムベルトは大きなトルクに対応するために2組使用している。変速制御はエンジンのインテークマニホールドの負圧(エンジン出力信号相当)とプーリ内の遠心ウエイト(エンジン回転信号相当)により、適切な変速比となるように制御している。ゴムベルトのトルク伝達容量が小さいため大きな変速機となっ

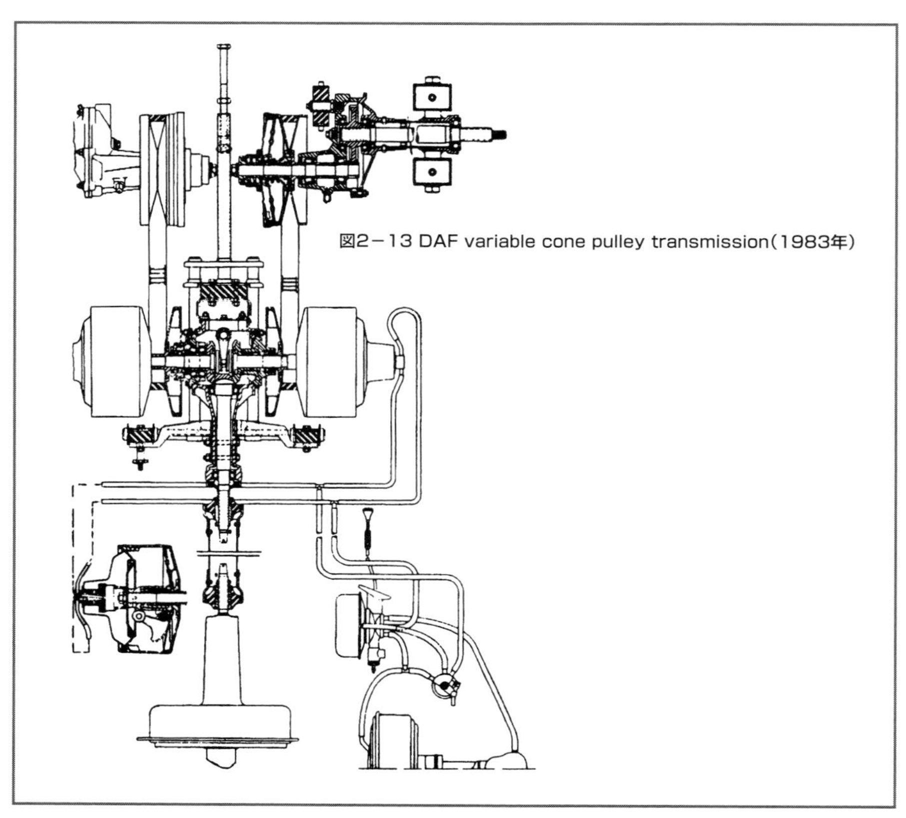

図2−13 DAF variable cone pulley transmission(1983年)

てしまう。本変速機をリアーシートの下に配置したためシート高さを高くせざるを得ず、後席の居住スペースが犠牲となってしまった。

2. 自動車用CVTの発展期

(1)発展期の新機種CVT

揺籃期の歴史年表にもあるが、ベルト式については1983年にオランダのDAF社が図2−13に示した、ゴムベルトを2本使用したCVTを商品化した。この大きなCVTを小さくして車に搭載しようとして努力したのが同じオランダのVDT社(van Doome's Transmissie B.V.,)が開発した金属ベルト方式である。この開発をきっかけにして、一挙にCVTの実用化の可能性が高まり、各社がその開発にしのぎを削った。

VDT社には各自動車会社から多くの問い合わせがあり、その対応に忙しく、特定の会社に絞って対応しなければならないほど一斉に注目を浴びた。金属ベルトはVDT社が基本的な特許を押さえていたが、日本の自動車メーカーによって改良が加えられ、実用化の目処がたった。

その開発の中で、VDT社が開発したCVTと日本の富士重工の開発したCVTが最初に商品化された。表2−2に発展期のCVTを販売開始時期をベースとした歴史年表として記載した。販売した自動車会社名と(　)にCVTユニット供給会社名をしるした。

ベルトCVTは、日本ではほとんどの自動車メーカー各社が開発を手がけており、2000年前後から多くの自動車メーカーで商品化された。今後も採用車種の増大による量的拡大が期待される。本技術の発祥の地であるヨーロッパにおいてはあまり熱心ではなく、採用が増えていない。むしろ、ATの多段化やMTの自動化、あるいは二つのクラッチとMTの同期装置を組み合わせたDCTに熱心である。また、ATの本場の北米においては2001年にGMがやっとCVT搭載車の発売を始めた。

表2−2　発展期の新機種CVT付き車両の販売会社名と販売開始年表

年	ベルトCVT			トロイダルCVT
	日本	欧州	北米	日本
1987	富士重工　ECVT	フォード（VDT CTX）		
1988				
1989				
1990				
1991	スズキ			
1992				
1993				
1994				
1995	本田技研　Multimatic-M4VA			
1996				
1997	日産自動車 （現在ジヤトコHyperCVTまたはCK2）			
1998	富士重工　iCVT スズキ（愛知機械工業）			
1999		アウディ　Multitronic		日産自動車 （ジヤトコ トロイダルCVT）
2000	トヨタ自動車　K110 三菱自動車（現在ジヤトコ　F1C1A）			
2001	本田技研　Multimatic-SWRA		GM　VT24-E	
2002	日産自動車（ジヤトコ　CVT1） トヨタ自動車（アイシンAW） 日産自動車（ジヤトコ　CVT3）			
2003	本田技研　UA-BR1	（ZF　CVT23）		

同一機種の新規車種への採用は除いた。
会社名は販売した自動車会社名、（　）はCVTユニット供給会社名。

(2)各機種の構成部品

新しい機構が完成すると基本の構成は同じでも、しばらくの間は種々の異なった部品を組み合わせたユニットが商品化されるのが一般的で、その中から最も優れた方式に徐々に統一化してゆくのが工業製品の常識である。CVTにおいても、これは例外ではない。

表2－3にあるように、発進機構は遠心クラッチ、電磁クラッチ、湿式クラッチ、トルクコンバータ、前後進クラッチは湿式クラッチと遊星歯車式、シンクロと平行歯車式、制御は油圧制御、電子制御、ベルトはゴム式、VDT式、チェーン式、金属強化のプラスチックとゴムの複合式など実に多くの機構が各社から開発され商品化された。先にも述べた総合的に優れた部品に統合してゆくという考えの通り、実用化されるようになって15年以上を経て商品化された大多数のCVTは、

発進要素：トルクコンバータ、

前後進機構：湿式クラッチ、ブレーキと遊星歯車式、

制御：電子式、

ベルト：VDT式またはチェーン式

となり、総合的な機能として優れた方式が選ばれている。

表2－3　各社の構成部品一覧

年	CVTユニット 開発会社名・機種等	発進機構			ベルト			前後進切替		制御	
		トルクコンバータ	湿式クラッチ	電磁クラッチ	VDT型	チェーン型	複合型	湿式クラッチと遊星歯車	同期式	電子式	油圧式
87	富士重工ECVT			○	○				○	○	
	VDT　CTX		○		○			○			○
91	スズキ		○			○			○	○	
95	ホンダ　M4VA		○		○			○		○	
97	ジヤトコ　CK2	○			○			○		○	
98	富士重工　i-CVT	○			○			○		○	
	愛知機械			○			○		○	○	
99	アウディ		○			○		○		○	
00	トヨタ　K110	○			○			○		○	
	三菱	○			○			○		○	
01	ホンダ　SWRA		○		○			○		○	
	GM　VT25-E	○			○			○		○	
02	ジヤトコCVT1	○			○			○		○	
	アイシンAW	○			○			○		○	
	ジヤトコCVT3	○			○			○		○	
03	ホンダUA-RB1	○			○			○		○	
	ZF　CVT23	○			○			○		○	

初物から15年以上を経て商品化された大多数のCVTは発進要素：トルクコンバータ、前後進機構：湿式クラッチ、ブレーキと遊星歯車式、制御：電子式、ベルト：VDT式またはチェーン式となり総合的な機能として優れた方式が選ばれている。

図2－14　VDT　CTX（1987年販売開始）

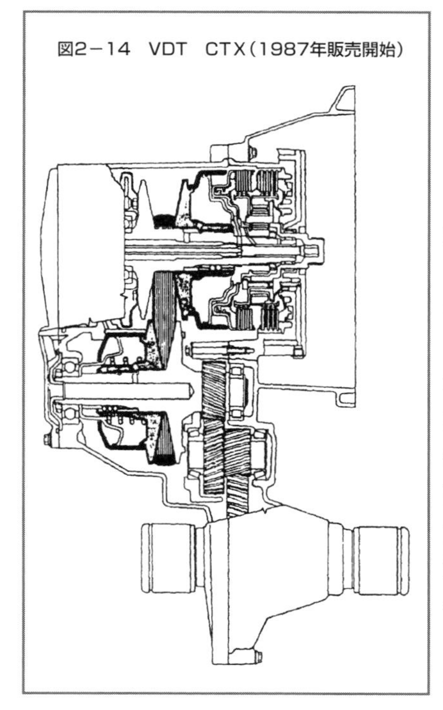

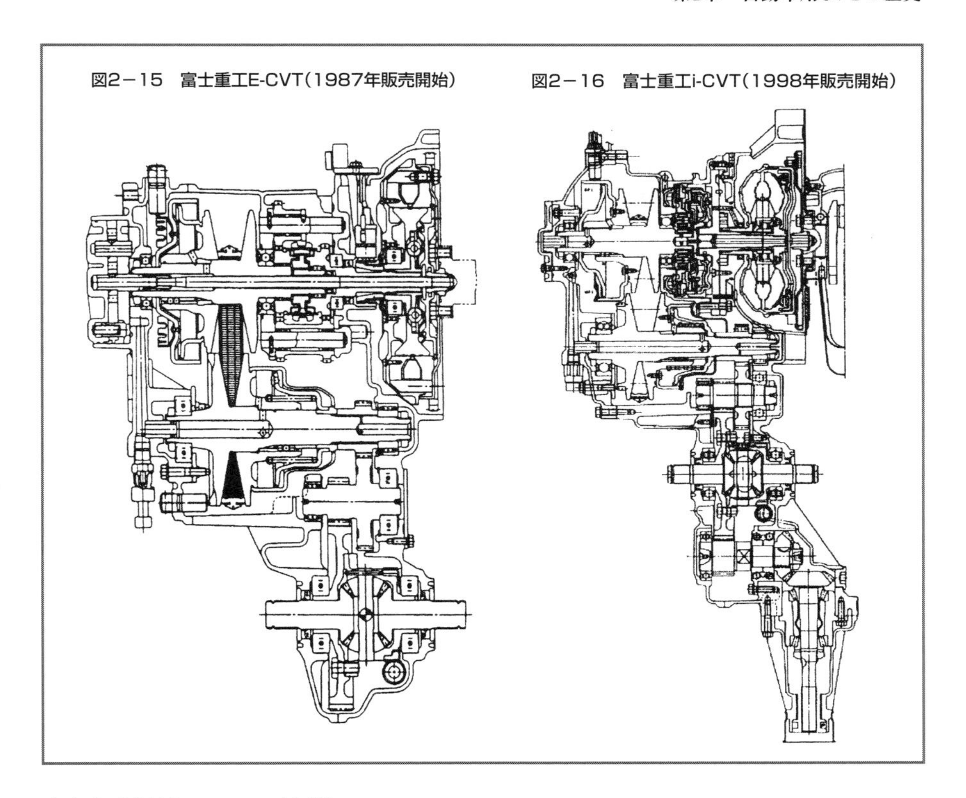

図2－15　富士重工E-CVT（1987年販売開始）　　図2－16　富士重工i-CVT（1998年販売開始）

(3)各社別のCVT仕様

CVTユニットを開発した会社ごとに、発売順に各社のCVTの特徴を紹介する。

a．富士重工（E-CVT:1987年、i-CVT:1998年販売開始、図2－15,16）

VDTベルトを使用し、最初に量産化に成功したのがE-CVTである。発進機構に電子制御の電磁粉クラッチを採用し微妙な発進制御を行い、前後進切替に平行軸歯車とMTと同じ同期機構を採用し、MTのようにシフトレバーにより直接機械的に操作し前後進の切替を行った。小型で軽量なCVTである。

E-CVT発売後11年目に改良版としてi-CVTを発売した。このユニットは発進機構をトルクコンバータ、前後進切替を遊星歯車と湿式クラッチ、ブレーキに変更した。すでに日本の運転者はATの運転に慣れており、それと同じ機構にすることにより、発進、前後進切替のフィーリングを良くした。

b．VDT（1987年販売開始、図2－14）

E-CVTと同じ年にヨーロッパで発売されたCVTで、ユニットの開発はファンドール

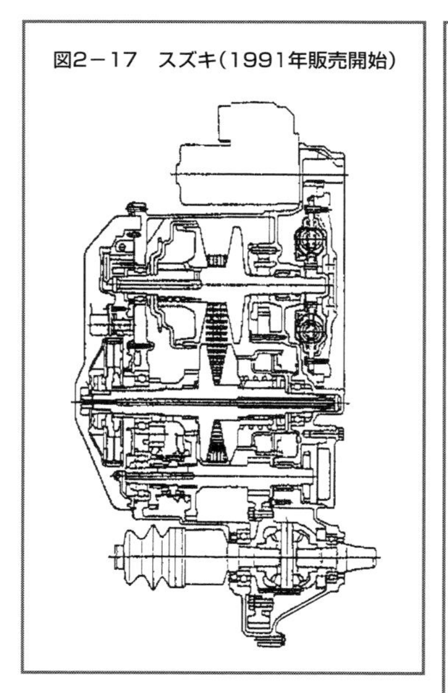

図2－17　スズキ(1991年販売開始)

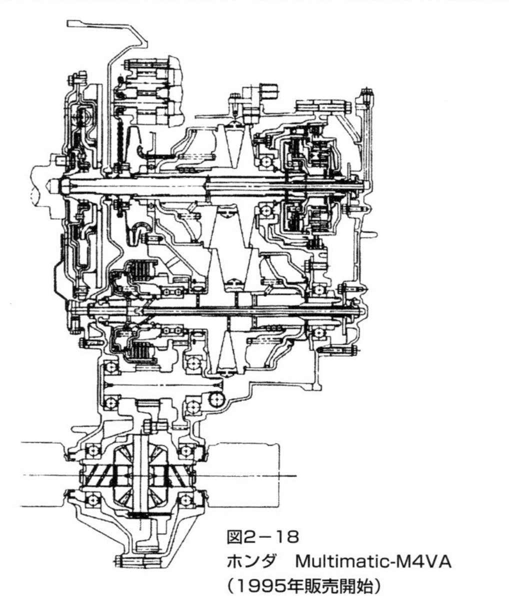

図2－18
ホンダ　Multimatic-M4VA
(1995年販売開始)

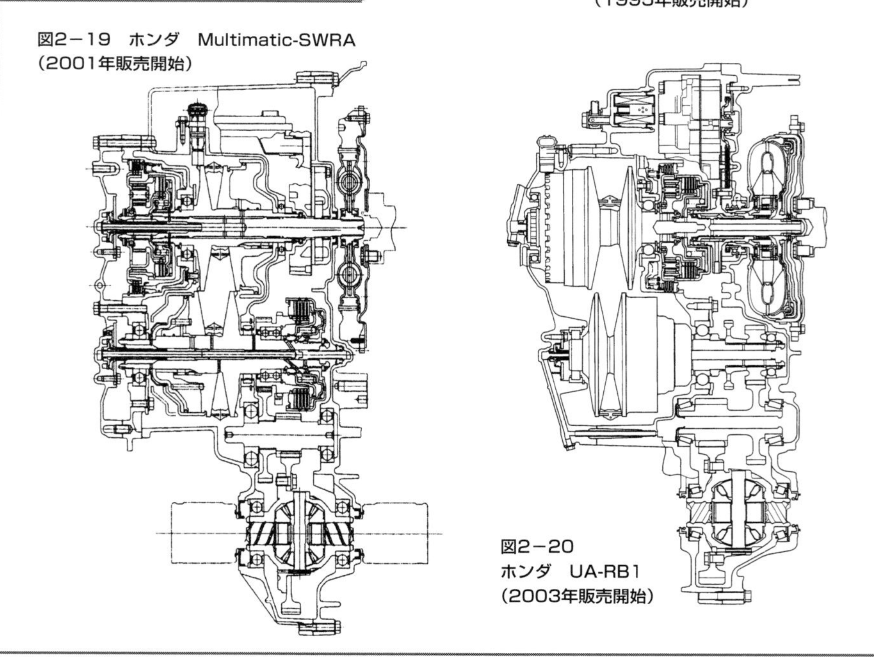

図2－19　ホンダ　Multimatic-SWRA
(2001年販売開始)

図2－20
ホンダ　UA-RB1
(2003年販売開始)

ネ社が行い、欧州フォード社が採用した。後にフィアット車にも使われた。前後進切替のための湿式クラッチ、ブレーキを発進にも使用するというユニークな構成で、部品を節約するという意味では優れた発想である。残念ながら発進及び変速制御を油圧のピトー管を使用するなど、全部油圧制御のみで行っていたせいもあるが、発進、変速のフィーリング、高速燃費などの課題を残した。

c．スズキ（1991年販売開始、図2－17）

VDT型ベルトに対抗して開発されたBW製のチェーン式金属ベルトを使用した。ベルトの変速制御と湿式発進制御は、初めて電子コントロールされた。この発進専用クラッチはベルト機構の後に装着されている。これにより、急ブレーキで出力軸が急に停止した場合もベルトはエンジンで回転しており、次の発進までには完全なロー変速比まで変速できるメリットがある。前後進切替はE-CVTと同じシンクロ機構付き平行軸歯車方式。チェーン式金属ベルトはノイズ低減に改善努力されたが、あまり多く生産されなかった。

d．ホンダ（M4VA:1995年、SWRA:2001年、UA-RB1:2003年販売開始、図2－18,19,20）

M4VAはホンダの初代CVT。ベルト機構の後のセカンダリプーリ軸に電子制御による専用湿式発進クラッチ付き。本湿式発進クラッチは、トルクコンバータと同じようにクリープも付けるようにし、耐熱的にも考慮し小型化に寄与している。エンジンからの振動低減のため2マス方式のダンパを装着、これはMT車の一部に使われており、二つの慣性体の間に捻りダンパーを設けた構造で、エンジンの振動を大幅に下げる効果がある。オイルポンプをチェーン駆動にし、CVT全長の短縮に貢献するとともに、外歯歯車式オイルポンプも小型化できる効果もある。

SWRAはその6年前に販売を開始したM4VAに対して入出力プーリ面積比率を1：1から1：1.3に変更し、ハイ変速比時の油圧低下を図った。オイルポンプをチェーン駆動、外歯歯車式から直接駆動内歯歯車式に変更した。2マスダンパーを標準ダンパーに変更。さらに金属ベルトもVDT型をベースとし変速比幅を大きく取れるように改善し採用した。さらに2003年大容量化を図ったUA-RB1では、発進機構にトルクコンバータを使用した。

e．ジヤトコ（日産、三菱分を含む、CK2：1997年、FICIA：2000年、CVT1：2002年、CVT3：2002年、トロイダルCVT：1999年販売開始、図2－21～25）

発売当時は日産自動車や三菱自動車から発売されたが、現在は合併によりジヤトコからユニットが供給されているため一括して紹介する。

日産から販売されたHyper CVT（CK2）の発進機構は、CVTではトルクコンバータが

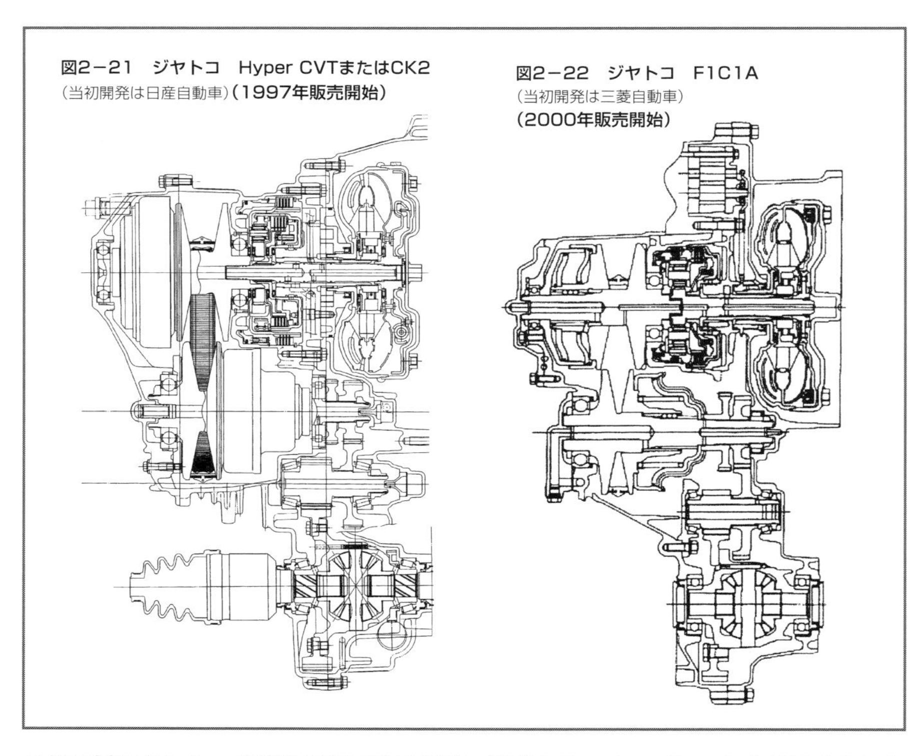

図2－21　ジヤトコ　Hyper CVTまたはCK2
（当初開発は日産自動車）（1997年販売開始）

図2－22　ジヤトコ　F1C1A
（当初開発は三菱自動車）
（2000年販売開始）

最初に採用された。前後進切替は遊星歯車、湿式クラッチ、ブレーキを使用することによりATと同じ発進、前後進切替のフィーリングにすることができた。また、トルクコンバータを使用し、トルクコンバータのトルク比増大効果と全変速比幅が広いことにより発進の加速、高速の燃費を良くしている。当時としては小型車にしか使われなかったCVTを中型車の入力トルク容量200Nmまで使えるようにした、最大容量のCVTであった。

三菱自動車から発売されたF1C1A型CVTは、発進はトルクコンバータ、前後進切替は遊星歯車、湿式クラッチ、ブレーキを使用した日産から販売されたHyper CVTと同じ標準的な部品を使用。これ以後に発表されたCVTは、ほとんどがこの組み合わせであり、使われる部品の仕様がこの時期に固まってきたように思われる。

ジヤトコからは上記以外に軽量化されたCVT1（2002年販売開始）、伝達容量が世界最大のCVT3（2002年販売開始）が商品化され、この2機種は相似設計となっており、小型から350NmクラスまでのベルトCVTのラインナップが揃った。

トラクションドライブ方式のCVTとして、過去に多くの開発事例があるものの、な

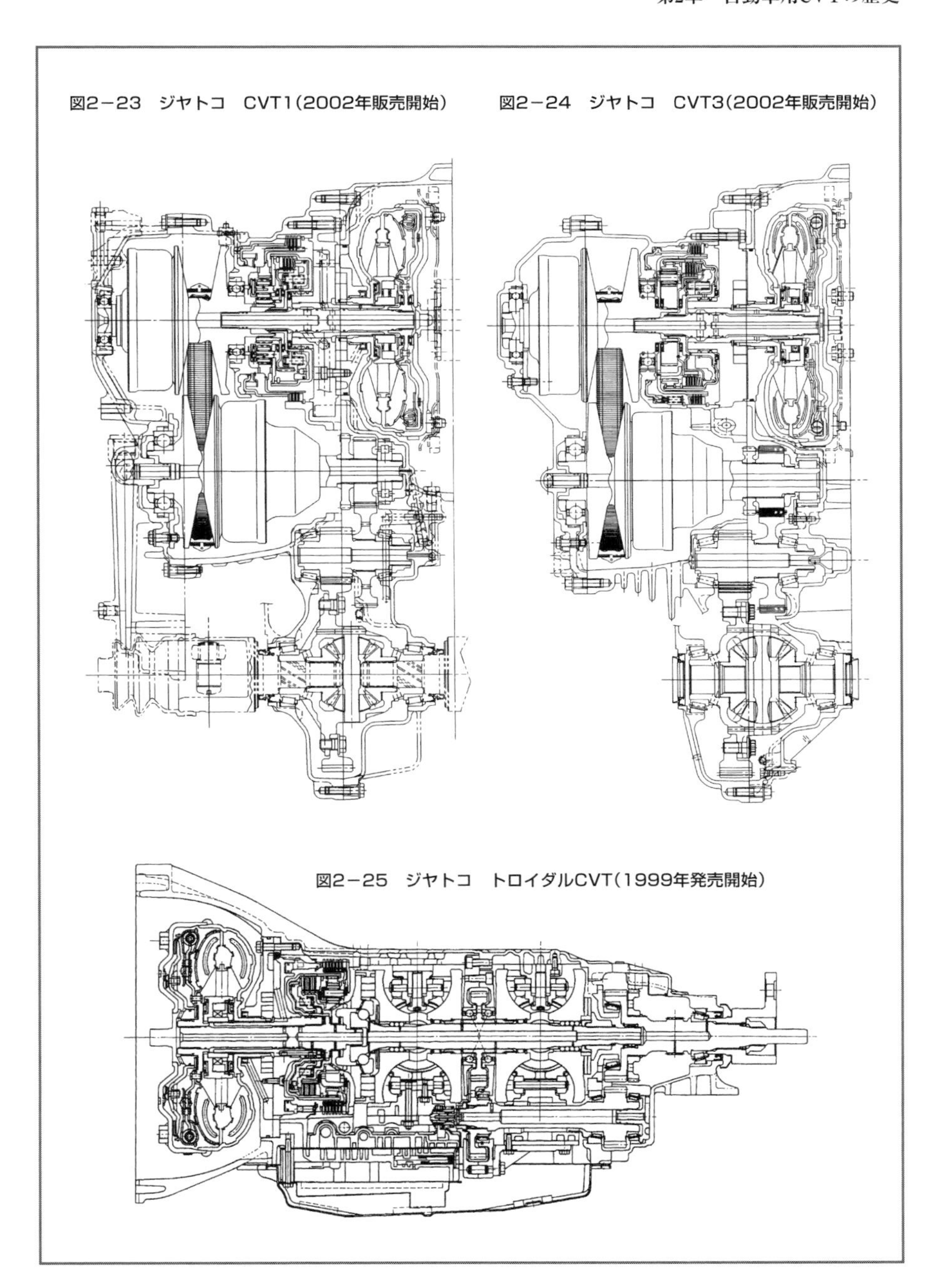

図2−23　ジヤトコ　CVT1（2002年販売開始）

図2−24　ジヤトコ　CVT3（2002年販売開始）

図2−25　ジヤトコ　トロイダルCVT（1999年発売開始）

図2−26
愛知機械工業(1998年販売開始)

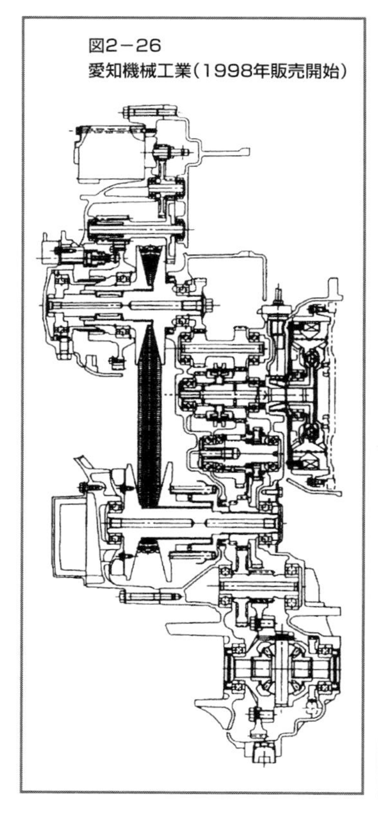

図2−27　アウディ　Multitronic(1999年販売開始)

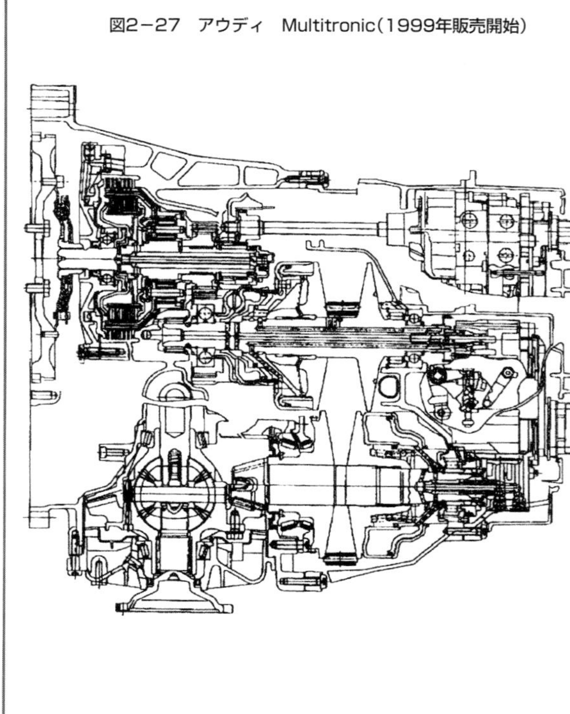

かなか商品化に至らなかったが、トロイダル方式CVTの商品化に成功した。変速部分をNSK、トラクションオイルを出光興産、制御を含む変速機全体をジヤトコ(開発当初は日産自動車)の共同開発で行われた。特徴としては、変速のレスポンスが良い、変速部からの音がしない、FRレイアウトの車に搭載できることなどである。

f. 愛知機械工業(1998年販売開始、図2−26)

ベルトはゴムベルトを生産しているバンドー化学が開発したゴムベルトとアルミで強化された樹脂のブロックを複合した乾式複合樹脂ベルトを使用。ベルトの制御はセカンダリプーリをばねとトルクに比例して押し付け力の変わるロードカムで伝達トルクを確保し、プライマリプーリは電気モータを大きく減速して直接プーリ幅を変えて変速制御した。発進は電磁粉式クラッチを使用。前後進切替はシンクロ式平行軸歯車でロー変速比とリバースはベルトを介さない歯車駆動。油圧ポンプを使用しないため伝達効率が良い。乾式複合樹脂ベルトの耐久性とノイズの成立に苦労した模様である。

g．アウディ（1999年販売開始、図2－27）

エンジンを車両の進行方向に配置した縦置きFF方式の車に採用した。ルーク製のチェーン式金属ベルトを使用、ケースはマグネシウムを使用しており、チェーンノイズ対策のためかケースにリブを多数設けている。前後進切替用湿式クラッチ、ブレーキを発進にも使用。ポンプは歯車駆動の別置き方式。

h．トヨタ自動車（2000年販売開始、図2－28）

発進はトルクコンバータ、前後進切替は遊星歯車、湿式クラッチ、ブレーキの標準的な部品を使用。出力軸プーリと歯車を別々の軸受けで支持し歯車ノイズに対して気を使っている。

i．GM（2001年販売開始、図2－29）

米国産で初めてのCVT。発進はトルクコンバータ、前後進切替は遊星歯車、湿式クラッチ、ブレーキの標準的な部品を使用。変速比の制御にジヤトコと同じステップモータを使用している。

j．アイシンAW（2002年販売開始、図2－30）

発進はトルクコンバータ、前後進切替は遊星歯車、湿式クラッチ、ブレーキの標準

図2－28　トヨタ　K110（2000年販売開始）

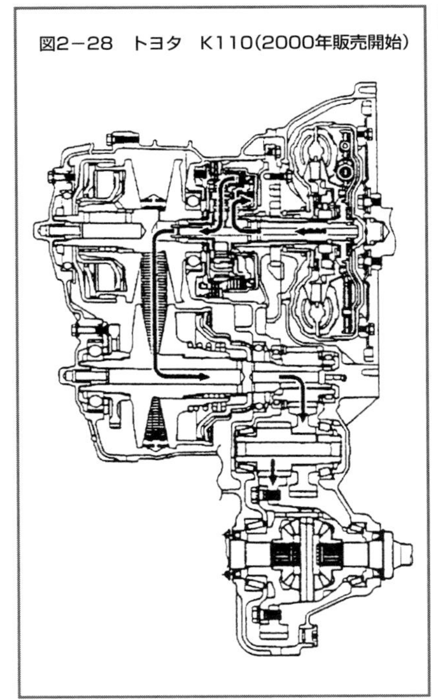

図2－29　GM　VT25-E（2001年販売開始）

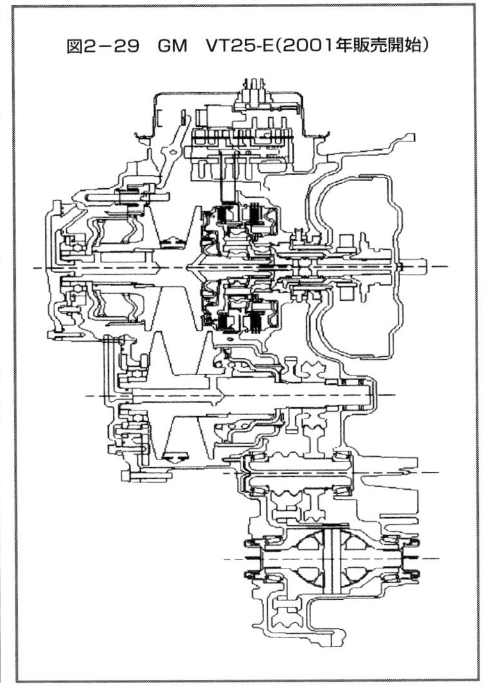

図2−30　アイシンAW(2002発売開始)

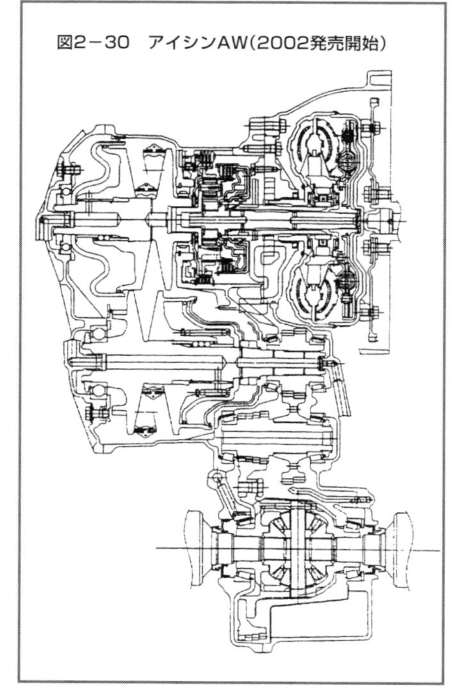

図2−31　ZF(2003年発表)

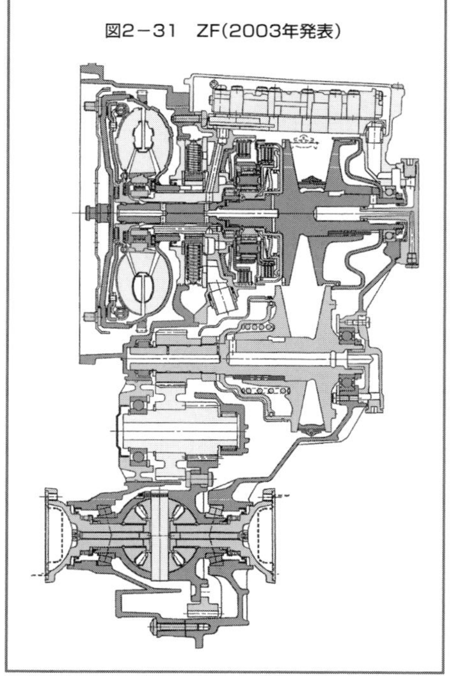

的な部品を使用。トヨタ、アイシンAWのCVTへの参入で、日本のドライバーにCVTが広く認知されたことになる。

k．ZF(2003年発表、図2−31)

ヨーロッパの変速機専門メーカであるZF社はCVTの開発を長年進めていたが、なかなか商品化されなかった。やっと発表されたものは、発進がトルクコンバータ、前後進切替は遊星歯車、湿式クラッチ、ブレーキの標準的な部品を使用。ただし、オイルポンプは高圧での体積効率の良いラジアルピストン型を使用している。

第3章　ベルト、プーリシステムの構成、機能

1．変速比はどうやってつくられるか

ベルト、プーリ式のCVTは古くからある技術で、入力軸プーリ（Primary PulleyまたはInput Pulley、Drive Pulley）と出力軸プーリ（Secondary Pulley、またはOutput Pulley、Driven Pulley）があり、各軸のプーリにベルトが半円弧状に図3－1のように掛かっている。

また、各軸のプーリは2枚の傾斜面をもったプーリがあり、その2枚のプーリの片方が軸方向にスライドできるようになっており、2枚の傾斜面間にベルトが挟まれている。

片方のプーリがスライドすることにより2枚のプーリでできるV溝の幅が変化し、図

図3－1
ベルトがプーリに掛かっている状態

2組のプーリ間に金属でできたベルトが掛かっており、一方のプーリが他方を駆動する。手前のベルトとプーリの一部分をわかりやすくするためにカットしている。

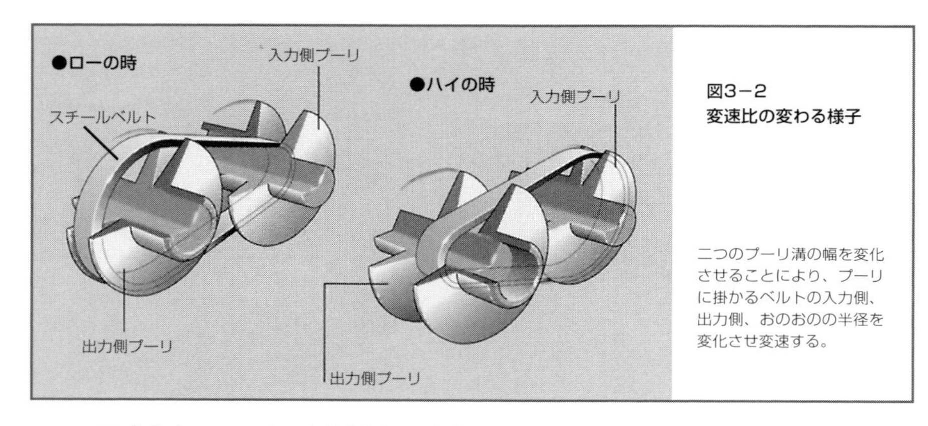

図3−2
変速比の変わる様子

二つのプーリ溝の幅を変化させることにより、プーリに掛かるベルトの入力側、出力側、おのおのの半径を変化させ変速する。

3−2に示すようにベルトの円弧半径が変化する。そのときベルトの長さが変わらないため他方の円弧半径も変化する。図3−3に示すように、一方の円弧半径が大きくなると他方の円弧半径が小さくなり、この半径の比率が変速比である。

$$\text{変速比}＝\frac{\text{出力側ベルト半径}}{\text{入力側ベルト半径}}$$

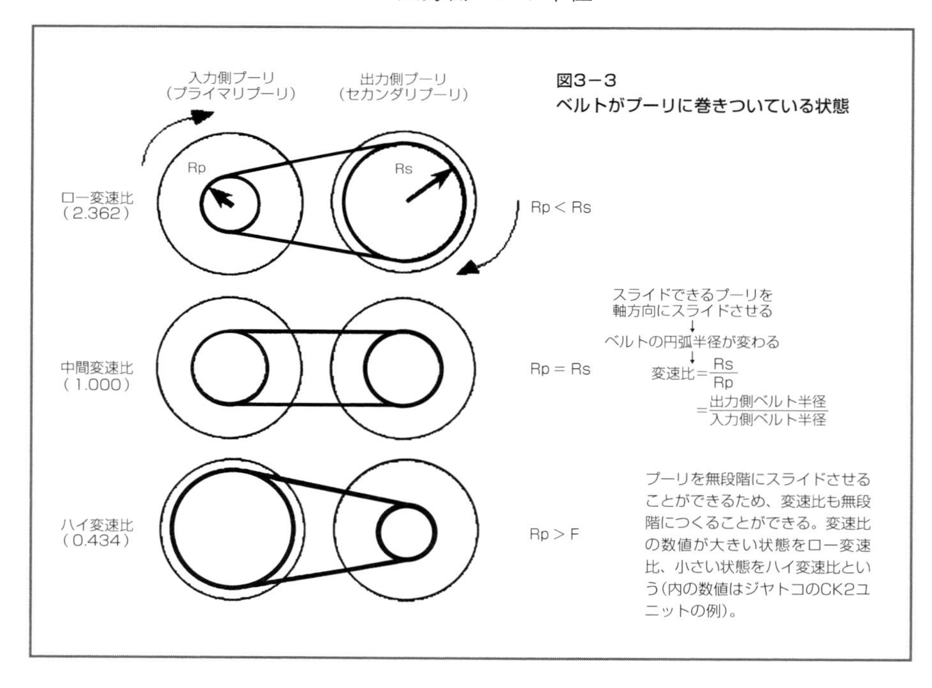

図3−3
ベルトがプーリに巻きついている状態

プーリを無段階にスライドさせることができるため、変速比も無段階につくることができる。変速比の数値が大きい状態をロー変速比、小さい状態をハイ変速比という（内の数値はジヤトコのCK2ユニットの例）。

2. プーリの構造と機能

(1) プーリの構造

エンジンからのトルクが、トルクコンバータ、前後進切換機構を通してプライマリプーリに伝わり、ベルトを介してセカンダリプーリから減速歯車、ドライブシャフトを通じてタイヤに伝わる。

2組のプーリは、それぞれフィックスプーリと呼ばれる軸に固定されたプーリと、スライドプーリと呼ばれる軸方向に移動できるプーリより構成されている。このスライドプーリの作動位置により、プーリ比が変化する状況を図3−4に示す。図のようにスライドプーリの軸方向移動により、ベルトがプーリに巻きつく半径を連続的に変化させることができる。

(2) ボールスプライン

スライドプーリの内径穴とフィックスプーリの軸外径にはそれぞれ溝が加工されており、両溝間には1溝あたり3〜4個のボールが組み込まれ、図3−5のようなボールスプラインを構成している。

軸と穴の両方に凹と凸の歯を切り、軸方向のスライドができてトルクを伝達できる

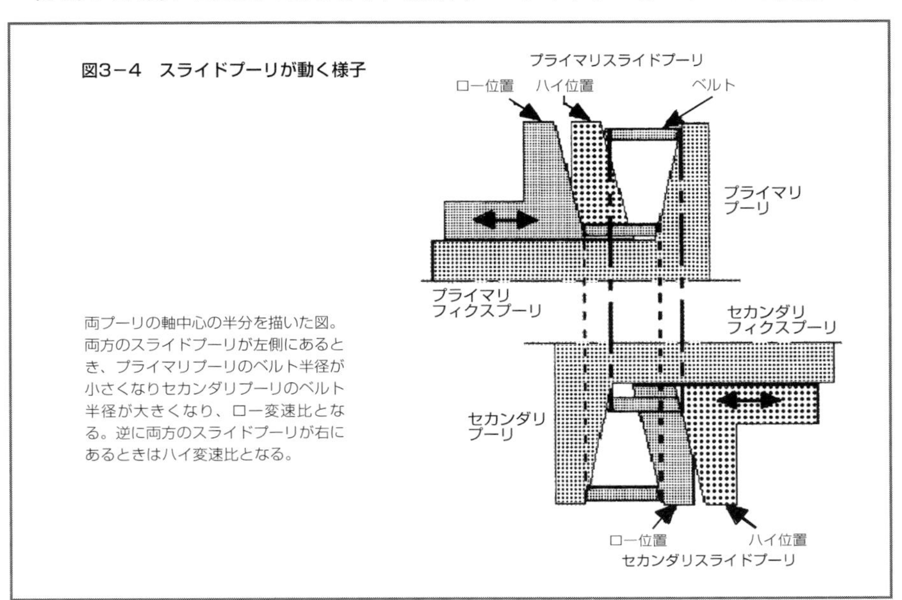

図3−4　スライドプーリが動く様子

両プーリの軸中心の半分を描いた図。両方のスライドプーリが左側にあるとき、プライマリプーリのベルト半径が小さくなりセカンダリプーリのベルト半径が大きくなり、ロー変速比となる。逆に両方のスライドプーリが右にあるときはハイ変速比となる。

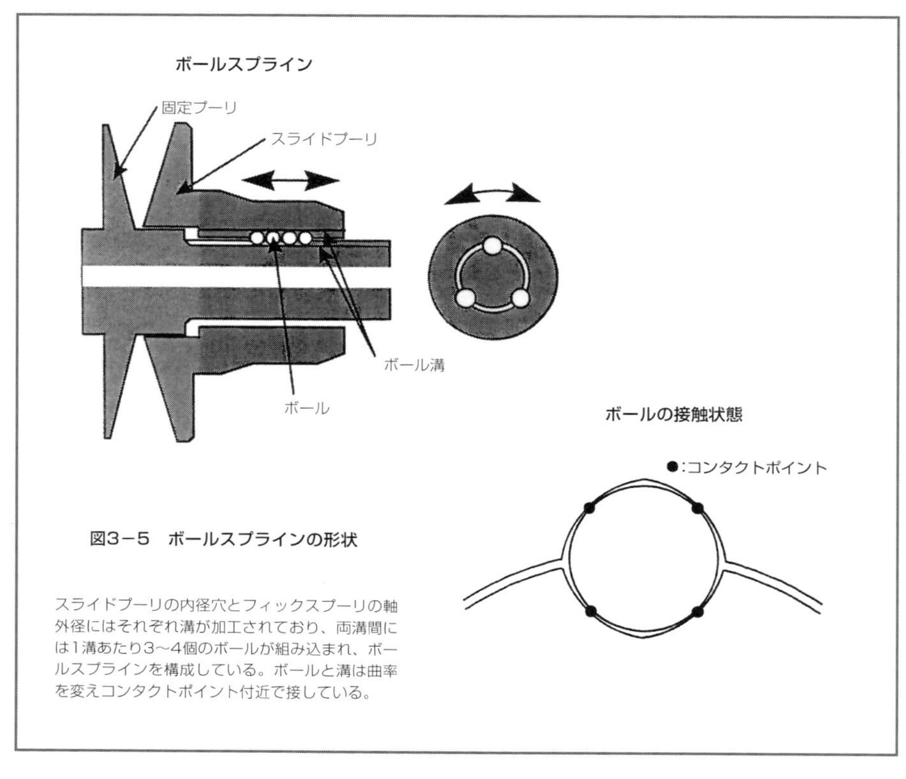

図3－5　ボールスプラインの形状

スライドプーリの内径穴とフィックスプーリの軸外径にはそれぞれ溝が加工されており、両溝間には1溝あたり3～4個のボールが組み込まれ、ボールスプラインを構成している。ボールと溝は曲率を変えコンタクトポイント付近で接している。

構成をスプライン結合というが、軸と穴の両方に凹の溝を切り、この両方の溝の間にボールを組み込んだものをボールスプラインという。

普通用いられるスプライン結合は、軸方向に動くときは滑り摩擦になるのに比べて、ボールが入っていると転がりとなるため、軸方向に動かす抵抗力が小さくて済む。このボールスプラインにより、スライドプーリに伝達されるトルクをフィックスプーリ軸に伝達する。ボールを挿入しない普通のスプラインの構成に比べてスライドプーリの軸方向移動がスムーズになり、プーリを押し付けるわずかな力の差に対しても変速しやすくしている。

(3) プーリに発生する曲げモーメント

プーリには、ベルトを半円状で挟んでいるため片側に開こうとする力とベルトがプーリと接する半径の積による曲げ力(曲げモーメント)が加わる。この曲げモーメントMは数式で表すと式3－1のようになる。

式3−1　プーリに生じる曲げモーメントの式

プーリに生じる曲げモーメントMは

$$M=\frac{F\cdot R\{\cos(\pi-\frac{\theta}{2})-\cos(\pi+\frac{\theta}{2})\}}{\theta}$$

プーリがベルトから受ける荷重中心Rcは

$$Rc=\frac{M}{F}=\frac{R\{\cos(\pi-\frac{\theta}{2})-\cos(\pi+\frac{\theta}{2})\}}{\theta}$$

ここで　M：プーリに発生する曲げモーメント(Nm)

Rc：プーリがベルトから受ける荷重中心(m)

θ：ベルトの噛み込み角度(rad)

F：プーリ押し付け荷重(N)

R：巻きつきベルトのピッチ半径(m)

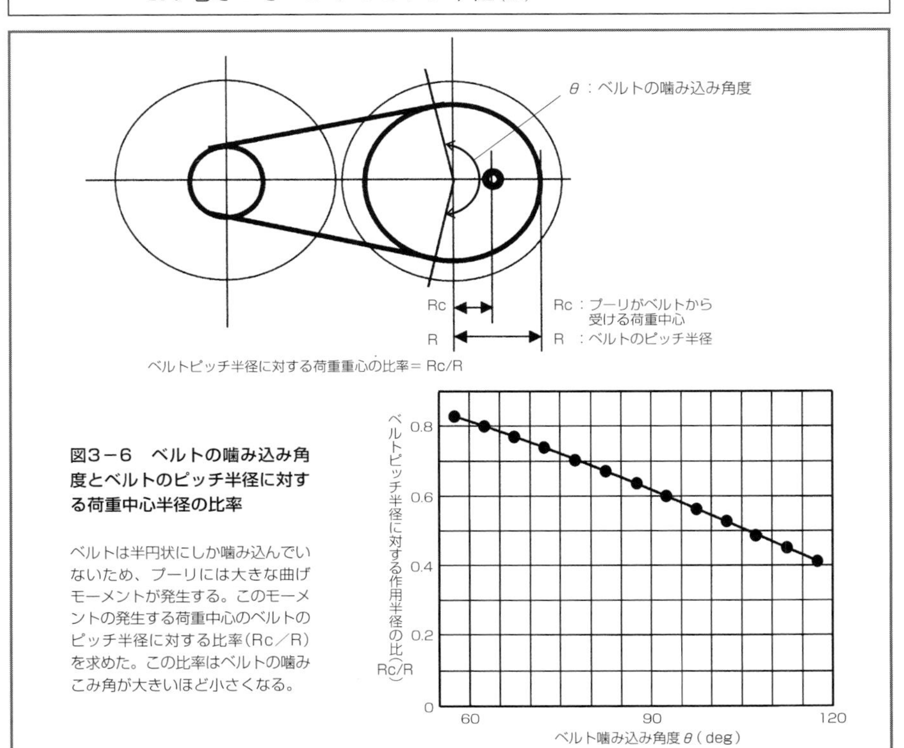

図3−6　ベルトの噛み込み角度とベルトのピッチ半径に対する荷重中心半径の比率

ベルトは半円状にしか噛み込んでいないため、プーリには大きな曲げモーメントが発生する。このモーメントの発生する荷重中心のベルトのピッチ半径に対する比率(Rc／R)を求めた。この比率はベルトの噛みこみ角が大きいほど小さくなる。

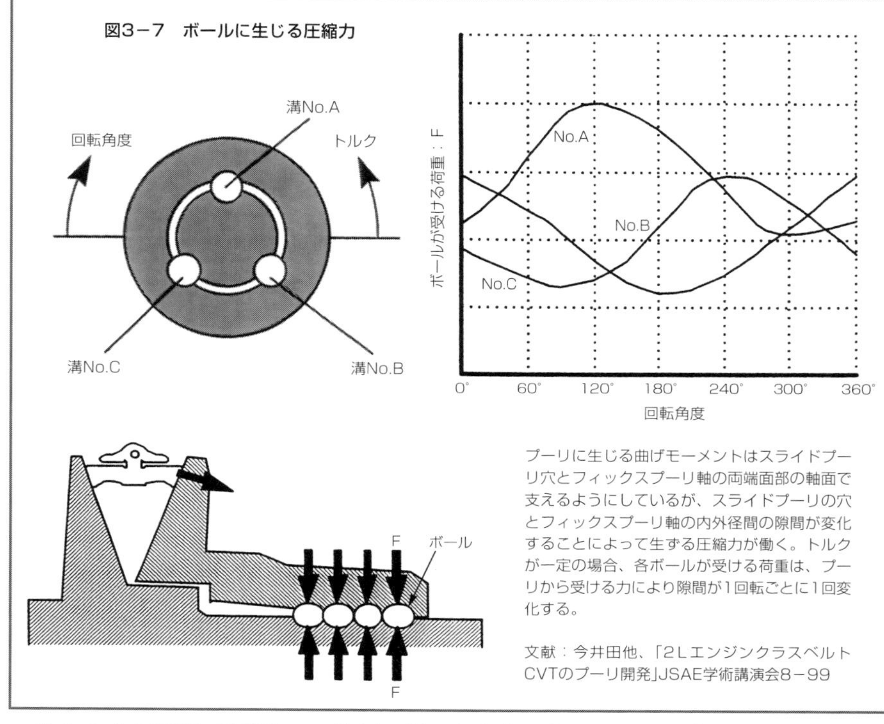

図3－7　ボールに生じる圧縮力

以上の式を実際に計算して、片側に開こうとする力のベルトの噛み込み角度とベルトのピッチ半径に対する作用半径の比率を計算してグラフに示すと図3－6のようになる。この比率は、ベルトの噛み込み角が大きいほど小さくなる。

この曲げモーメントをスライドプーリ穴とフィックスプーリ軸のはめあい面で支えるようにする。このモーメントは非常に大きいため、ボールスプラインのボールには直接加わらないようにしている。

ただし、ボールには回転方向のトルク以外にスライドプーリの穴とフィックスプーリ軸の内外径間の隙間が変化することによって生ずる圧縮力が働く。トルクが一定の場合、各ボールが受ける荷重は、プーリから受ける力により隙間が1回転ごとに1回変化するため、一例として図3－7のようになる。

(4) プーリを押し付ける油圧室

スライドプーリには、それを押し付けるための図3－8のような油圧ピストンを持っている。プライマリ側をプライマリピストン、セカンダリ側をセカンダリピストンという。

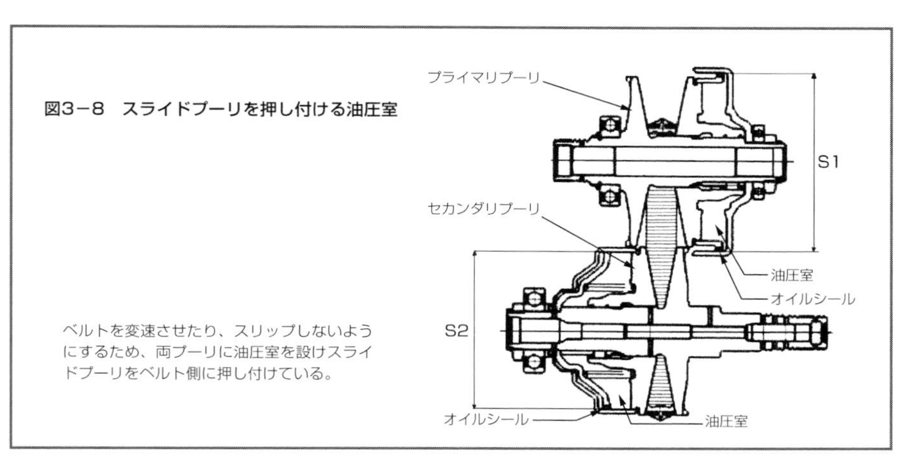

図3－8　スライドプーリを押し付ける油圧室

ベルトを変速させたり、スリップしないようにするため、両プーリに油圧室を設けスライドプーリをベルト側に押し付けている。

2組のスライドプーリは、それぞれのピストンに油圧を供給し、ベルト側に押し付け力を発生させる。この押し付け力は、ベルトをあらゆる条件でスリップを起こさないでトルクを伝達し、且つ大きすぎない値を設定するとともに、プライマリ、セカンダリ両ピストンの押し付け力バランスを調整することにより、目的の変速比になるように制御する。

(5) 油圧室のシール

プーリは油圧室によりベルトを押し付けているが、油圧室はプーリと一体になったシリンダと軸に固定したオイルシールを持ったピストンで成り立っている。このシリンダとピストンの間には隙間があるが、プーリには先に述べたように大きな曲げモーメントが発生する。また、プーリが変形し、この隙間が1回転に1回変化する。この隙間を小さく設計すると、プーリの変形により隙間がなくなり、金属同士が干渉すると傷がつき、オイルシールを痛めオイルが漏れる。一方、隙間が大きすぎるとピストン室には大きな油圧が発生するため、オイルシールがはみ出してしまう。この両方を満足するようにプーリの曲げに対する剛性を大きくして、オイルシール部の隙間とオイルシールの材料選定を行い、耐久性を満足させる必要がある。

(6) プーリに生ずる変形、応力

プーリは半円状に噛み込んでいるベルトにより、先に説明をした大きな曲げ応力を受ける。しかし、プーリが変形するとオイルシールやベルトの変速スピード、入力トルクによる油圧と変速比の関係などに影響するため、曲げ剛性を高くする必要がある。また、強度的には大きな繰り返し曲げモーメントに耐えるようにしなければなら

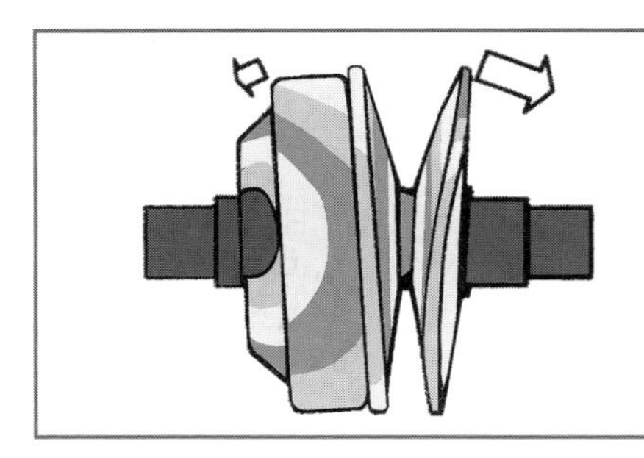

図3－9　プーリ変形のFEM計算の例

有限要素法(FEM)を利用し、いくつものプーリ形状で計算し、応力や変形を決められた値以下で、重量の軽いプーリ形状を選ばなければならない。

ない。これらを考慮すると、プーリは大きく重くなってしまう。応力や変形を決められた値以下になるように、有限要素法(FEM)を利用し、いくつもの形状で計算し、できるだけ重量の軽いプーリ形状を選ばなければならない。計算を行った一例を図3－9に示す。

(7)スライドプーリの配置

2組のスライドプーリは図3－4に示すように、お互いに軸断面図で書くと左右に反対側に配置する。これにより、ベルトが噛み込むプライマリ側とセカンダリ側のベルトの中心の芯が変速によりずれるのを極力防止する。

ベルトは、変速時にはフィックスプーリの斜面に沿って上下するとき、軸方向に移動する。この斜面が2組のフィックスプーリを左右逆方向に配置することにより、ベルトがプライマリ側とセカンダリ側とも、同じ軸方向に移動しベルトの芯ずれを防止する。

このような配置を守るために、2組のプーリは大きなスペースを必要とする。このいびつな余った空間を前後進切換部品、ポンプ、減速歯車などをうまく配置してFF車の狭いエンジンルーム内に収めるために、CVT全体をコンパクトにまとめる配置を決める技術(レイアウト技術)が求められる。

(8)ベルトの芯ずれ

ベルトがプーリ軸の垂直線に対してずれる量を芯ずれと定義する。

前項でベルトを芯ずれさせないために、2組のフィックスプーリを左右の反対側に配置すると説明したが、これでも幾何学的な理由でわずかに芯ずれが発生する。ベルトの長さは両プーリに噛み合っている円弧状の長さと、直線部の長さを加えたものであるが、ベルトの長さは一定であるため、変速比の変化によりプライマリプーリ半径の増加がそのままセカンダリプーリ半径の減少とならないためである。変化する半径量に差があると、ベルトはプーリ面の一定の傾斜に沿って軸方向にずれるため、入力側と出力側でその変化量が異なり、芯ずれとなる。

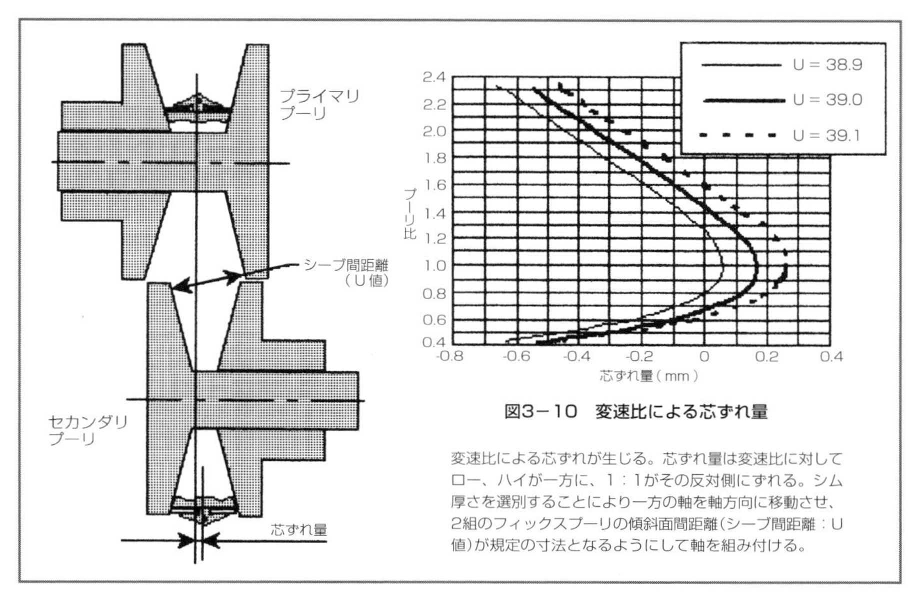

図3−10　変速比による芯ずれ量

変速比による芯ずれが生じる。芯ずれ量は変速比に対してロー、ハイが一方に、1：1がその反対側にずれる。シム厚さを選別することにより一方の軸を軸方向に移動させ、2組のフィックスプーリの傾斜面間距離（シーブ間距離：U値）が規定の寸法となるようにして軸を組み付ける。

芯ずれの量の計算式を式3−2に、結果の一例を図3−10に示す。芯ずれ量は変速比に対してロー、ハイが一方に、1：1がその反対側にずれるため、それらの中央付近にフィックスプーリの軸方向をあわせるように調整する必要がある。

式3−2　芯ずれの量の計算式

変速比ごとの芯ずれ量δは

$$\delta = \frac{U - (A - Rp - Rs)\sin\alpha - Be\cos\alpha}{\cos\alpha}$$

$$Rp = \frac{\sqrt{\pi^2 \cdot A^2 (1 + Ip)^2 - 4A(1 - Ip)^2 \cdot (2A - Lb)} - \pi A(1 + Ip)}{2(1 - Ip)^2}$$

$$Rs = Ip \cdot Rp$$

ここで

δ：変速比毎の芯ずれ量(mm)
U：入出力固定プーリ間の傾斜面の面直角距離(mm)
A：入出力プーリ軸間距離(mm)
Rp・Rs：ベルトピッチ半径(mm)サフィクスはp：プライマリ、s：セカンダリ
α：プーリのシーブ角(deg)
Be：ベルトのピッチ半径部の幅(mm)
Ip：変速比
Lb：ベルトピッチ半径部の全長(mm)

(9) プーリの芯合わせ

ベルトは一般的には芯ずれが大きいと耐久性が低下するが、VDT型のベルトは特に芯ずれの影響を受けやすい。このため、プーリの軸方向の調整を厳密に行う必要がある。通常2組のフィックスプーリ傾斜面同士の距離（シーブ間距離：U値）を図3－10のように規定の寸法に調整する。ベルトの芯ずれは先の変速比の変化、プーリ軸方向の調整誤差、ベアリングのがた、ケースや軸の熱膨張の差による誤差など、その要因が多いが、それらをすべて考慮して使用するそれぞれの変速比に対してその最大回転数の条件で、ベルトの耐久性を満足するように設計しなければならない。

(10) プーリのシーブ角

ベルトがプーリにV字型で接しているが、その接触角度をシーブ角という。シーブ角は現在11°にしているが、その理由について考えてみよう。

シーブ角が大きすぎると、

・必要な変速幅を得るためのスライドプーリ移動量が大きくなりベルト幅が大きくなり、またプーリの軸方向の長さが大きくなる。

・ベルトを半径側に押し付ける力が大きくなり、ベルトの張りが大きくなりベルトの耐久性を低下させる。

などの問題がありシーブ角は小さい方が良い。

シーブ角が小さすぎると次の二つの問題がある。

・ベルトがプーリの巻きつき部から外れるときに外れにくくなる。

ベルトとプーリの間には摩擦がある。摩擦がある間に挟まっているベルトが外れるためには、摩擦力より大きな外すための力が掛かるようにしなければならない。そのためにはシーブ角を大きくする必要がある。この関係式を式3－3に示す。

式3－3　ベルトがプーリから外れやすいための条件式

ベルトがプーリから外れやすくするための条件は

$$\tan\alpha > \mu$$

となる。ここで

α：シーブ角

μ：摩擦係数

<解説>

ベルトがシーブから外れないようにする力は

$$\frac{dF\mu}{\cos\alpha}$$　dF：エレメントに掛かる押し付け力

ベルトを外そうとする力は

$$dF\sin\alpha$$

ベルトを外そうとする力のほうが大きくなければならないから

$$\frac{dF\mu}{\cos\alpha} < dF\sin\alpha$$

故に上式$\tan\alpha > \mu$となる。
シーブ角αは11°となっており、tan11°＝0.19
となり、金属間摩擦係数　0.1より十分大きくしている。

・ベルトの緩み側の張力がなくなってしまう。

シーブ角を小さくしてゆくとベルトの張りが小さくなる。ベルトは張り側と緩み側があるが、緩み側でも引張り力がマイナスになってしまうと、ベルトが折れ曲がり破損してしまうため、ある程度の引張り力が必要である。ベルトの張りは伝達トルクに対する押し付け力の安全係数によっても異なるが、1.3の安全係数の場合は、シーブ角が7°～8°で緩み側のベルト引っ張り力はほとんど0となってしまう。シーブ角11°では常に十分な引っ張り力が確保できる。

以上のようにシーブ角を小さくしていくと問題となる二つの項目を満足する範囲で、ユニットを小さくし、ベルトに掛かる引っ張り力を少なくするにはできるだけシーブ角を小さい角度に設計するのが良い。

シーブ角を小さくしていくと問題となる二つの項目は、いずれも摩擦係数との関わりで決まってくる。したがって、摩擦係数の大きいゴムベルトCVTのシーブ角は11°よりも大きい角度を設定している。

3. ベルトの形状と機能

小型二輪車のように伝達トルクが小さい場合は、ゴムベルトでも成立しているが、自動車用のようにエンジントルクの大きい場合は、ゴムベルトでは強度的に成立せ

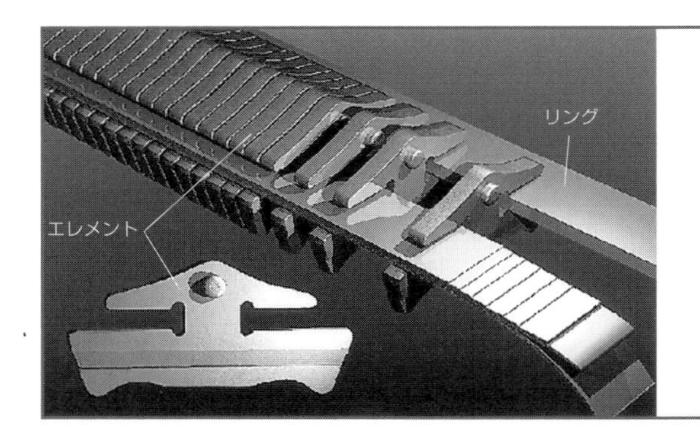

図3−11　VDT型ベルトの構造

VDT型のベルトの構造は厚さ2mm前後の鋼板の両サイドにプーリと接する傾斜面をもったエレメントを数百個重ね、厚さ0.2mmほどの薄板を円環状にし層状に重ね合わせたリング2組を、エレメントの左右から挟み込んでいる。

ず、金属ベルトが使われている。現在市販されているCVTではオランダのVDT社開発のベルトが主流であるが、一部ドイツのLuk社製のチェーン式ベルトなども採用されている。以下、VDTベルトについて詳細な説明を行い、その他のベルトの説明はその後に記述する。

(1) VDTベルトの構造

VDT型のベルトの構造を図3−11に示す。VDT型のベルトは厚さ2mm前後の鋼板を精密に打ち抜いて、両サイドにプーリと接する傾斜面をもった数百個のエレメントを重ね、厚さ0.2mmほどのマレージング鋼相当の最高強度材料の薄板を溶接して円環状にし、内から外へ層状に重ね合わせたリング2組をエレメントの左右から挟み込んでいる。

エレメントを多数重ね、2組のリングをエレメントの両サイドの溝に挟み込み、組み付けることにより、ベルトを曲げる方向にフレキシブルなベルトとなる。このベルトが2枚のプーリの間に挟まれ、押し付けられる。このプーリの押し付け力をエレメントが支える。一方、エレメントが外径方向に広がろうとする力をリングが支える。

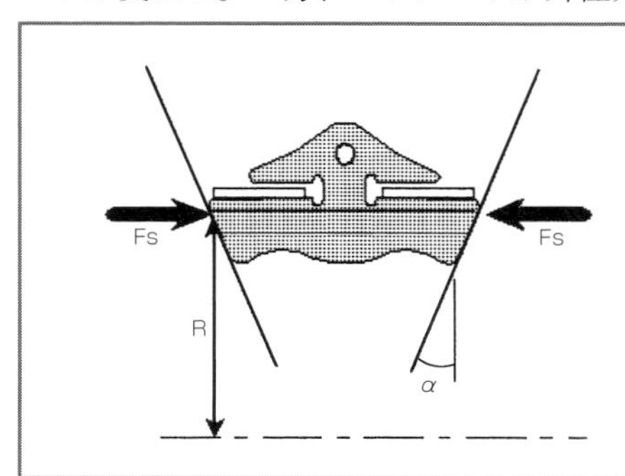

図3−12　ベルトの伝達トルク容量関係図

エレメントは両サイドのプーリ傾斜面で押しつけられたまま回転することにより摩擦でトルクを伝達する。

リングとエレメントは、回転方向には摩擦力は発生するが積極的に固定していない。エレメントはプーリと円弧状に噛み合うためリングも円弧状となる。ベルトは円弧状と直線状を繰り返すため、そのときリングに大きな曲げ応力が発生しないようにするために、1枚のリングを十分薄くし、かつエレメントの外力を支えるために必要な荷重に耐えるようにリングを複数重ねている。

(2) トルクの伝達

エンジン、トルクコンバータからのトルクがプライマリプーリに入力される。プーリには11°の角度を持ったコーン状の傾斜面(シーブ角)を持った二つのプーリ面があり、その間にベルトのエレメントが挟まれている。

伝達可能なトルクはクラッチと同じように2面の摩擦係数、ベルトピッチ半径、プーリ押し付け力、シーブ角などで決まる。通常摩擦係数は0.08から0.10くらい。

したがって、ベルトが滑らないようにするためには、プーリ押し付け力は安全率を乗じて、それ以上に設定しなければならない。通常安全率は1.3程度とするが、この値が小さ過ぎると種々の運転条件、部品のバラツキ、温度の変化、耐久後の摩擦表面形状の変化などに対してベルトが滑る可能性がある。また、大きすぎると、ベルトのフリクションの増大、ベルトの耐久性、プーリなどベルトの支持部品の耐久性に影響するため、適切な値を取らなければならない。ベルトが伝達できるトルク容量の関係図を図3－12に、ベルトがトルクを伝達するために必要なプーリ押し付け力の式を、式3－4に示す。

式3－4　ベルトがトルクを伝達するために必要なプーリ押し付け力の計算式

ベルトがトルクを伝達するために必要なプーリの押し付け力Fs(N)は

$$Fs > \frac{KT\cos\alpha}{2\mu R}$$

ここで

K：ベルト滑りに対する安全率

T：伝達トルク(Nm)

μ：エレメントとプーリ間の摩擦係数

α：プーリのシーブ角(rad)

R：エレメントの走行半径(m)

一般的にはμは0.08～0.10程度

Kは1.2～1.5程度

＜計算例＞

2リッタクラス、トルクコンバータ付き、ロー変速比の場合
必要押し付け力：Fs＞72900N（＝7.44ton）
ただし
T＝400Nm（＝エンジントルク×トルクコンバータトルク比：200Nm×2.0）
μ＝0.1　K＝1.3　α＝11度　R＝0.035m

この式からわかるように、伝達トルクを増やそうとすると
・ベルトとプーリ間の摩擦係数を大きくする。
・プーリのシーブ角を大きくする。
・エレメントのピッチ半径を大きくする。
・押し付け力を大きくする。
などの方法が考えられるが、それぞれ制約があり、大きなエンジンに対応するためにはプーリの油圧室を大きくしてプーリの押し付け力を大きくしたり、エレメントのピッチ半径を大きくする。すなわち、プーリを大きくする。プーリを大きくすると二つのプーリの軸間距離が大きくなる。軸間距離と入力トルクの関係を実例からグラフにしたのを図3－13に示す。また、シーブ角は式3—4の計算式では大きくする方が伝達トルクを増やせるが、実際はリングの引っ張り力を大きくしてしまい、リングの応力で容量が決まる場合はシーブ角は小さい方がベルトの伝達容量を増やせる。

(3) ベルト内の力の伝達

入出力軸の間のベルトにトルクが加わると、ベルトには張り側と緩み側が発生する。ゴムベルト、チェーンベルトのような引張り方式ベルトの場合、ベルトの張力差

図3－13　入力トルクとプーリ軸間距離の実例

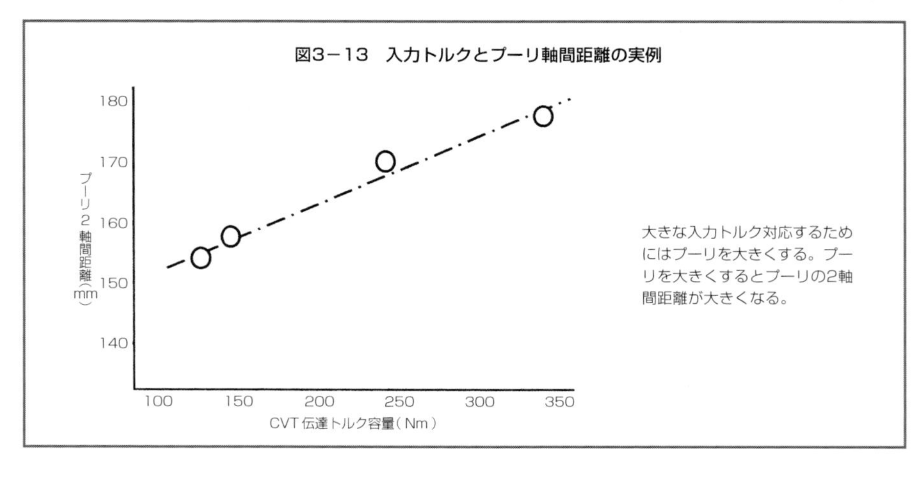

によりトルクを伝達する。VDTベルトの場合は、圧縮式ベルトと呼ばれており、リングの張力差とエレメントの圧縮力の合計でトルクを伝達する。関係図及び計算式を図3－14に示す。

VDTベルトは圧縮ベルトといっても、圧縮はエレメントのみであり、ベルト全体では緩み側の張力は、リングの緩み側張力からエレメントの圧縮力を引いた値となるが、この値はプラスでなければならない。

VDTベルトの構造をもう少し詳細に見ると、エレメントの片面が凸状になっており、ベルトが円弧状になったときエレメントも円弧状にならなければならないため、この凸面の頂上のエッジ部を支点にしてシーソのように遥動することができる。この支点部のプーリ中心からの半径をベルトのピッチ半径と定義する。変速比は両プーリのこのピッチ半径の比率で決まる(図3－15)。

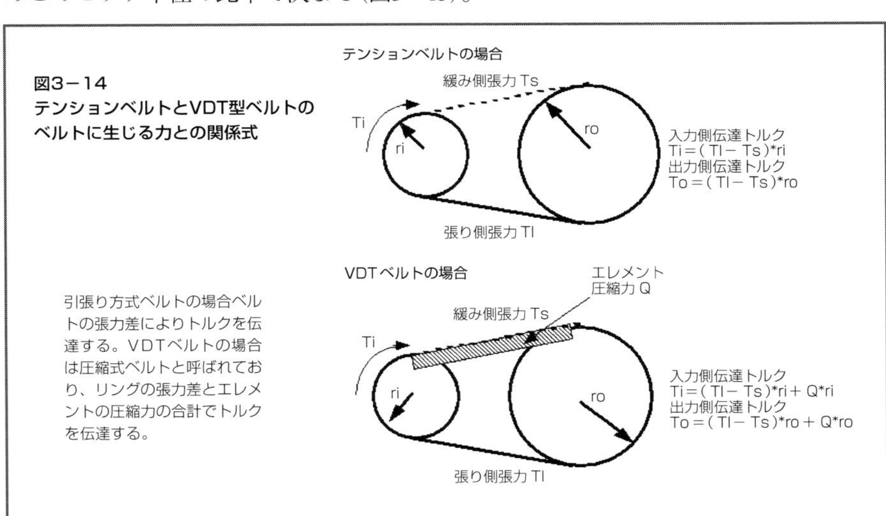

図3－14
テンションベルトとVDT型ベルトのベルトに生じる力との関係式

引張り方式ベルトの場合ベルトの張力差によりトルクを伝達する。VDTベルトの場合は圧縮式ベルトと呼ばれており、リングの張力差とエレメントの圧縮力の合計でトルクを伝達する。

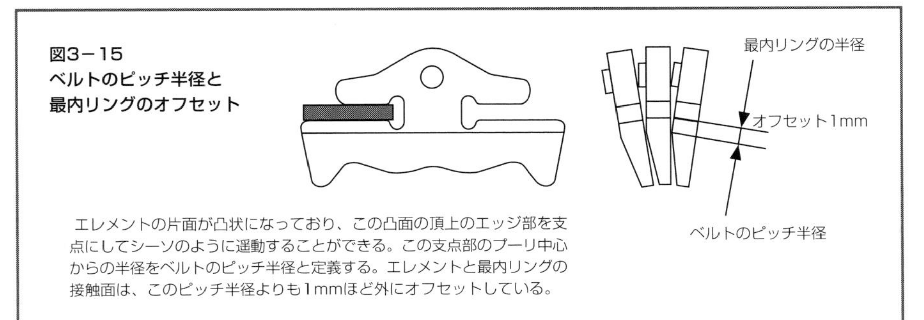

図3－15
ベルトのピッチ半径と最内リングのオフセット

エレメントの片面が凸状になっており、この凸面の頂上のエッジ部を支点にしてシーソのように遥動することができる。この支点部のプーリ中心からの半径をベルトのピッチ半径と定義する。エレメントと最内リングの接触面は、このピッチ半径よりも1mmほど外にオフセットしている。

エレメントとリングの接触面はこのピッチ半径よりも1mmほど外にオフセットしている。互いの隣同士のエレメントには大きな圧縮力が働き、エレメントは棒のようになってプーリ間に圧縮力を伝えているため、エレメントの表裏は高精度の平行度が要求される。

その高精度の平行度はなるべく広い方が安定するため、エレメントの平面部はエレメントの幅一杯に設定している。そのため、リング接触点と1mm幅ほどの高精度平面を確保している。このため、エレメントとリングの接触面とピッチ半径は1mmオフセットが必要となる。さらに、最外周のリングはリングの合計の厚さが2mmほどあるため、ピッチ半径より合計3mmほど外側にオフセットすることになる。

(4)ベルトに掛かる遠心力

ベルトは金属でできているため重量が重い。重い物体がプーリに沿って円弧上を高速で回転すると大きな遠心力となる。遠心力の計算を式3−5でやってみよう。

式3−5　高速回転時エレメントに生じる遠心力

エレメント1個に発生する遠心力Feは

$$Fe = We \cdot R \cdot \omega e^2$$

ここで

Fe：エレメント1個に発生する遠心力(N)

We：エレメント1個の重さ(kg)

R：エレメント重心の回転半径

ωe：ベルトの回転角速度(rad/sec)

<計算例>

We＝0.0046kg

R＝0.03m

ω＝837rad/sec(8,000rpm相当)

の場合　Fe＝97N

計算例の条件は高速走行時の遠心力の大きい条件であるが、この条件におけるプーリによってエレメントに発生する遠心力は、エレメントが押し付けられることにより発生する半径方向の力の50%強となり、この後に説明するベルトのフリクションやリングに発生する応力に大きな影響を与えることとなる。図3−16にこれらの力関係を表す。

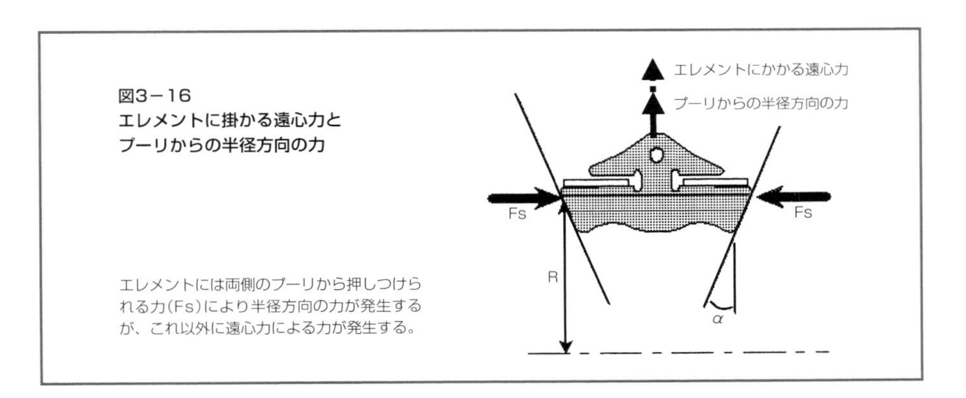

図3－16
エレメントに掛かる遠心力と
プーリからの半径方向の力

エレメントには両側のプーリから押しつけられる力(Fs)により半径方向の力が発生するが、これ以外に遠心力による力が発生する。

(5)ベルト内部の滑り

先に述べたオフセットにより、ベルトの内部に滑りが発生する。エレメントと最内周リングは変速比が1：1では両プーリのエレメントと最内周リングは同じスピードで動いているため、滑りは発生しない。滑りは1：1以外の変速比で2組のプーリの噛み込んでいる小径側で発生する。大径側では滑らない。

滑りの発生する理屈は図3－17に示すように、大径側でエレメント、最内周リングのスピードが決まる。大径では滑らないからである。このスピードのままで小径側に噛み込むが、小径プーリはエレメントのスピードで回転する。そのため、大径と半径の異なる小径では、先のオフセットに応じて滑りが発生する。

この現象は非常にわかりにくいので、セパレートコースでの競争を例に説明する

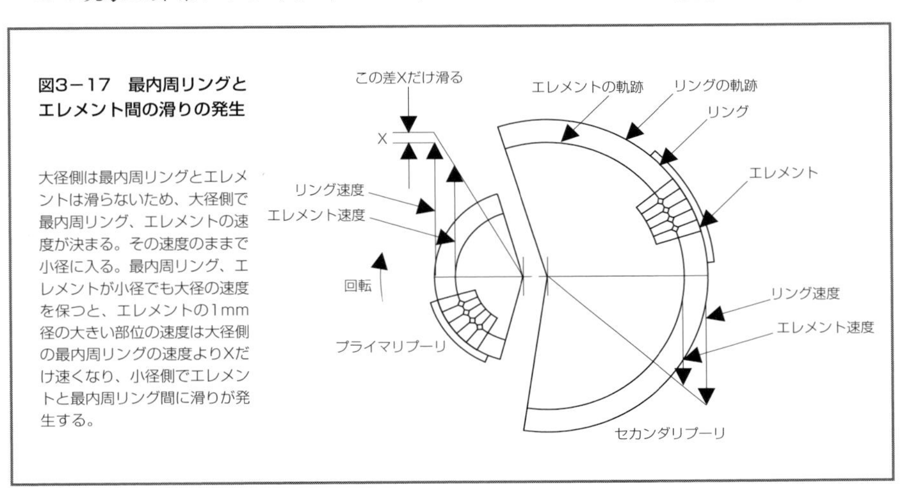

図3－17　最内周リングと
エレメント間の滑りの発生

大径側は最内周リングとエレメントは滑らないため、大径側で最内周リング、エレメントの速度が決まる。その速度のままで小径に入る。最内周リング、エレメントが小径でも大径の速度を保つと、エレメントの1mm径の大きい部位の速度は大径側の最内周リングの速度よりXだけ速くなり、小径側でエレメントと最内周リング間に滑りが発生する。

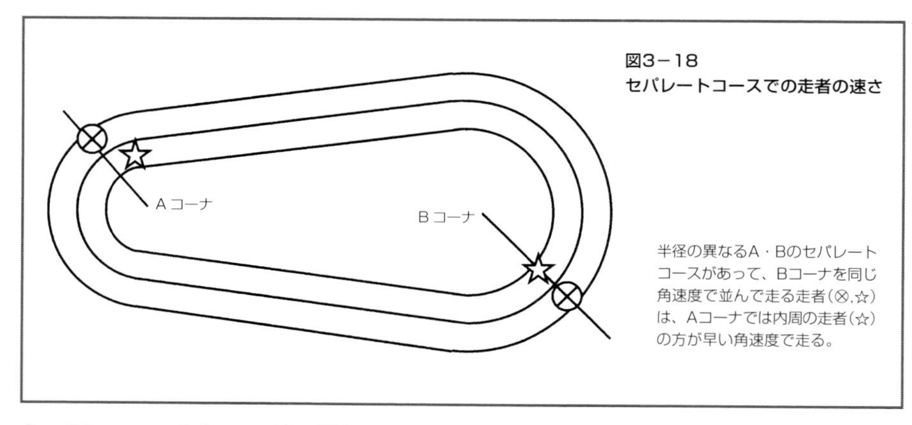

図3－18
セパレートコースでの走者の速さ

半径の異なるA・Bのセパレートコースがあって、Bコーナを同じ角速度で並んで走る走者(⊗,☆)は、Aコーナでは内周の走者(☆)の方が早い角速度で走る。

と、図3－18のように、径の異なるセパレートの競争用トラックコースがあって、大径コーナを同じ回転角スピード(回転する角速度が同じ、当然外側の走者の方がスピードは半径分速い)で走った走者は、小径コーナに入ると内側の走者の方が回転角スピードが速くなる。これと同じで、したがって小径ではエレメントの方が速く走り、リングが後からついてくることとなり、その間に滑りが発生する。

もう少し具体的に数値を入れて説明すると、表3－1に示すように、たとえばロー変速比の場合、プライマリ、セカンダリプーリの半径をエレメントピッチ径部では各々40、80mmとすると、エレメントのリング接触部及び最内周リングの径は1mm外側にオフセットしているために各々41、81mmとなる。ここで二つの仮定を置く。
①変速比はエレメントのピッチ径で決まるとする。
②大径側は滑らないとする。

プライマリプーリの回転数を毎秒1ラジアン(1rad/sec＝約9.6rpm)で、たとえばロー変速比(変速比＝2.0)の場合、セカンダリプーリの回転数は仮定①により

$$0.5\mathrm{rad/sec}\ \left(=\ \frac{1\mathrm{rad}}{\mathrm{sec}}\times\frac{40}{80}\right)$$

となる。エレメントピッチ径部の速度は入出力プーリとも40mm/secとなる。また、仮定②によりロー変速比の場合滑りのない大径であるセカンダリプーリで考えると、エレメントのリング接触部の速度は81×0.5＝40.5mm/secで、リング最内周部の速度も仮定②により40.5mm/secとなる。一方、小径であるプライマリプーリ部では、エレメントのリング接触部の速度は41×1＝41mm/secであり、リング最内周部の速度はプライマリで決まっている40.5mm/sであるため。プライマリプーリ側でリングの速度が0.5mm/secだけ遅くなり、滑りが発生する。この条件の場合、滑りはベルトの速度に対して1.2％強(＝0.5／40)となる。

表3－1　エレメント部とリング最内周部の速度の差

変速比	各部の速度		プライマリプーリ部の速度	セカンダリプーリ部の速度	仮定	結果
Low (2.0)	エレメントのピッチ径部の速度	A	40×1=40（*）	80×0.5=40	①	プライマリプーリ側で滑る 0.5mm/sec リング最内周部の方が遅い
	エレメントのリング接触部の速度	B	41×1=41	81×0.5=40.5		
	リング最内周部の速度	C	=40.5	81×0.5=40.5	②	
	速度の差＝滑り（B-C）		=0.5			
1：1 (1.0)	エレメントのピッチ径部の速度	A	60×1=60	60×1=60	①	どちらも滑らない 速度が同じ
	エレメントのリング接触部の速度	B	61×1=61	61×1=61		
	リング最内周部の速度	C	61×1=61	61×1=61	②	
	速度の差＝滑り（B-C）		=0	=0		
High (0.5)	エレメントのピッチ径部の速度	A	80×1=80	40×2=80	①	セカンダリプーリ側で滑る 1mm/sec リング最内周部の方が遅い
	エレメントのリング接触部の速度	B	81×1=81	41×2=82		
	リング最内周部の速度	C	81×1=81	=81	②	
	速度の差＝滑り（B-C）			=1		

仮定　①変速比はエレメントのピッチ径で決まるとする
　　　②大径側は滑らないとする

（*）：半径（mm）×回転数（rad/sec）=速度（mm/sec）

変速比の概念でこれを考えてみると、エレメントのピッチ半径部では2.00(＝80／40)となるが、最内周リング部では1.98(＝81／41)となり、二つの変速比の異なる変速機が動力を伝えているようなものである。変速比は1：1の場合は入出力プーリとも、すべての速度が同じであるため滑りは発生しない。ハイ側(変速比＝0.5)も同じ考え方により、セカンダリプーリ側で滑りが発生し、1mm/secだけリング最内周部の方が遅い。

同様に層状のリング間も1枚ごとに板厚の0.2mm分だけ半径方向にオフセットしているため、同様の計算で滑りがある。最内周リングとエレメント間の滑りはオフセット1.0mmであり、リング間は0.2mmであるため、滑りは約1／5(0.2／1.0)と小さいが、滑

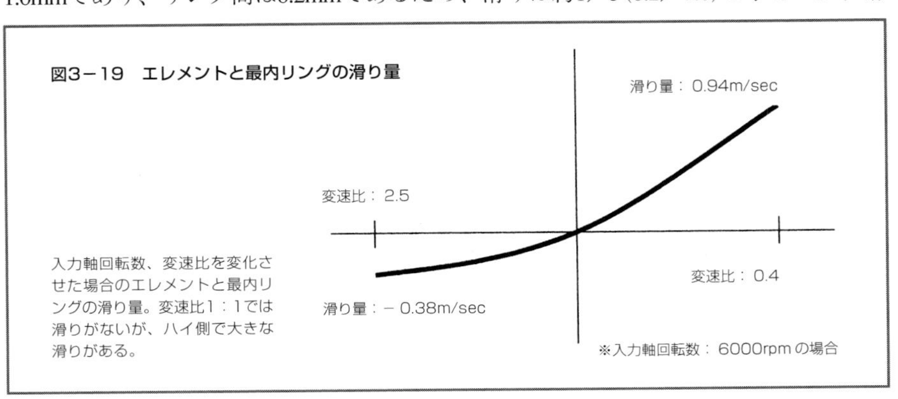

図3－19　エレメントと最内リングの滑り量

入力軸回転数、変速比を変化させた場合のエレメントと最内リングの滑り量。変速比1：1では滑りがないが、ハイ側で大きな滑りがある。

り個所が多い。

滑り量の計算を式3−6に、図3−19に滑り量を示す。ハイ側が特に大きな滑りとなり、入力回転数4000rpmで変速比が0.434のときは、エレメントと最内径のリング間の滑り量は0.55m/secにもなる。

層状のリングについてもそれぞれのリングはその板厚分、約0.2mmほどオフセットしているため、リング間でも小径側で滑っている。同じ条件でリング間の滑り量は0.11m/secとなりリング間の方がオフセットが小さい分少ないが、リングを10枚重ねればスリップ面は9面あり、すべての面で滑ることとなる。

式3−6　エレメントと最内リングの滑り量の計算式

エレメントと最内リングの滑り量ΔV(m/sec)は

$$\Delta V = 2\pi Np \cdot t\left(\frac{1}{i} - 1\right) \cdot \left(\frac{1}{60}\right)$$

ここで

Np：プライマリプーリ回転数(rpm)

i：変速比

t：エレメントと最内リング間のオフセット(m)

<解説>

$$\Delta V = \Delta V1 - \Delta V2 = \left\{2\pi Np \cdot t\left(\frac{1}{i}\right) - 2\pi Np \cdot t\right\} \cdot \left(\frac{1}{60}\right)$$

ここで

ΔV1、ΔV2：入出力プーリでのエレメントと最内周リングの速度差(m/sec)

(6)ベルトの回転フリクショントルク

滑りが発生すると、ベルトを回転させるだけでもフリクショントルク(出力軸をフリーにして、入力軸を回転させるのに必要なトルク)が発生する。フリクショントルクは滑り量、滑り面に加わる荷重、摩擦係数の積を全部の滑り個所について加えたものである。

フリクショントルク≒Σ滑り量×押し付け荷重×摩擦係数(Σは全部の滑り個所の和)

滑り量は、これまで説明したように変速比1：1で最小となり、ハイ側で特に大きくなる。滑り面に加わる荷重は、プーリの押し付け荷重に比例する項と、回転速度により増加する遠心力の項の和である。したがって、フリクションは、プーリ押し付け力と、回転数の影響を受ける。リング間の滑り量は少ないが滑り個所が多いために影響が大きい。この滑りによるフリクションの値を計算と実験により求めた論文があるので、図3－20に紹介する。

入力軸換算のフリクショントルクはプーリを押し付ける力に比例し、またベルトの遠心力の影響を受けるため回転速度が大きくなると、遠心力の影響分は2乗に比例して大きくなる。また、入力軸換算のフリクショントルクは変速比1：1で最小となるが、ロー側よりもハイ側は滑りが大きいことにより大きくなる。この意味でVDTベルトの高速燃費に課題がある。

CVTは、ベルト以外にもATと同じようなフリクショントルク発生部品がある。たとえばオイルポンプ、オイルシール、オイルの攪拌抵抗、使用個数は少ないが多板ブ

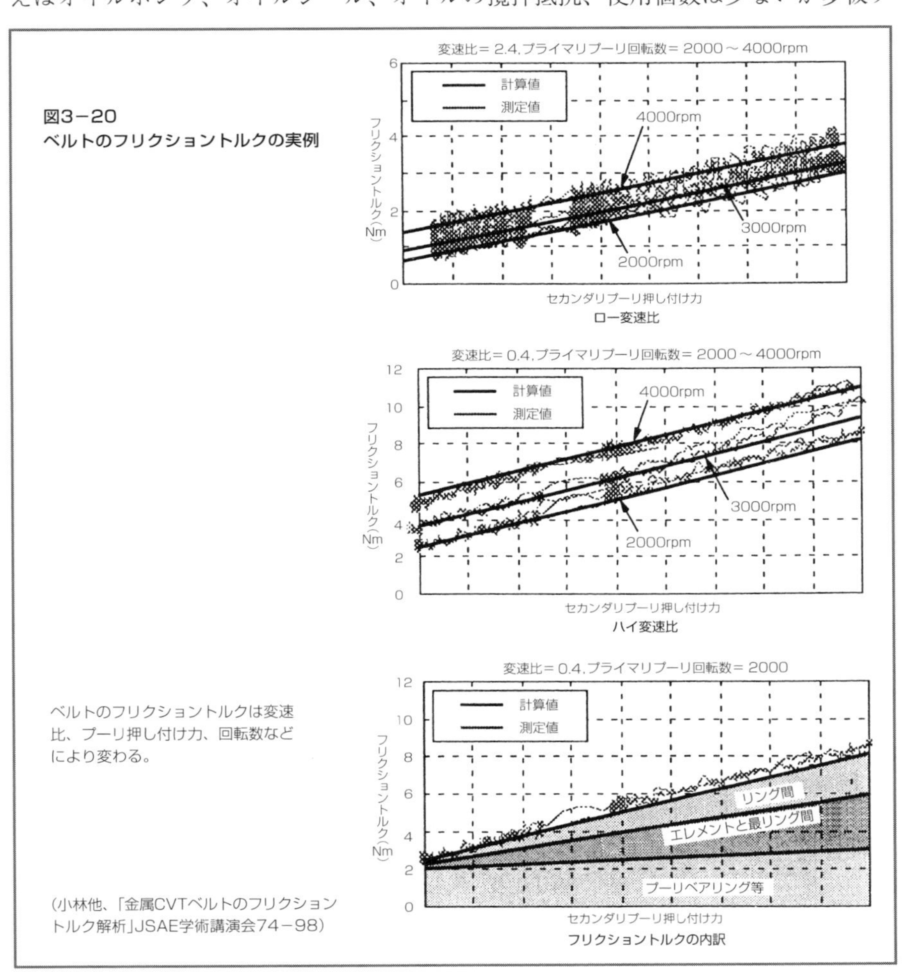

図3－20
ベルトのフリクショントルクの実例

ベルトのフリクショントルクは変速比、プーリ押し付け力、回転数などにより変わる。

（小林他、「金属CVTベルトのフリクショントルク解析」JSAE学術講演会74－98）

レーキ、多板クラッチ、シールリング、ベアリングなどがあり、それ以外に先に述べたベルトのフリクションが加わるため、フリクショントルクとしてはATより一般的には大きくなる。

(7)ベルト内の滑りが小径側で起こる理由

ベルトは変速比1：1以外の状態では図3－21のように、大径と小径となっている。このときのベルトがプーリから受ける押し付け力により、プーリ軸の外側に向かう力が発生する。この力の2軸間の外側に働く成分は、ベルトがそこに留まっているので同じ値である。大径側のハッチング部は外側に働く力は消しあっている訳で、この部分だけ大径側を大きな力でベルトを押し付けなければならない。大きな力で押し付けられているから滑らないという理由となる。

ただし、これは無負荷の状態で成立しており、負荷が加わった状態ではプーリに噛み込む角度が変化してくる。ベルトの噛み込み半径は、ベルトのプーリへの入り口で決まる。入り口部はトルクが掛かることにより、駆動側のプーリ入り口でより大きな引張り力が発生し、噛み込み半径が小さくなろうとし、また被駆動側のプーリ入り口では緩み側となるため小さな引張り力となり、噛み込み半径が大きくなろうとする。そのために定常状態に比べロー側に変速しようとする。これらの影響を受けて実際的なベルト噛み込み角度も変わってくる。

(8)リングとエレメントに発生する力関係

リングとエレメントの間に先に説明した滑りがあるため、ベルトがトルクを伝達しながら回転しているとき、リングとエレメントの間には複雑な力関係が発生する。先に説明したロー変速比の場合、プライマリ、セカンダリプーリの半径がエレメント部に対して最内周リングは1mm外側にオフセットしているため、変速比は約1％異なる。

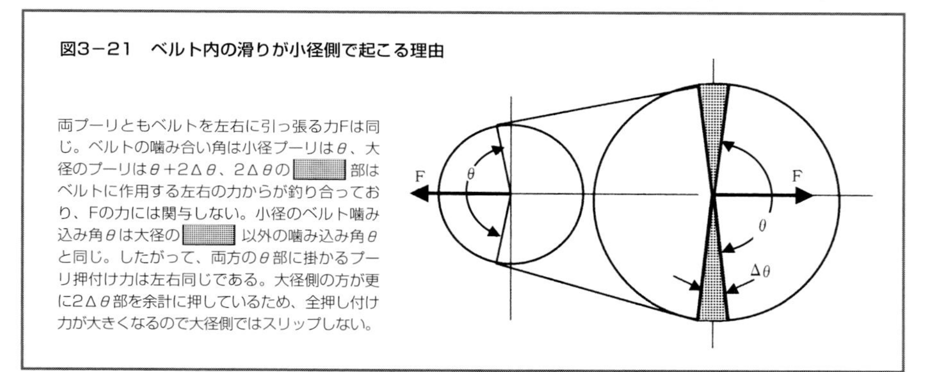

図3－21　ベルト内の滑りが小径側で起こる理由

両プーリともベルトを左右に引っ張る力Fは同じ。ベルトの噛み合い角は小径プーリはθ、大径のプーリはθ＋2Δθ、2Δθの▒部はベルトに作用する左右の力からが釣り合っており、Fの力には関与しない。小径のベルト噛み込み角θは大径の▒以外の噛み込み角θと同じ。したがって、両方のθ部に掛かるプーリ押付け力は左右同じである。大径側の方が更に2Δθ部を余計に押しているため、全押し付け力が大きくなるので大径側ではスリップしない。

図3－22　歯車比の異なる2段変速機

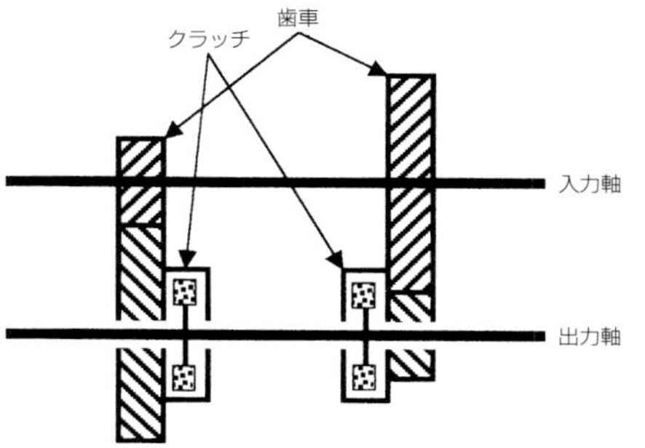

歯車数比の異なる変速機があった場合、ATの場合は二つの摩擦クラッチのうち、伝達トルク容量の小さい方でクラッチが滑るか、またはタイヤがロックする。

今変速比が異なる変速機のトルク伝達の様子を考えてみよう。図3－22のような歯車数比の異なる変速機があった場合、MTのようにスプラインで機械的に結合し滑りのないクラッチ(ドッグクラッチ)の場合、変速機は回転することができなくなり、タイヤがロックする。この状態をインターロックと呼ぶ。ATの場合は二つの摩擦クラッチのうち、伝達トルク容量の小さい方で滑るか、またはタイヤがロックする。したがって、MTもATもインターロックをしないような構造または制御となっている。

CVTのベルトも、エレメントのピッチ半径で決まる変速比と最内周リングのピッチ半径で決まる変速比がわずかに異なる二つの変速比を持っているので、インターロックに似ている。変速比がわずかに違うだけであるためインターロックというほどではないが、伝達トルクによりどちらかの変速比となり、もう一方の変速比は滑りとなる。

この状態を変速比、伝達トルクの大きさによりベルト内にどのようなトルクが発生するかを考えてみよう。これまで説明した内容をもう一度整理してみると、

・最内周リングの回転半径はエレメントのピッチ半径より1mm大きい。
・そのことにより最内周リングとエレメントは小径側で滑っている。
・小径側は内径側にあるエレメントの方が速い回転角速度である。

さらに、ベルトの特性から

・伝達トルク容量は平ベルトであるリングよりも、楔(くさび)状に噛み込んでいるエレメントの方が大きい。

以上から次のことがいえる。

・小径への入り口でエレメントの方が速い回転角速度であることより、リングの張力は小径へ入る方の張力が常に大きい。
・伝達トルク容量はリングよりも、エレメントの方が大きいことより、リングで伝達可能な入力トルクを超えてしまうと、変速比はエレメントで決まる。

以上より図3－23に示すように、ロー変速比では、リングの張力は常に下側が大き

	リング伝達トルク以上のトルク伝達をする場合	リング伝達トルク以下のトルク伝達をする場合	備考
ロー変速比	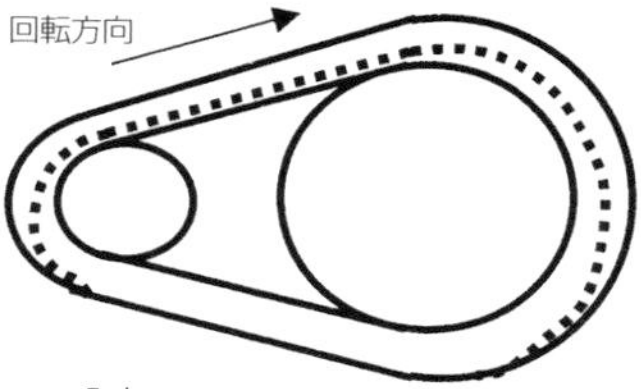 回転方向 入力　出力 リンク、エレメントともトルクを伝える	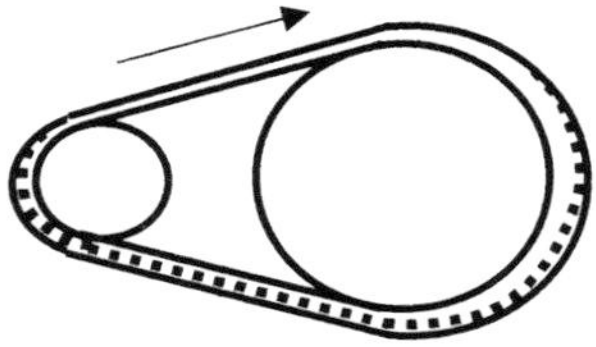 入力　出力 リンクでトルクを伝え、エレメントは逆トルクを伝える	リング張力は常に下側が大きい エレメントの圧縮力はトルクの増大により下から上に移動する
ハイ変速比	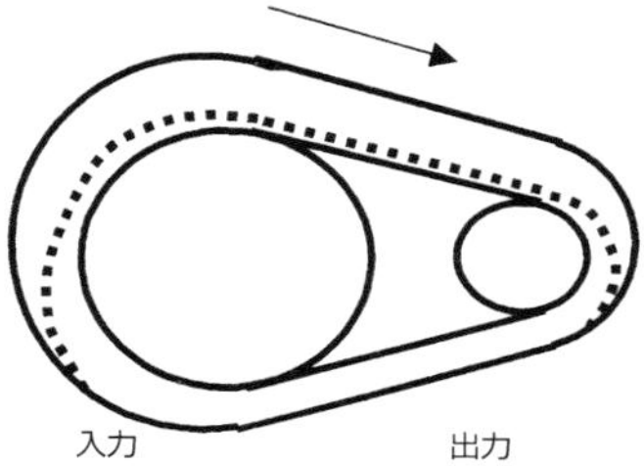 入力　出力 エレメントでトルクを伝え、リンクは逆トルクを伝える	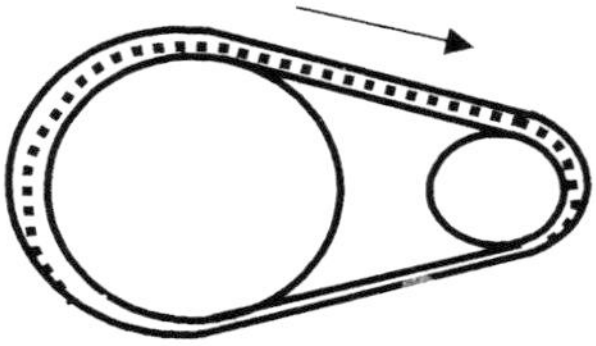 入力　出力 エレメントでトルクを伝え、リンクは逆トルクを伝える	リング張力は常に上側が大きい エレメントの圧縮力はトルクの増大に関わらず常に上側である

図3－23　VDTベルトの変速比、入力トルクによるリング張力、エレメント圧縮力の変化

ロー変速比では、リングの張力は常に下側が大きく、伝達トルクの小さいときは、エレメントが下側で圧縮となり、トルクの大きいときは、上側が圧縮となる。一方ハイ変速比ではリンク張力は常に上側が大きく伝達トルクに関わらずエレメントは上側が圧縮となる。

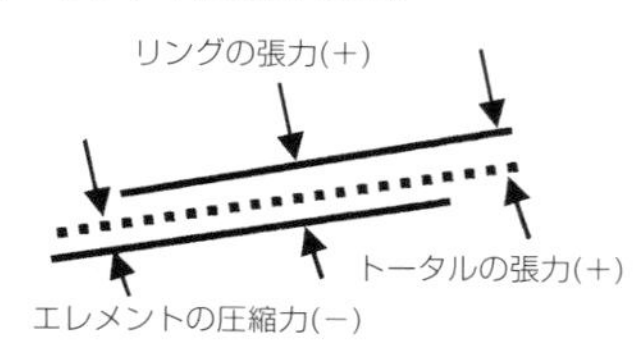

図3－24　入力トルクとスリップ率の関係

トルクの小さいところはリングで決まる半径で変速比が決まり、リングのトルク限界を超えるとエレメントの半径で決まる変速比となる。その間に1%ほど、段階的に滑り率が変化する(A)。これは正駆動範囲ではエレメント半径で決まる変速比がより大きいロー側のみで発生する。

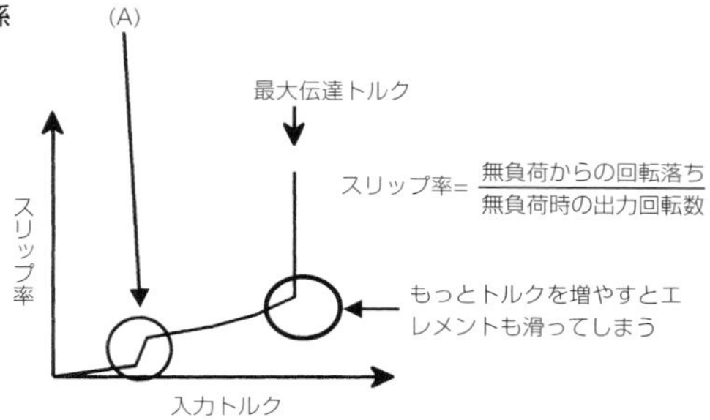

く、伝達トルクが小さいときは、エレメントが下側で圧縮となり、トルクの大きいときは、上側が圧縮となる。したがって、図3−24に示すように、トルクを増大すると変速比が1%ほどよりロー側となり、滑りが増えるような特性を示す。さらにベルトアッセンブリーの状態でエレメント間の1箇所を無理やり広げると隙間が発生する(エレメントのエンドプレー)、このエレメントのエンドプレーもトルクにより変速比がロー側に変化するのに関与している。

一方ハイ変速比では、リンク張力は常に上側が大きく、伝達トルクに関わらずエレメントは上側が圧縮となる。したがって、ハイ側はロー側のようなスリップ率の段差は発生しない。

(9)リングの応力

ベルトがプーリに沿って回転する場合、リングには次の条件で応力が発生する。

・プーリの押し付け力によりベルトには引張り力が発生することによる引張応力。
・トルクを伝達するときにベルトには張り側と緩み側があるための引張応力。
・エレメントとリングの間に滑りがあるために、その摩擦力による引張応力。
・エレメントの発生する遠心力による引張応力。
・プーリに巻きつくときにベルトが円弧に曲げられるための曲げ応力。

上記の最初の4つの項目は引張応力(σ_T)でありリングの板圧は厚い方が有利である。最後の項目は曲げ応力(σ_M)であり、板圧は薄い方が有利である。実際の応力値を図3

図3−25　ベルトが1回転するときのリングに生ずる応力

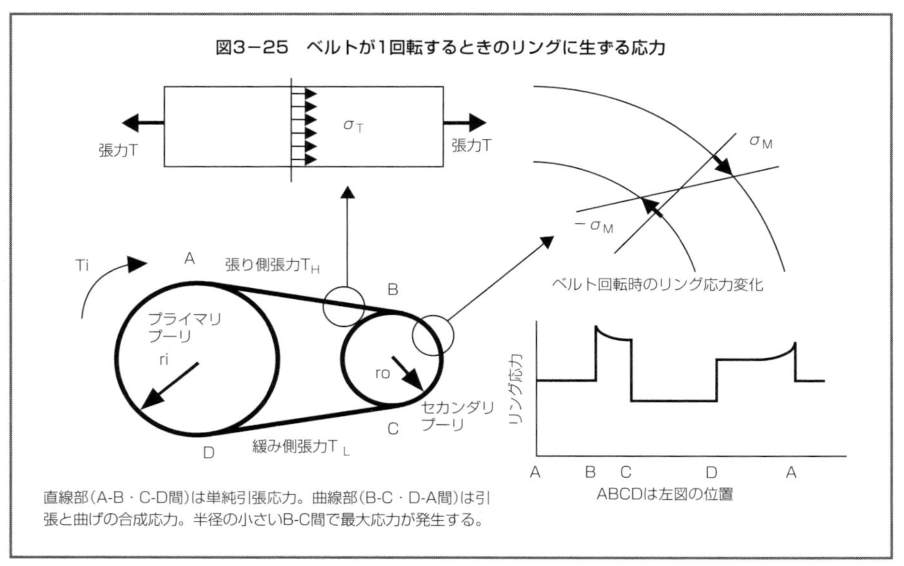

直線部(A-B・C-D間)は単純引張応力。曲線部(B-C・D-A間)は引張と曲げの合成応力。半径の小さいB-C間で最大応力が発生する。

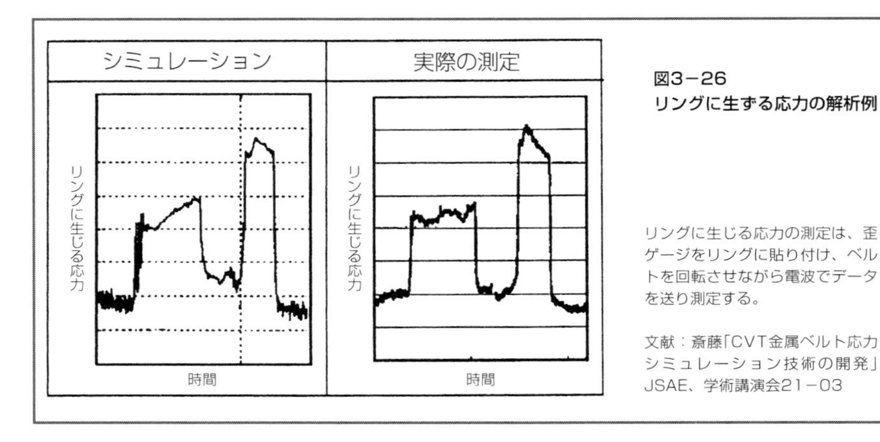

図3－26
リングに生ずる応力の解析例

リングに生じる応力の測定は、歪ゲージをリングに貼り付け、ベルトを回転させながら電波でデータを送り測定する。

文献：斎藤「CVT金属ベルト応力シミュレーション技術の開発」JSAE、学術講演会21－03

－25に示す。直線部に対して円弧部は曲げの応力が加わるため大きくなる。

両方の応力を考慮すると板圧は薄くなって、0.2mmほどとなってしまう。引っ張りの応力を満足させるためにリングを必要枚数重ねて、車の一生涯使用しても壊れない応力値に設計する。

この関係に対しても多くの解析例があり、一例を図3－26に示す。

(10)エレメントの応力

エレメントは左右の傾斜したプーリから圧縮力を受け、また傾斜角の正弦(sin)成分の力をリンクから受ける。これらの力はプーリに噛み合っている全部のエレメントが均等に、且つ正常な位置で受けている限り、単純な圧縮応力となり、たいして大きな応力とはならない。両プーリが軸方向にずれて、いわゆるベルトが許容範囲を超えて芯ずれをしてプーリに噛み込むと、図3－27のようにエレメントが傾いて噛み込むことがあり、破損してしまうことがある。この場合、エレメントには単なる圧縮力ではなく、曲げ応力が発生し、また全部のエレメントがプーリより均一に圧縮力を受けることにはならなくなるため大きな応力となる。

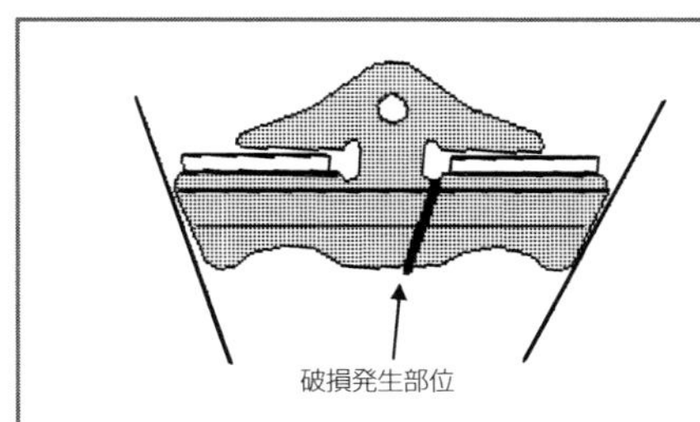

図3－27　ベルトに芯ずれがあるときエレメントが傾いてプーリに噛み込む

両プーリが軸方向にずれて、いわゆるベルトが許容範囲を超えて芯ずれをしてプーリに噛み込むとエレメントが傾いて噛み込むことがあり、破損部位より破損してしまうことがある。

これを防止するには、エレメントが傾かないでプーリに噛み込むことのできる芯ずれ許容範囲を、使用するベルトをすべての変速比での最大ベルトスピードで測定し、変速による芯ずれ、組付け誤差、ベアリングの軸方向ガタ、熱膨張による変位などのすべての芯ずれ量が、先の芯ずれ許容範囲内に収まるように設計することが必要である。

(11)ベルトのノイズ

ベルトが回転するとノイズが発生する。発生するノイズの周波数は、ベルトのスピードに比例しベルトのピッチに逆比例する。ベルトのピッチとはベルトの構造によりプーリに多角形状に噛み込むときの一辺の長さで、VDT型ベルトの場合は、エレメントの板厚約2mmである。後述するチェーン型の場合は構造上8mmくらいになる。

ベルトのスピードが一定でプーリに多角形で噛み込むと、プーリがどのような回転変動(ベルトピッチ半径上の変位変化を伝達誤差：μmと定義する)を受けるかを式3−8に計算してみる。結果を図3−28に示すが、VDT型のピッチ2mmのベルトでも半径35mmの円弧で90μmとなり、歯車の伝達誤差が数10μmでギアノイズが問題となるわけで、ベルトのノイズが聞こえるのはやむを得ないことである。もっとも、ベルトの場合歯車と異なり、4箇所の噛み込み部で平均化されたり、ベルトの軸方向剛性が歯

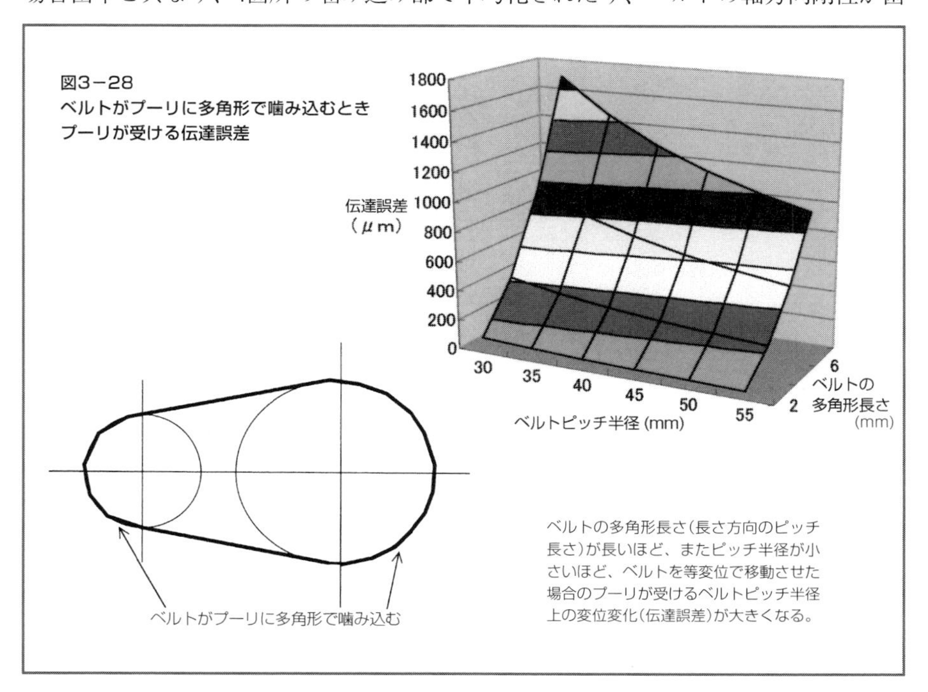

図3−28
ベルトがプーリに多角形で噛み込むときプーリが受ける伝達誤差

車の歯に比べて低く振動を吸収していること、プーリの回転イナーシャが大きいことなど有利な点がある。

式3－8　ベルトがプーリに多角形で噛み込むときプーリが受ける伝達誤差の式

ベルトが多角形的にプーリに噛み込んでいるとき、ベルトが等速運動をしているときプーリの速度の変化（伝達誤差と定義）$\Delta S(\mu m)$は

$$\Delta S = 2\pi \left\{ R - \sqrt{R^2 - \left(\frac{\Delta p}{2}\right)^2} \right\}$$

ここで

R：ベルトピッチ半径

Δp：ベルトの多角形噛み合いの長さ（μm）

このノイズ対策としては板厚を変えたエレメントをランダムに組み込むことにより、特定の周波数の音が聞こえにくくなることで、目立たなくするという方法がある。

ただ、ピッチが8mmもあるチェーン型の場合、伝達誤差が1400μmにもなり、これを聞こえにくくするためには、ケースやベアリングなど相当大々的な対策を行わなくてはならない。

4．VDT型以外のCVTベルトの構造

VDT型以外にも多くのベルト開発が行われており、それらの構造、特徴などについて記述する。

VDT型の金属ベルトの開発が成功した前後の時期に、ベルトCVT実現に触発され種々のベルト開発が行われた。表3－2に一覧で示した。未だに総合性能や生産量においてVDT型を追い越したベルトは実現していない。

(1) Luk型チェーンベルト

このチェーンの基本構造は図3－29に示すように、円弧の面をもったピン2本を背中合わせに重ね、多数のリンクで繋ぎ合わせたチェーン方式である。このチェーンはリンクに歯を付けて歯車に噛み込ませた方式をサイレントチェーンまたはハイボチェーンと呼び、4輪駆動車用トランスファや北米のATの動力伝達部に利用している。エンジンのトルクを伝達できる大きなトルク容量を持っている。

このチェーンをCVT用に使用するために、2本のピンの両端面をプーリのシーブ角

表3－2　自動車用CVTベルト一覧

ベルトの種類	構造 プーリの圧縮＋ベルト引っ張り	トルクの伝達	材料	使用環境	特徴（生産実績）
VDT型ベルト	エレメント ＋ リング	圧縮式	鉄	油噴霧中	トルク容量が大きい ノイズが静か （大量生産で各社使用）
Luk型 チェーンベルト	チェーンのピン部 ＋ チェーンのリンク部	引張り式	鉄	油噴霧中	トルク容量が大きい 伝達効率が良い （Audi社のみ使用）
BW型 チェーンベルト	眼鏡型ブロック ＋ チェーン	引張り式	鉄	油噴霧中	トルク容量が大きい 伝達効率が良い （スズキ社で使用実績有り）
複合ベルト	複合材料のブロック ＋ テンション材入りゴムベルト	引張り式	プラスティック アルミ ゴム	空気中	1リッタクラス以下の小トルク容量 摩擦係数が大きく押し付け力が小さくてよい （愛知機械㈱がユニットアッシー生産中）
CVT用 ゴムベルト	テンション材入りゴムベルトで プーリからの圧縮もベルトの 引っ張りも受ける	引張り式	ゴム	空気中	主に二輪車用に適用 （二輪車用は多数、四輪車用はDAF社で使用実績有り）

と同じ角度にして、プーリからの押し付け力をピンが受ける構造である。ベルトの引張りはピンとリンクで形成されたチェーンで受け持つ引張り型のベルトである。力の伝達は、プーリ→ピン→リンクと伝わりチェーンを引張って駆動する構造である。

特徴は、ベルトが回転し円弧部で遥動するとき2本のピンが互いに接する円弧で転がり、滑り部がないためフリクションが小さく伝達効率が良い。ただし、チェーンの構造上折れ曲がりのピッチが大きくチェーンノイズに不利である。このため、トランスミッションケースや軸受けに防振対策が必要である。

図3－29　Luk型チェーンベルト

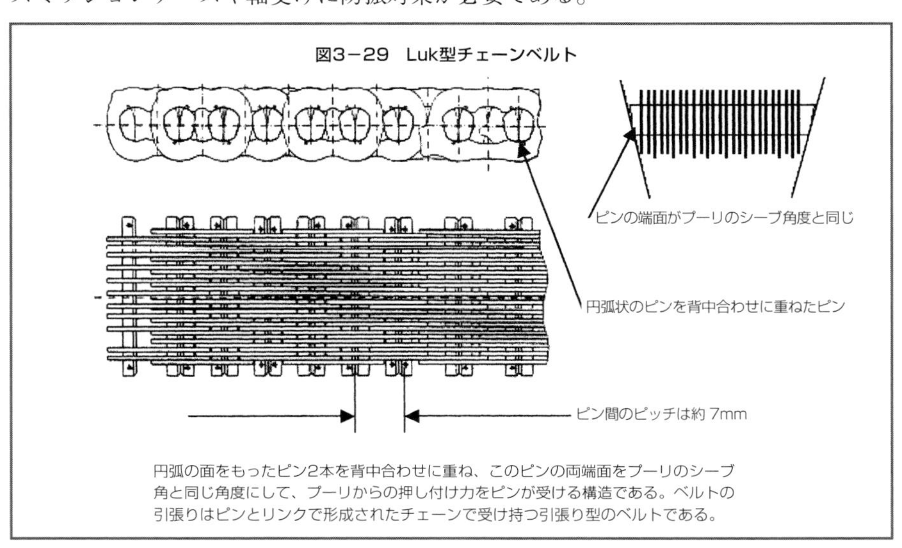

円弧の面をもったピン2本を背中合わせに重ね、このピンの両端面をプーリのシーブ角と同じ角度にして、プーリからの押し付け力をピンが受ける構造である。ベルトの引張りはピンとリンクで形成されたチェーンで受け持つ引張り型のベルトである。

(2) ボルグワーナ型チェーンベルト

基本的には先のLuk型と同じく、円弧の面をもったピン2本を背中合わせに重ね、多数のリンクで繋ぎ合わせたチェーン方式である。図3－30に示すように、ブロックと呼ぶ眼鏡状の部品が両サイドがプーリのシーブ角と同じ角度にして、プーリからの押し付け力を受ける構造である。このブロックは、チェーンのピンの間に挟まれている。ベルトの引張りは、ピンとリンクで形成されたチェーンで受け持つ。力の伝達は、プーリ→眼鏡状ブロック→ピン→リンクと伝わりチェーンを引張って駆動する構造である。

特徴は、基本構造がLukと同じであるため、同じ特徴をもっている。

(3) 複合ベルト

ゴムベルトメーカのバンドー化学が開発したベルトであり、見かけはVDT型のベルトに似ているが、材料、機能、使用環境が異なる。図3－31に示すように、VDT型のエレメントに似たブロックがあり、このブロックは高強度アルミ合金の補強を入れた耐熱樹脂で成型したもので、この部品がプーリの押し付け力を受ける。一方、ベルトの引張りはアラミド芯線入りのゴムベルト張力帯を左右2本でブロックを挟んで受け持っている。VDT型と異なり、ゴムベルトには凹凸が付いていてブロックを挟み込む

図3－30　ボルグワーナ型チェーンベルト

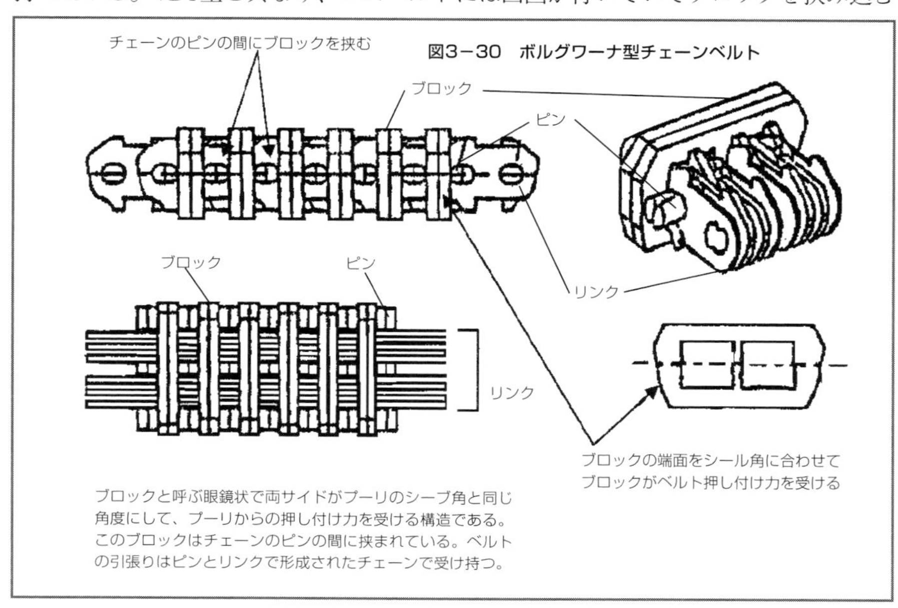

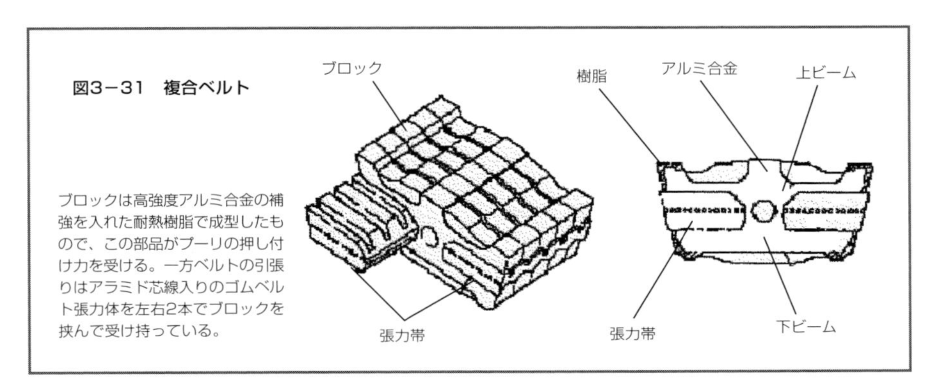

図3－31　複合ベルト

ブロックは高強度アルミ合金の補強を入れた耐熱樹脂で成型したもので、この部品がプーリの押し付け力を受ける。一方ベルトの引張りはアラミド芯線入りのゴムベルト張力体を左右2本でブロックを挟んで受け持っている。

ようになっており、ブロックがゴムベルト上を滑らないように固定している。

力は、プーリ→ブロック→ゴムベルト張力帯で主に伝達するが、一部はゴムベルト張力帯がプーリにも直接接しているため、プーリ→ゴムベルト張力帯と伝達する。また、このベルトは油噴霧中ではなく、空気中で潤滑のない状態で使用される。

特徴はプーリに対して接触面が一部はプラスチック、一部はゴムであるのと潤滑剤を使用しないので接触面の摩擦係数が大きい。摩擦係数が大きいと、伝達トルクの式から同じトルクを伝達するのに押し付け力が小さくてよい。したがって、プーリの剛性も低くてもよく、軽い部品で可能となる。ただ、ゴムは高温に対して弱く、またブロックのピッチがVDT型に比べて厚く、ベルトノイズの問題もある。ベルトを完全に密閉すると温度が上がり、開放するとノイズの問題があり、両者を満足させる工夫が必要である。

(4) ゴムベルト

ゴムベルトは自動車部品として、オルタネータ、ファン、パワーステアリングポンプなど多くの部品の駆動に使われている。しかし、これらはいずれも伝達トルクが小

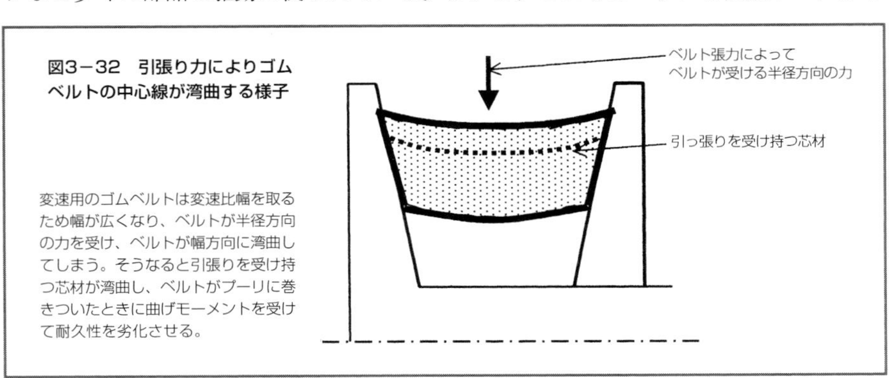

図3－32　引張り力によりゴムベルトの中心線が湾曲する様子

変速用のゴムベルトは変速比幅を取るため幅が広くなり、ベルトが半径方向の力を受け、ベルトが幅方向に湾曲してしまう。そうなると引張りを受け持つ芯材が湾曲し、ベルトがプーリに巻きついたときに曲げモーメントを受けて耐久性を劣化させる。

さく、また変速を行わない一定変速比での駆動である。CVTとして使用するためには、伝達トルクも大きく、また変速を行うためにはプーリが変速比分軸方向に移動するので、その移動をしてもプーリ同士がぶつからないようにするためにはベルトの幅が大きくなくてはならない。ベルトの幅が大きくなると図3−32に示すように、ベルトの引張りによりベルトのセンタ線が下凸型に変形しやすくなる。ゴムベルトのセンタ線は引張り強度の高い材料でできており、ベルトの引張りをこの部分で受けている。プーリに円弧で噛み込むときにセンタ線が屈曲することで、センタ線上で引張りの分担が一様ではなくなり、ますます引張り強度が下がり、大きなトルク容量の伝達ができない。

安価でCVTをつくることができ、小型の二輪車には多く使われているが、四輪車用には適用が難しい。歴史のところで述べたように、DAF社の使用実績があるが、CVTが大型となり室内の居住性が悪くなり、成功した商品とはいえない。

第4章　ベルト、プーリ以外の構成部品

1．トルクコンバータ

(1)トルクコンバータの機能

エンジンの出力軸であるクランクシャフトのトルクがCVTの入力となるが、このトルクが最初に伝達されるのがトルクコンバータである。トルクコンバータの原理は図4－1に示すように、2台の扇風機があり、左の電源の入った扇風機を回転させると、右の扇風機は電源を入れなくとも回転する。これは、左の扇風機から空気が送られ、その空気の力により右の扇風機が回されるからである。左の扇風機をエンジンで回転させ、右の扇風機をタイヤに伝えてやる。車両が停止しているときは右の扇風機が止まっている状態となるが、回ろうとするトルクが発生する。このトルクをタイヤに伝えてやれば、止まっている車両を発進させることができる。

図4－1　トルクコンバータの動力伝達の原理図

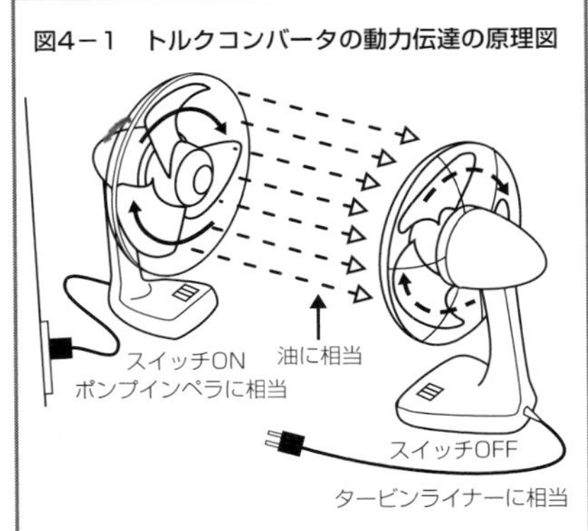

トルクコンバータは二つの扇風機のようなもので、ポンプインペラ側の扇風機をエンジンにより回すとタービンランナ側の扇風機にトルクが伝わり車両が駆動される。

したがって、エンジン側(＝入力軸側)が回転したままでもタイヤ側(＝出力軸側)が止

まっていることができ、トルクが伝達する。エンジン側の回転がアクセル全閉時の回転(アイドル回転数)のときは車両がわずかに前進する(クリープ現象)。大きくアクセルを踏むとエンジンの回転が上がり、大きな駆動力をタイヤに伝え、車両を発進させる働きをする。また、大きな回転変動を起こしながら回転するエンジンの振動を遮断したり、アクセルを急に踏んだり放したりしたときの衝撃を緩和したりする働きもしている。

トルクコンバータのもうひとつの特徴にトルク増大作用がある。トルクコンバータに入力されるトルクと出力されるトルクの比をトルク比と呼ぶが、自動車用AT、CVTに用いられるトルクコンバータのトルク比は1.0～2.5程度である。歯車にあてはめて考えると、ギア比を2.5から1.0まで無段階で変えることのできる機能を持っている。つまりトルクコンバータは、それ自身が無段変速機の役割をしている。しかし、そのトルク増大作用は効率を考えると、せいぜい2.5倍程度であるために、トルクコンバータだけで自動車用の変速機の役割を果たすにはトルク増大幅が小さすぎる。CVTにおいてはベルトにより変速比をつくり出し、トルクを増大しているが、さらにトルクコンバータによるトルク増大作用も利用して、車両の発進時の加速を高めている。

(2)トルクコンバータの構造と形式

トルクコンバータは先の2台の扇風機と違って、図4－2、図4－3に示すように、動力の伝達には空気ではなくて油を使っている。また、油の流れがドーナツ状の形をしており、矢印のように閉空間を循環している。その内部はタービンランナ、ポンプインペラ、ステータの三つの羽根車で構成されている。この内のポンプインペラがエンジンのクランクシャフトに結合されており、トルクコンバータを回転させる。この回転によりトルクコンバータ内の油をかき回し、動力をタービンランナに伝える。タービンランナはトルク

図4－2　トルクコンバータの断面形状

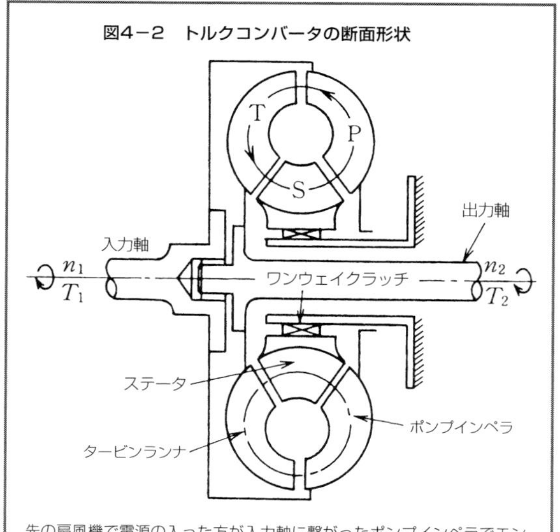

先の扇風機で電源の入った方が入力軸に繋がったポンプインペラでエンジンにより駆動される。動力は油を通してタービンランナを駆動する。タービンランナはトルクコンバータからの出力軸となり、変速機構につながれ、最終的にはタイヤを駆動する。ステータはトルク増大作用を行う。

図4－3　トルクコンバータの3部品の外観形状

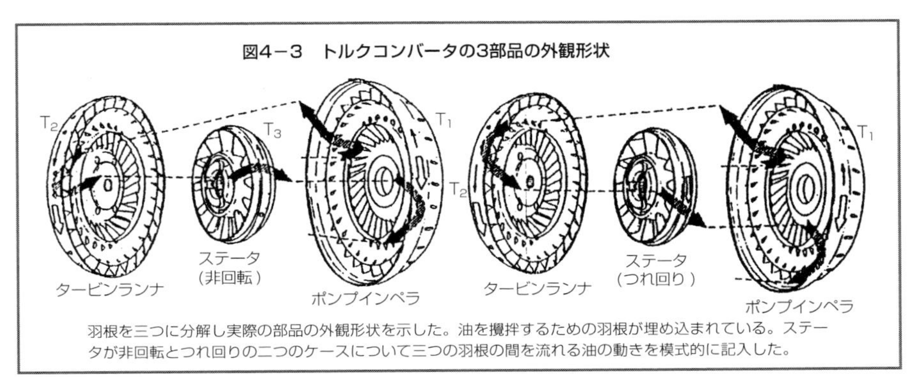

羽根を三つに分解し実際の部品の外観形状を示した。油を攪拌するための羽根が埋め込まれている。ステータが非回転とつれ回りの二つのケースについて三つの羽根の間を流れる油の動きを模式的に記入した。

コンバータからの出力となり、変速機構につながれ、最終的にはタイヤを駆動する。

ステータは油の流れを変えて、エンジンからの入力トルクを増大する(トルク増大機能)働きがあり、車両の発進時などにおいて大きな加速力をつくり出す機能がある。

さらにこの3部品を分解すると図4－3のような形状であり、羽根が埋め込まれており、この羽根が中に満たされた油(ATF)を介してトルクを伝達する。

(3)トルクコンバータの作動原理

トルクコンバータ中の油の流れを考えてみよう。動力を伝達している条件として二つの状態がある。一つはエンジンが動力を伝え車両を駆動している状態(ドライビング状態)、車両が加速している状態、または一定速度で走行しているような状態。二つ目はエンジンが車両により回転させられている状態(コースティング状態)、すなわち高速走行時にアクセルペダルを放しているような状態。

ドライビング状態では、ポンプインペラの回転がタービンランナの回転より高い状態である。油を容器の中で回転させると遠心力が発生する。ポンプインペラもタービンランナも回転しており、ともに遠心力が発生しているが、ポンプインペラの回転の

図4－4　トルクコンバータに発生する遠心力と循環流速(ドライビング状態)

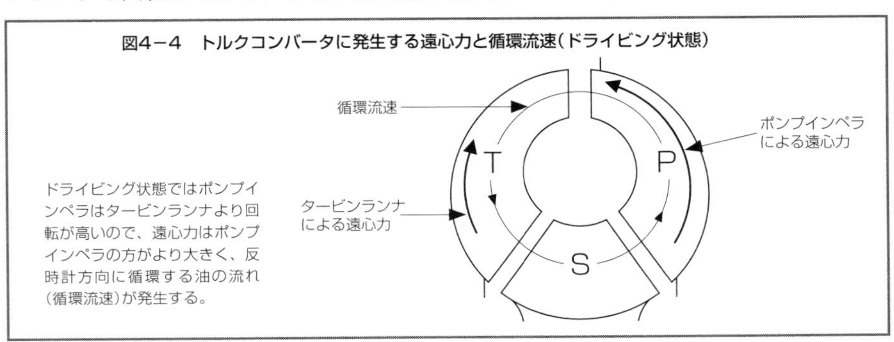

ドライビング状態ではポンプインペラはタービンランナより回転が高いので、遠心力はポンプインペラの方がより大きく、反時計方向に循環する油の流れ(循環流速)が発生する。

方が高いので、遠心力はより大きく、図4－4のように油が反時計方向に循環する流れ(循環流速)が発生する。コースティング状態は、その逆回転の時計方向の循環流速が発生する。

この循環流速以外にポンプインペラは回転しているため、回転方向にも回っている。油の流れを考え、トルクコンバータの特性を決めるのに、ポンプインペラとタービンランナの回転数が重要な要素となる。ここで、この二つの羽根の回転数比(速度比)を定義する。

$$速度比=\frac{タービンランナの回転数}{ポンプインペラの回転数}$$

トルクコンバータの性能は、この速度比の関数として求めることができるので、速度比は重要な変数である。速度比0とはエンジンが回転していて車両が動いていないときで、車両を発進させる初期の状態、ブレーキを踏んでアクセルを踏むと速度比0を保つことができるが、この状態をストールという。また、アクセルを踏まないで車両が停止しているときも速度比は0である。このとき、ブレーキを離すと車両は少し動き始める。これをクリープという。

速度比1とは走行中にアクセルペダルをわずかに踏んでエンジンでは車両を駆動していない状態、すなわちトルクコンバータの入出力回転数が同じ回転で、トルクを伝達していない状態。

発進時以外の通常走行時の定速または加速状態では、速度比は0.7から1.0くらい、コースティング状態では1.0から1.2くらい。低速で前進しているのにリバースに入れて無理やりバックするときなどは、速度比がマイナスとなる。

図4－5　速度比が変わったときの各羽根に生じる力と油の流れ

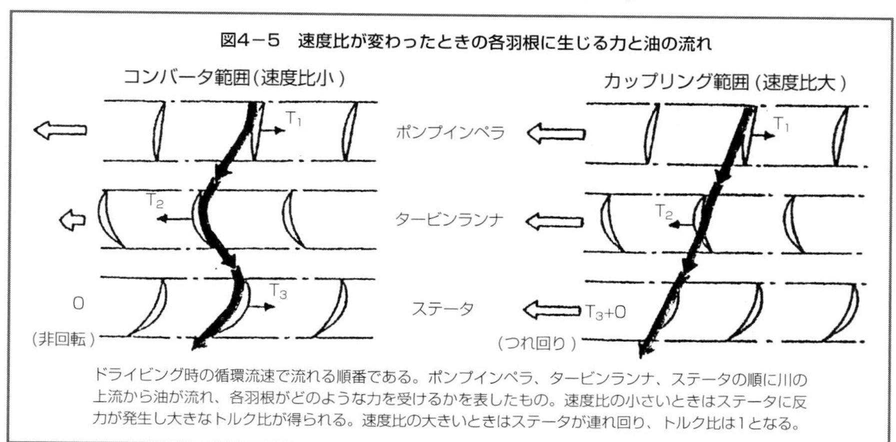

ドライビング時の循環流速で流れる順番である。ポンプインペラ、タービンランナ、ステータの順に川の上流から油が流れ、各羽根がどのような力を受けるかを表したもの。速度比の小さいときはステータに反力が発生し大きなトルク比が得られる。速度比の大きいときはステータが連れ回り、トルク比は1となる。

これを図4－5に示すように川の流れにたとえると、川は上流から下流に高低差があるために流れる(図中上から下へと流れる)。これがトルクコンバータの循環流速としよう。川の中に流れに対して斜めに板を置くと、板は横方向の力を受ける。この板がトルクコンバータの各羽根に相当し、トルクを与えたり受けたりする。ドライビング時の循環流速で流れるポンプインペラ、タービンランナ、ステータの順に川の上流から並べ、各羽根がどのような力を受けるかについて考えてみよう。

まず発進時のように速度比が0に近いとき、図4－5の左のように、三つの羽根車の回転速度を ⇦ で、発生するトルクを → で、油の流れを ⬅ で表現する。各羽根が回転しているのを、羽根が横に動いていると考える。たとえば、大きく回転しているポンプインペラでは羽根の入り口で油が入ってくるが、出口では ⇦ だけ羽根が移動するため、油は ↙ の方向に吐き出されると考えて欲しい。この油がインペラタービンによって大きく方向が変わり、再び止まっているステータにより回転方向に油の方向が変わる。油を回転方向に動かすには羽根は反作用でマイナスのトルクを受ける。自動車を人が押すと駆動力を受けるが、人は駆動と逆方向の力を受ける(反作用)と考える。したがって、ポンプインペラとステータはマイナスのトルクT_1、T_3を受ける。タービンランナはプラスのT_2のトルクが発生する。三つのトルクの関係は、

$$T_2 = T_1 + T_3$$

である。ここで、T_1はエンジンから入ってくるトルクで、T_2はトルクコンバータの出力トルクである。ここでトルク比という特性があり、トルク比は

$$\text{トルク比} = \frac{\text{タービンランナトルク}}{\text{ポンプインペラトルク}} = \frac{\text{出力軸トルク}}{\text{入力軸トルク}} = \frac{T_2}{T_1} = \frac{T_1 + T_3}{T_1}$$

すなわち、T3＝T1程度の特性になるように羽根角度を設定すれば、トルク比は2となり、エンジンのトルクが2倍となってタービンランナに伝達する。すなわち、変速比が2の変速機をつけたのと同じようにトルクが増大する。このようなトルク増大が得られる速度比範囲をコンバータ範囲という。

今度は、平坦地を一定速度で走っているような速度比が0.95くらいの状態を考えてみよう。この場合、タービンランナの回転数は、ポンプインペラの回転数の0.95倍となり、タービンランナの回転数も図4－5の右図のように高い。ポンプインペラから流

図4－6　ワンウエイクラッチの構造

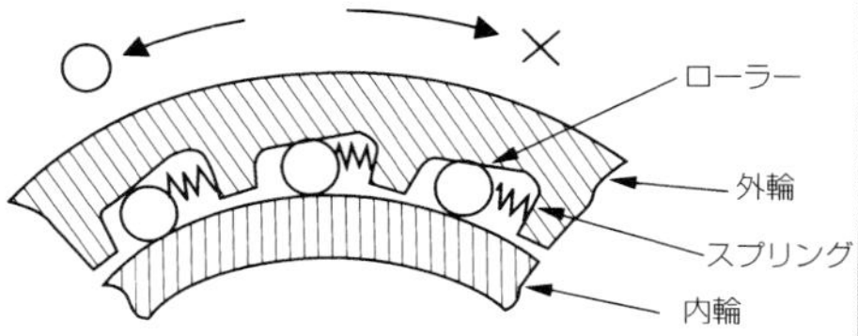

ワンウエイクラッチの構造の一例は二つの内外輪の間にローラがあり、内輪を固定して外輪を、×方向に回転させると、ローラを押し付ける力により摩擦力が発生し、その摩擦力が滑る力より大きくなるような楔形の溝によりローラがロックして回転できなくなる。反対の○方向に回転させるときは軽いスプリングで押し付け楔を外す方向なため自由に回転できる。

出した油の流れはタービンランナに入るが、タービンライナもこの条件では速い速度で左に動いているため、タービンランナ出口においても、油の流れの方向はあまり変わらないでステータに流れる。このとき、ステータの羽根に対して右側の方向から油が流れてくるため、ステータを左に回転させようとする。ステータには図4—6のようなワンウエイクラッチでケースに繋がっており、ステータが右に回転しようとするときは回転をしないように固定し、左に回転しようとするときはステータが自由に回転できるようになっている。このように、ステータが左に回転しようとするときはステータにはトルクが発生しない($T_3=0$)ため、ポンプインペラとタービンランナのトルクは同じとなる。

トルク比は　$T_1=T_2$より

$$\text{トルク比}=\frac{T_2}{T_1}=1.0$$

となる。このように、トルク比の増大のない速度比範囲を単純なカップリングと同じ性能であるため、カップリング範囲という。

トルクコンバータは、このように速度比の変化により二つの性格の異なる特性を持っており、特性の切り替わる点、すなわちステータが停止から回転を始める点をクラッチ点またはカップリング点という。

ワンウエイクラッチの構造の一例は、図4—6のように二つのリング状部材の間にローラがあり、一方のリングを固定して一方のリングを一方向に回転させると、ローラを押し付ける力により摩擦力が発生する。その摩擦力が滑る力より大きくなる(セルフロック)ような楔(くさび)形の溝により、ローラがロックして回転できなくなる。反対側に回転させるときは軽いスプリングで押し付け、楔を外す方向なため自由に回転できる。すなわち、一方向には回転できず、逆方向には自由に回転できるためワンウエイクラッチといっている。CVTには、この部分にしか使用しないが、ATには変速品質を良くするのに効果的なクラッチであり、変速部分にも使用している。

また、セルフロックは摩擦を利用して動かなくする方法で、ドアに楔を噛ませるとドアを開いたままにできる現象と同じである。変速機にはワンウエイクラッチだけではなく、MTの同期装置、トロイダルCVTのパワーローラの滑り防止などに利用している重要な技術である。

(4)トルクコンバータの性能

トルクコンバータの性能を表すのに図4−7のように横軸に速度比、縦軸にトルク比、効率、トルク容量係数の各特性を表現する。ここで、各特性式を式4−1に整理してみる。

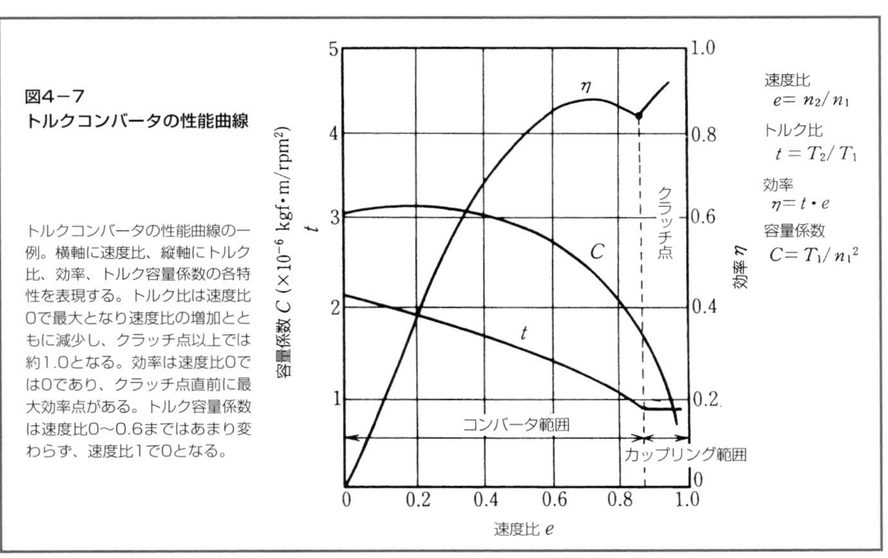

図4−7
トルクコンバータの性能曲線

トルクコンバータの性能曲線の一例。横軸に速度比、縦軸にトルク比、効率、トルク容量係数の各特性を表現する。トルク比は速度比0で最大となり速度比の増加とともに減少し、クラッチ点以上では約1.0となる。効率は速度比0では0であり、クラッチ点直前に最大効率点がある。トルク容量係数は速度比0〜0.6まではあまり変わらず、速度比1で0となる。

式4−1　トルクコンバータの性能式

$$速度比(e) = \frac{出力軸回転数}{入力軸回転数} = \frac{n_2}{n_1}$$

$$トルク比(t) = \frac{出力軸トルク}{入力軸トルク} = \frac{T_2}{T_1}$$

$$効率(\eta) = \frac{出力軸馬力}{入力軸馬力} = \frac{P_2}{P_1}$$

$$トルク容量係数(C) = \frac{入力軸トルク}{入力軸回転数^2} = \frac{T_1}{{n_1}^2}$$

ここで

e：速度比

t：トルク比

η：効率

C：トルク容量係数(Nm/rpm^2)

n：回転数(rpm)

T：トルク(Nm)

P：馬力(PS)

インデックス1：入力軸、2：出力軸

a. トルク比

トルク比についてはすでに説明したが、トルク比の曲線を説明する。トルク比は発進時のように速度比が0のときが最大で、速度比の増加とともに減少してゆく。これはタービンブレードの回転数が増加していくため、図4－8に示すように、ステータに流れ込む油の角度がストール時から空転時の方向に変化し、ステータが受ける反力が減少するためである。

図4－8　ステータの羽根と油の流れ

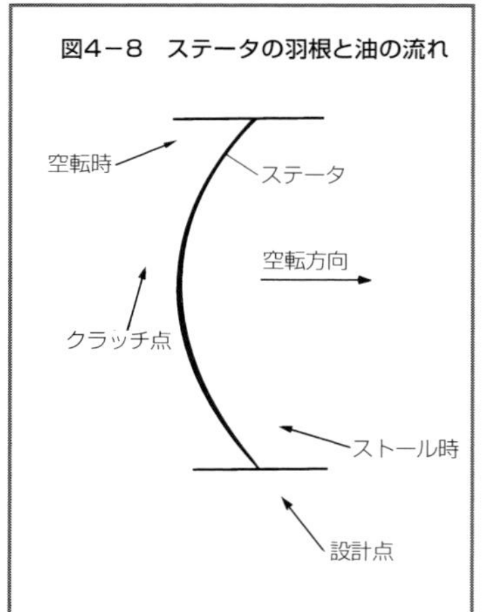

速度比の増加とともにストール時から空転時の方向に変化し、ステータに流れ込む油の角度が変化し、ステータが受ける反力が減少する。クラッチ点でステータの反力は0となり、それ以上の速度比ではステータの羽根の背面(図の左側)に油が流れ込み、ステータは空転方向に回転し、反力を受けなくなる。

クラッチ点でステータの反力は0となり、それ以上の速度比ではステータの羽根の背面に油が流れ込み、ステータは空転方向に回転し、反力を受けなくなる。したがって、クラッチ点より速度比の大きい領域では、トルク比は1となる。図4－7で示したグラフでは1を少し下まわっているが、これは実際にはフリクションなどがあり1を若干下まわってしまう。

このようにトルク比が速度比の変化に応じて自動的に且つ連続的に変化するため、トルクコンバータは一種の無段変速機である。しかし、そのトルク増大作用はせいぜい2～3倍程度であるから、トルクコンバータだけで自動車用の変速機の役割を果たすにはトルク増大幅が小さすぎる。CVTにおいてはベルトにより変速比をつくり出し、トルクを増大しているが、さらにトルクコンバータによるトルク増大作用も利用して、車両の発進時の加速を高めるためもあり、CVTにもトルクコンバータを使っている。

b. 効率

次に効率について式4－2で説明する。

式4－2　トルクコンバータの効率

入出力軸馬力は

$$P_1 = \frac{n_1 T_1}{735}$$

$$P_2 = \frac{n_2 T_2}{735}$$

ここで

P：馬力（PS）

n：回転数（rad／sec）

T：トルク（Nm）

インデックス、1：入力軸、2：出力軸

したがって効率ηは

$$\eta = \frac{P_2}{P_1} = \frac{\frac{n_2 T_2}{735}}{\frac{n_1 T_1}{735}} = \frac{n_2}{n_1} \cdot \frac{T_2}{T_1} = e \cdot t$$

すなわち速度比とトルク比を掛け合わせたのが効率となる。

したがって、効率もトルク比と同じように、クラッチ点の前後で特性の変わったグラフとなる。

図4－7に示すように、発進直後の効率はきわめて低い。ブレーキを踏んだままアクセルを床まで踏みつけた状態では、速度比は0で効率も0となる。エンジンが出したエネルギがすべてトルクコンバータを発熱させることとなり、温度が急上昇する。したがって、このような運転は取扱説明書で禁じられている。さらに、普通に走行している条件でも80%から95%くらいで、せっかくエンジンが出しているエネルギの20%から5%ほどは無駄にしている。この無駄がすべて熱エネルギとなり、トルクコンバータは大量の熱を発生するため、トルクコンバータを経由した油はクーラに送り冷却しなければならない。

c．トルク容量

トルク容量について説明する。トルク容量とは、そのトルクコンバータが伝達することができるトルクの大きさを示す。動力伝達系の部品たとえば歯車、クラッチ、ブレーキ、軸などすべて入ってくる最大トルクを伝達できるトルク容量を持っている。トルクコンバータも同様で、入力のトルクに対して式4－3に示すような、適切な滑り量になるトルク容量を持っている。

式4−3　トルクコンバータのトルク容量

トルクコンバータのトルク容量係数Cは

$$C=\frac{T_1}{{n_1}^2}$$

変形すると

$T_1=C\cdot {n_1}^2$

ここで　C：トルク容量係数（9.8×10^{-6}Nm/rpm²）

T_1：入力トルク（Nm）

n_1：入力回転数（rpm）

となり、入力軸トルクはトルクコンバータの持つトルク容量と入力回転数の2乗の積である。入力回転数の2乗に比例することより、回転数が低ければ伝達できるトルクは小さい。たとえば、エンジンがアイドル回転数のときは車両がわずかに動き出すクリープ程度のトルクしか伝達しないが、アクセルを大きく踏んで入力回転数すなわちエンジン回転数が上がると、大きなトルクを伝達する。小型二輪の発進クラッチに使われている遠心クラッチは、遠心力が回転数の2乗に比例するため伝達トルクも回転数の2乗に比例する。トルクコンバータの伝達容量は遠心クラッチと同じような特性である。

図4−9
トルクコンバータとエンジンのトルク特性（全速度比範囲）

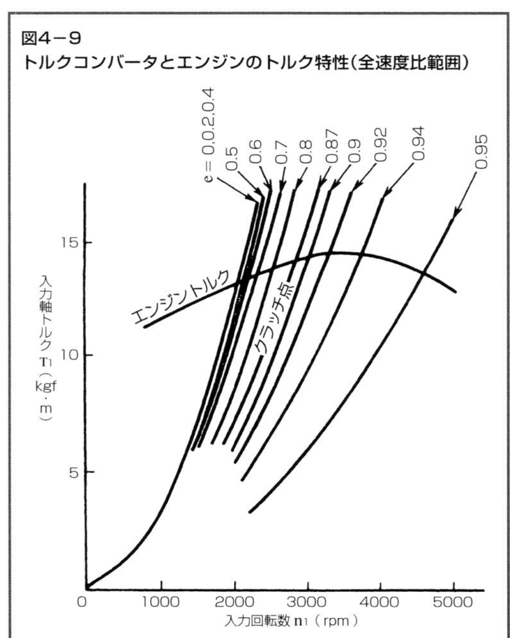

横軸にエンジン回転数、縦軸に軸トルクをとる、トルクコンバータの軸トルクは回転数の2乗である。各速度比が変わるとトルク容量係数Cも変わるので、各Cを変数とした放物線となる。トルクコンバータの放物線とエンジンのトルクカーブと交わる点でエンジンは回り続ける。

実際に、どのようにして滑り量が決まるかを考えてみよう。たとえばDレンジでブレーキを踏み、アクセルを全開する場合（ストール条件）の例を図4−9のe＝0の線で示す。横軸にエンジン回転数、縦軸に軸トルクをとる。トルクコンバータの軸トルクは回転数の2乗であるため、ストール時すなわち速度比が0のときのCを変数とした放物線となる。トルクコンバータの放物線とエンジン全開のトルクカーブと交わる点が、ストール条件でのトルクコンバータの回転数、すなわちエンジンの回転数(ストール回転数)で回り続ける。

ストール回転数より高い回転数となると、トルクコンバータのトルクがエンジントルクを上回り回転が下がり、ストール回転数より低い回転数となると、トルクコンバータのトルクがエンジントルクより小さくなり回転が上がり、ストール回転数に落ち着く。ストール回転数はトルクコンバータの容量を決めるのに重要な要素で、ストール回転が高い、すなわちエンジントルクに対してトルクコンバータのトルク容量が小さい場合は、滑りやすい組み合わせとなり、その逆は滑りにくい、またはタイトな組み合わせとなる。

ストール回転数は発進時の車両の加速フィーリングを決めることとなり、車の性格やエンジンがガソリンかディーゼルかターボチャージャかなどにより決めることとなる。一般にストール回転数は、ターボチャージャ、ガソリン、ディーゼルの順に高い回転速度に設定する。一般に、トルクコンバータのトルク容量はトルクコンバータ流路の最大径の5乗に比例するため、大きなエンジンに対しては径の大きなトルクコンバータを使用する。

ただし、羽根の角度を変えることにより、トルク容量も大きく変わり、車両の性格に合った特性の良い容量にするための設計が必要である。

(5)トルクコンバータと車両特性の関係

ストール時のエンジン回転数の求め方を前項で説明したが、ストール以外も図4－9に示すように、それぞれの速度比のトルク容量で放物線を描くと、そのトルク容量に応じた伝達トルクとエンジン回転数がその交点から求められる。この交点から各速度比に対する入力回転(n_1)、入力トルク(T_1)が求められる。元々トルク比(t)は速度比の関数で決まっているので、各速度比(e)に対してn_1(e)、T_1(e)、t(e)が求められる。

図4－9でエンジン回転数とトルクの関係が決まるが、車両の速度と駆動力の関係にしないと車両の特性を求めることができない。図4－10のように横軸に出力軸回転数、縦軸に出力軸トルクにすれば、後は変速比やタイヤの半径などを計算することで車両の速度と駆動力の関係が計算できる。

図4－10は、式4－4の計算を速度比ごとに行うことで表4－1ができ、横軸にn_2を縦軸にT_2をグラフに記入し連続の線で結べばトルクコンバータの出力軸の回転数とトルクの関係を描くことができる。

速度比ごとに求めたn_1(e)、T_1(e)、t(e)を式4－4に入れると出力特性が求められる。

式4－4　トルクコンバータの出力特性を求める式

出力回転数：　$n_2 = n_1(e) \cdot e$

出力トルク：　$T_2 = T_1(e) \cdot t(e)$

＜計算例＞

図4－9のグラフのトルクコンバータ特性、エンジン特性の場合の出力トルク、回転数を求める。

図4－10からわかるように、エンジンは回転数が0のときはトルクを出すことができなかったが、トルクコンバータをエンジンの後に組み込むことにより、トルクコンバータの出力軸からは回転数が0でもトルクを発生することができる。しかも、エンジントルクの2倍ほど大きなトルクとなり、車両の発進を容易にするのである。出力軸の回転数が大きくなるにつれ、トルクコンバータのトルク増大効果が薄れるため、出力軸トルクは減少し、クラッチ点を過ぎると、ほぼエンジンの出力軸トルクと同じ傾向を示すことがわかる。MTの発進クラッチに比べトルクコンバータはトルク増大作用があり、発進時においても、より効率の良い機構である。

図4－10　トルクコンバータ出力軸の特性

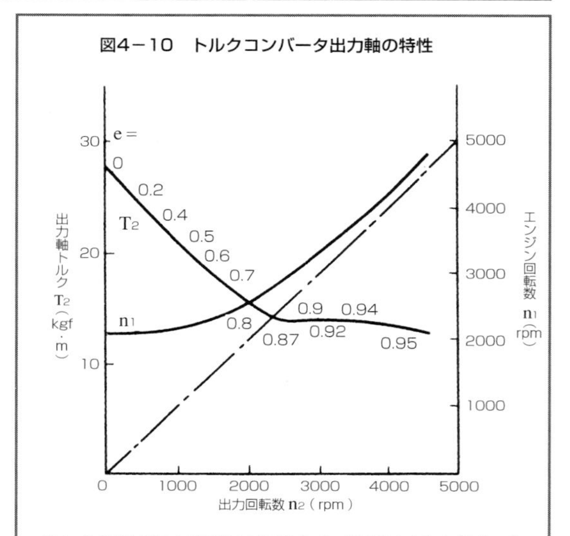

表4－1の出力特性を横軸出力回転数（n_2）、縦軸出力トルク（T_2）でグラフ化したもの。トルクコンバータをエンジンの後に組み込むことにより、トルクコンバータの出力軸からは回転数が0でもエンジントルクの2倍ほど大きなトルクを発生することができ、車両の発進を容易にするのである。出力軸の回転数が大きくなるにつれ、速度比が大きくなり、トルクコンバータのトルク増大効果が薄れるため、出力軸トルクは減少し、クラッチ点を過ぎると、ほぼエンジンの出力軸トルクと同じ傾向を示すことがわかる。同時に入力軸回転数（n_1）も読み取れる。

(6)ロックアップクラッチ

トルクコンバータは発進には好都合であるが、通常の走行時にもいくらか滑っているので効率が悪く、燃費が悪くなる。トルクコンバータのトルク増大作用を必要としないときには、このトルクコンバータの入出力軸を直結にして燃費を向上させる仕組みを備えている。この機構は鍵をかけるという意味でロックアップと呼ばれている。

表4－1　トルクコンバータの入力特性を出力特性に換算した表

	トルクコンバータ特性		入力特性		出力特性	
	速度比	トルク比	トルク	回転数	トルク	回転数
記号	e	t(e)	$T_{1(e)}$	$n_{1(e)}$	$T_{2(e)}$	$n_{2(e)}$
単位			Nm	rpm	Nm	rpm
計算値	0	2.15	12.8	2050	27.5	0
	0.2	1.9	12.8	2050	24.3	410
	0.4	1.7	12.8	2050	21.8	820
	0.5	1.55	13	2080	20.2	1040
	0.6	1.4	13.1	2140	18.3	1284
	0.7	1.28	13.2	2200	16.9	1540
	0.8	1.08	13.5	2500	14.6	2000
	0.87	0.95	13.9	2900	13.2	2523
	0.90	0.95	14.1	3050	13.4	2745
	0.92	0.95	14.2	3200	13.5	2944
	0.94	0.95	14.1	3700	13.4	3478
	0.95	0.95	13.2	4600	12.5	4370

トルクの伝達経路を図4－11で説明すると
トルクコンバータ状態
エンジンクランク軸→ポンプインペラ→油→タービンランナ→ハブ→出力軸
ロックアップ状態
エンジンクランク軸→トルコンカバー→ロックアップピストン→ダンパスプリング→ハブ→出力軸
となる。

エンジンのトルクを直接摩擦材で伝達するため、流体継手のような滑りはない。その代わりに、トルクの増大作用はなくなり、常にトルク比は1.0となる。また、トルクコンバータは流体で滑りながらトルクを伝達するため、エンジンの回転振動を吸収する働きがある。ロックアップ時はこの回転振動を伝えやすいため、図4－12に示すような、捻り方向に撓むトーション

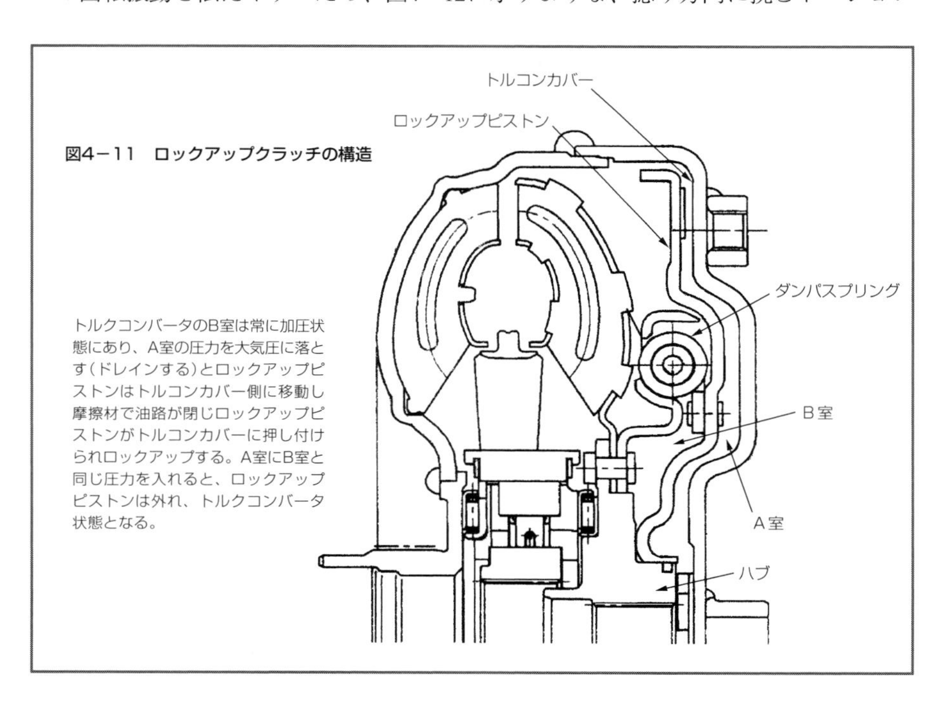

図4－11　ロックアップクラッチの構造

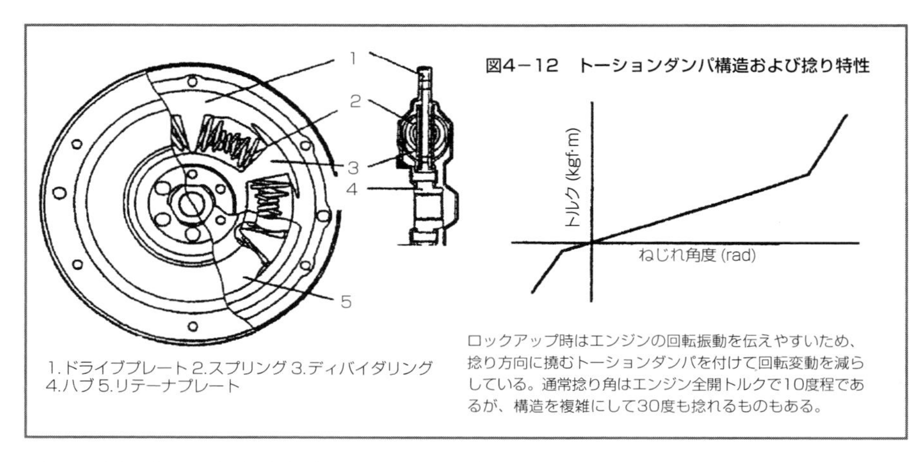

図4－12　トーションダンパ構造および捻り特性

ロックアップ時はエンジンの回転振動を伝えやすいため、捻り方向に撓むトーションダンパを付けて回転変動を減らしている。通常捻り角はエンジン全開トルクで10度程であるが、構造を複雑にして30度も捻れるものもある。

ダンパを付けて回転変動を減らしている。車のサスペンションのように悪路を走るとタイヤが振動するが、ばねにより車体に伝わる振動を低減するのと同じように、エンジンが回転方向に振動があっても、トーションダンパで回転振動を吸収して出力軸に伝えようとしているのと同じ考え方である。したがって、トーションダンパは回転方向のトルクによって撓むばねを備えている。ただし、流体で大きく滑りながらトルクを伝えているトルクコンバータ状態ほどには振動を下げることができない。

図4－13　偏平型トルクコンバータ

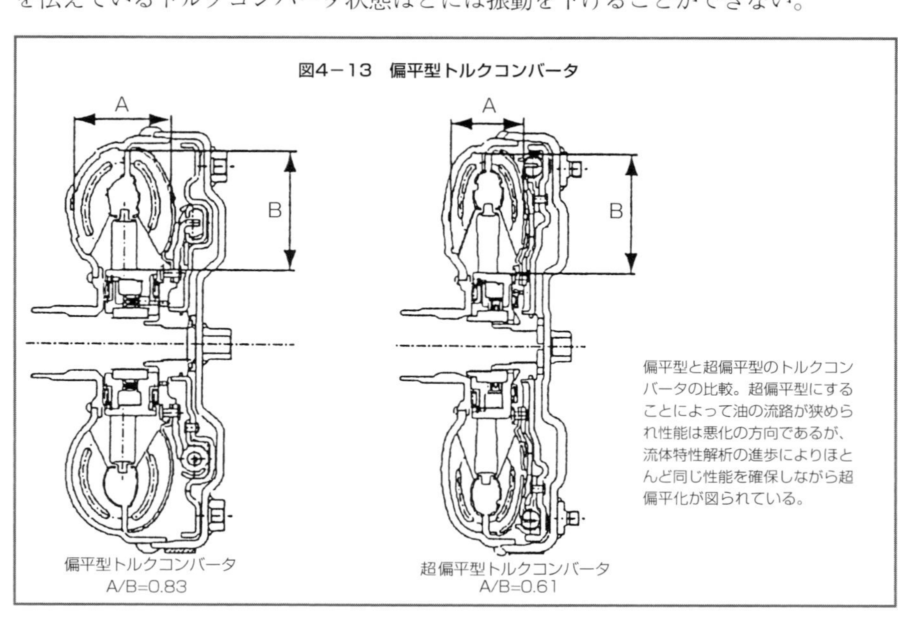

偏平型トルクコンバータ
A/B=0.83

超偏平型トルクコンバータ
A/B=0.61

偏平型と超偏平型のトルクコンバータの比較。超偏平型にすることによって油の流路が狭められ性能は悪化の方向であるが、流体特性解析の進歩によりほとんど同じ性能を確保しながら超偏平化が図られている。

(7)CVT用トルクコンバータ

FFの駆動方式はエンジンと変速機が決められた車幅の中に納まっているため、変速機の全長を短くすることが必要である。トルクコンバータの厚さは直接ATやCVTの全長に影響するため厚さを薄くする(偏平にする)傾向にある。ATもCVTも同じようにトルクコンバータを使っているが、ATは発進以外にも低車速ではトルクコンバータで走っている時間も多く、また変速時のショックに対してもトルクコンバータ状態の方が有利であるなどで、トルクコンバータを使用している頻度が多い。一方、CVTは発進をして5～10mほど走ると、車速でいえば20～25km/hに達すると、すぐにロックアップをしてしまうため、トルクコンバータ状態を使用する頻度がきわめて少ない。したがって、流体特性を多少犠牲にしても、図4－13のように、CVT全長を短くしたり軽量化したりするために、厚さ方向の寸法を小さくしたトルクコンバータ(超偏平型トルクコンバータ)を使用する傾向がATよりも顕著である。

2．トルクコンバータ以外の発進装置

CVTにおいては、トルクコンバータの代わりに半クラッチ状態をつくり、発進クラッチとして使われている別の方式がある。

(1)湿式発進クラッチ

図4－14に示すような構造で、湿式の多板クラッチを油圧で制御して半クラッチ状態をつくり発進機能を持たせる方式。本方式のメリットは構造が簡単でコンパクトなCVTを実現できることである。動力の伝達順から見て、ベルト部の後にも設定でき、急ブレーキ後もロー変速比から発進ができる。デメリットは熱容量が小さく高温になりや

図4－14　湿式発進クラッチの構造

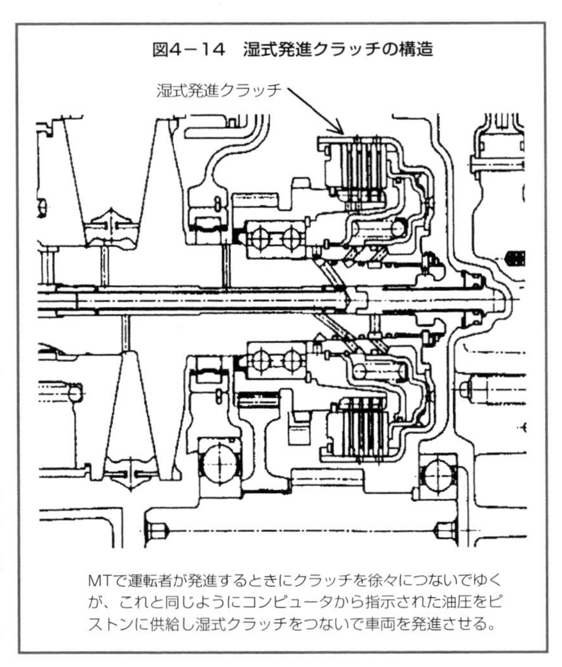

MTで運転者が発進するときにクラッチを徐々につないでゆくが、これと同じようにコンピュータから指示された油圧をピストンに供給し湿式クラッチをつないで車両を発進させる。

すいこと、発進のフィーリングがトルクコンバータに慣れたドライバーに違和感を与えることがある。

基本的なトルク特性はトルクコンバータと同じく、入力回転数の2乗に比例するように油圧をコントロールする。この技術の難しい要素がいくつかある。

一つはクラッチのトルクを油圧でコントロールする、油圧を回転センサの信号をもとに電子で制御する。この間に時間的な遅れがあるため制御が難しい。特に遅いのがクラッチの遊びである。クラッチの遊びがないとクラッチをいつも引き摺ることとなり、耐久性を悪化させる。そこで、車両の停車時も耐久性に影響のない程度に少しだけ引き摺るように制御して遊びをなくして、応答性を上げる方法をとる。この制御は、副産物としてトルクコンバータと同じようなクリープをつくれる。さらに、アクセルと駆動力の関係をトルクコンバータのフィーリングになれた運転者に違和感を与えないようにするには多くの制御上の工夫が必要である。

二つ目に、運転者は坂道をアクセルを踏んで停車したり、タイヤを穴に落とした場合などアクセルを大きく踏み、クラッチを大きく滑らせる。このようなときは、トルクコンバータの場合は大量の油を蓄えているため、短時間には高温とはならない。クラッチの場合は、熱を蓄えることができるのはクラッチ板だけであり、たちまち高温となる。これは大量の冷却油を与えるなど、クラッチ板の冷却を良くするよう工夫されている。

このように湿式クラッチの発進機構には多くの課題があるが、メリットは構造がシンプルで小型化ができること。技術的にはシンプルな構造がベストであり、多段ATであるがマニュアル変速機を改良したDCT(Dual Clutch Transmission)などでも使われており、ますますの技術的な進歩が予想される。また、動力の伝達順から見て、ベルト部の後にも設定できる。これにより、急ブレーキを掛け車両が停止した後もベルトが回転しているため、ベルトが変速することができ、次に発進するときには確実にロー変速比から発進ができるメリットがある。

図4－15　電磁粉クラッチ方式の構造

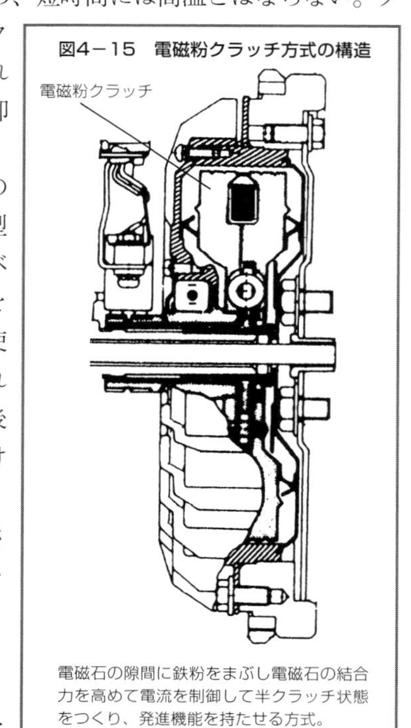

電磁石の隙間に鉄粉をまぶし電磁石の結合力を高めて電流を制御して半クラッチ状態をつくり、発進機能を持たせる方式。

(2)電磁粉クラッチ方式

図4－15に示すように、電磁石の隙間に鉄粉を

まぶし電磁石の結合力を高めて電流を制御して半クラッチ状態をつくり、発進機能を持たせる方式。この方式は電流で制御するため応答性が良いが、このクラッチの場合も発進時の大きな発熱を考えると金属部の熱容量は大きくないし、湿式クラッチのように冷却油で冷却することもできない。大型車や過酷な運転を行う車両には適さない。

3. 前後進切替機構

CVTの変速機構はベルトの半径を変えて変速するため、回転方向を変えて車両の前後進を切替ることができない。エンジンは逆回転できないため歯車、クラッチ、ブレーキを使って、正転、逆転をさせ車両を前進、後進を切り替える機能を持たせる。また、エンジン始動時は動力を伝えないようにするために、ニュートラルにする機能を持たせる。

(1)前後進切替機構の構造

図4－16に構造図と図4－17に動力伝達の骨組み(スケルトンまたはスケマティック)図を示すが、通常は遊星歯車1組とクラッチ、ブレーキをそれぞれ1セットで表4－2のように、前進(直結)と後進(逆回転)をつくり出す。クラッチが締結しブレーキが解放したときが前進、ブレーキが締結しクラッチが解放したときが後進。ニュートラルはクラッチとブレーキを両方とも解放することにより動力が伝達できなくなり、変速機としては動力が遮断する。

遊星歯車とは、太陽系のように中央にサンギアがあり、その周りをサンギアに噛み合いなが

図4－16　前後進切替機構の構造

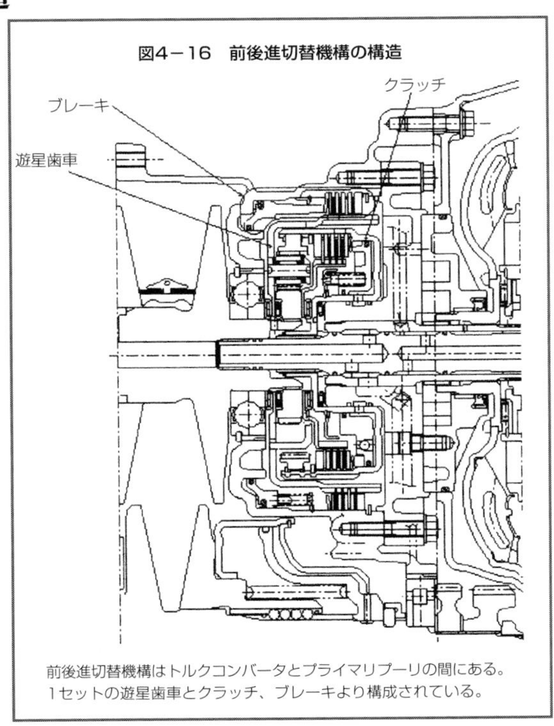

前後進切替機構はトルクコンバータとプライマリプーリの間にある。
1セットの遊星歯車とクラッチ、ブレーキより構成されている。

	前進(直結)	後進(逆回転)	ニュートラル
クラッチ	締結	解放	解放
ブレーキ	解放	締結	解放

表4－2　前後進切り替えの締結関係

図4－17　前後進切替機構の構造のスケルトン図

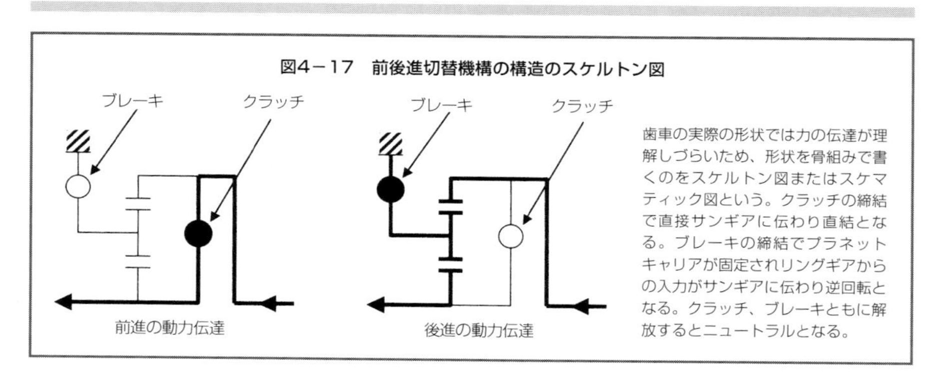

歯車の実際の形状では力の伝達が理解しづらいため、形状を骨組みで書くのをスケルトン図またはスケマティック図という。クラッチの締結で直接サンギアに伝わり直結となる。ブレーキの締結でプラネットキャリアが固定されリングギアからの入力がサンギアに伝わり逆回転となる。クラッチ、ブレーキともに解放するとニュートラルとなる。

ら回るプラネットギア、プラネットギアを束ねるプラネットキャリア、プラネットギアの外側に噛み合うリングギアから構成される。作動の詳細は後述する。

動力の伝達部品を前後進で説明する。

前進時は

[トルクコンバータ→クラッチ→サンギア→プライマリプーリ]

クラッチは、トルクコンバータの出力とサンギアを結合する。リングギアはトルクコンバータの出力と結合しているため、サンギアとリングギアが同じ回転数で回転するためプラネットギア、プラネットキャリアは一体となり、トルクコンバータ出力と同じ回転数、同じ回転方向となり前進状態となる。

後進時は

[トルクコンバータ→リングギア→プラネットギア→サンギア→プライマリプーリ]

プラネットキャリアはブレーキで固定。ブレーキはプラネットキャリアをケースと結合する。すなわち、プラネットギアは公転できない。リングギアからプラネットギア(自転はするが公転はしない)を通してサンギアに増速で逆回転の動力が伝わり後進状態となる。

(2)遊星歯車の構造

ここで遊星歯車について見てみよう。

遊星歯車はギアの構成によってシングルピニオン式とダブルピニオン式の2種類に分けることができるが、ともに図4―18のようにサンギア、ピニオンギア、リングギア、プラネットキャリアの四つの部品によって構成されている。中央にサンギアがあ

図4－18　遊星歯車の種類

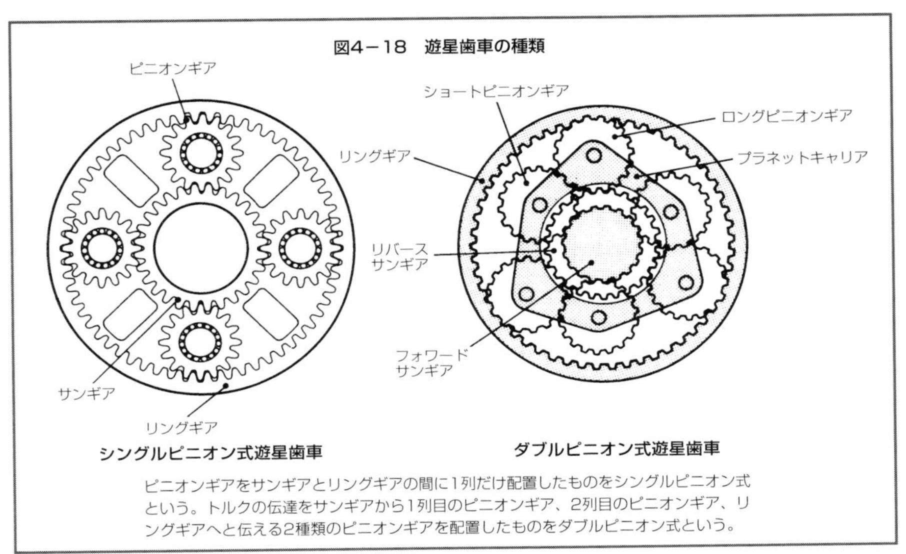

ピニオンギアをサンギアとリングギアの間に1列だけ配置したものをシングルピニオン式という。トルクの伝達をサンギアから1列目のピニオンギア、2列目のピニオンギア、リングギアへと伝える2種類のピニオンギアを配置したものをダブルピニオン式という。

り、その周囲を太陽の周りを自転しながら公転する遊星のように動くピニオンギアがほぼ等間隔に置かれ、各ピニオンギアが同じだけ公転するようにピニオンギアの回転を支えるプラネットキャリアがあって、周りを包み込むような形でリングギアが配置されている。

リングギアは普通の歯車とは異なり、内側でピニオンギアと噛み合っているので、内歯歯車、あるいはインターナルギアとも呼ばれている。ピニオンギアは荷重を分担したり相殺するために、複数個使用するがその数はいくつでも作動は変わらない。一般には3または4組のピニオンギアを用いる場合が多い。

このピニオンギアをサンギアとリングギアの間に1列だけ配置したものをシングルピニオン式という。トルクの伝達をサンギアから1列目のピニオンギア、2列目のピニオンギア、リングギアへと伝える2種類のピニオンギアを配置したものをダブルピニオン式という。

(3)遊星歯車の回転

平行する2本の軸上に歯車が噛みあっている伝達機構を平行軸歯車といっているが、この場合は片方の回転数が決まれば、もう一方の回転数は歯数比で一義的に決まってしまう。

遊星歯車の回転を考える場合、まずプラネットキャリアを止めた場合を考えると、ピニオンギアは公転をしないので、この回転の関係は平行軸歯車と同じように考える

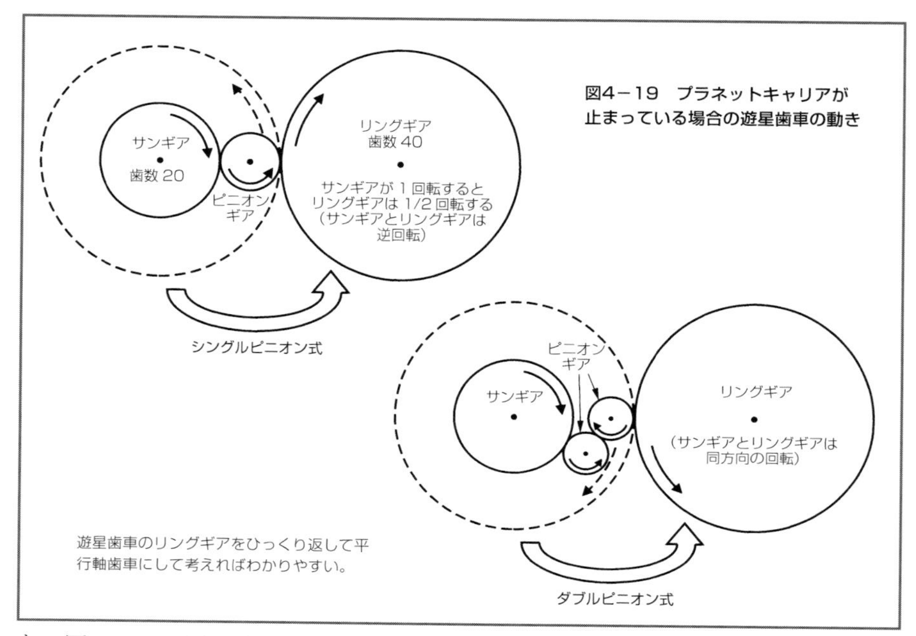

図4－19　プラネットキャリアが止まっている場合の遊星歯車の動き

と、図4－19に示すように、外側に展開した歯車と同じように考えることができる。図4－19でサンギアが1回転すると、その歯数だけピニオンギアが回転し、同じだけリングギアが回転する。つまり、サンギアが1回転するとリングギアは

リングギアの回転数＝(サンギアの歯数／リングギアの歯数)・サンギアの回転数

たとえばサンギアの歯数を20枚、リングギアの歯数を40枚とするとサンギアが1回転すると、リングギアが1／2回転することになる。また、回転方向はサンギアと逆方向に回転することもわかる。

ダブルピニオン式ではどうか。この場合もピニオンギアが二つになるだけで、シングルピニオン式と同じように、サンギアが1回転すると、リングギアが1／2回転することになる。ただし、リングギアの回転方向がシングルピニオン方式とは逆で、サンギアの回転方向と同じになることがわかる。この回転速度の関係を式4－5で表すと、

式4－5　プラネットキャリア固定の遊星歯車回転速度の関係式

シングルピニオン式：$Nr = -\lambda Ns$

ダブルピニオン式　：$Nr = \lambda Ns$

ここで

Nr：リングギアの回転速度

Ns：サンギアの回転速度

λ（ラムダ）：$\frac{Zs}{Zr}$

Zs：サンギアの歯数、Zr：リングギアの歯数

次にプラネットキャリアも回転している場合を考えてみよう。

この場合も、プラネットキャリアからサンギア、リングギアの相対的な関係は、各歯車の歯が噛みあっているから、式4−5と同じ関係になることがわかる。つまり、プラネットキャリアを固定した各歯車の回転の状態に対して、キャリアの回転分だけ全体を回転させればよい。したがって、サンギアとリングギアの回転速度は、プラネッ

図4−20　プラネットキャリア回転時の遊星歯車回転速度の関係

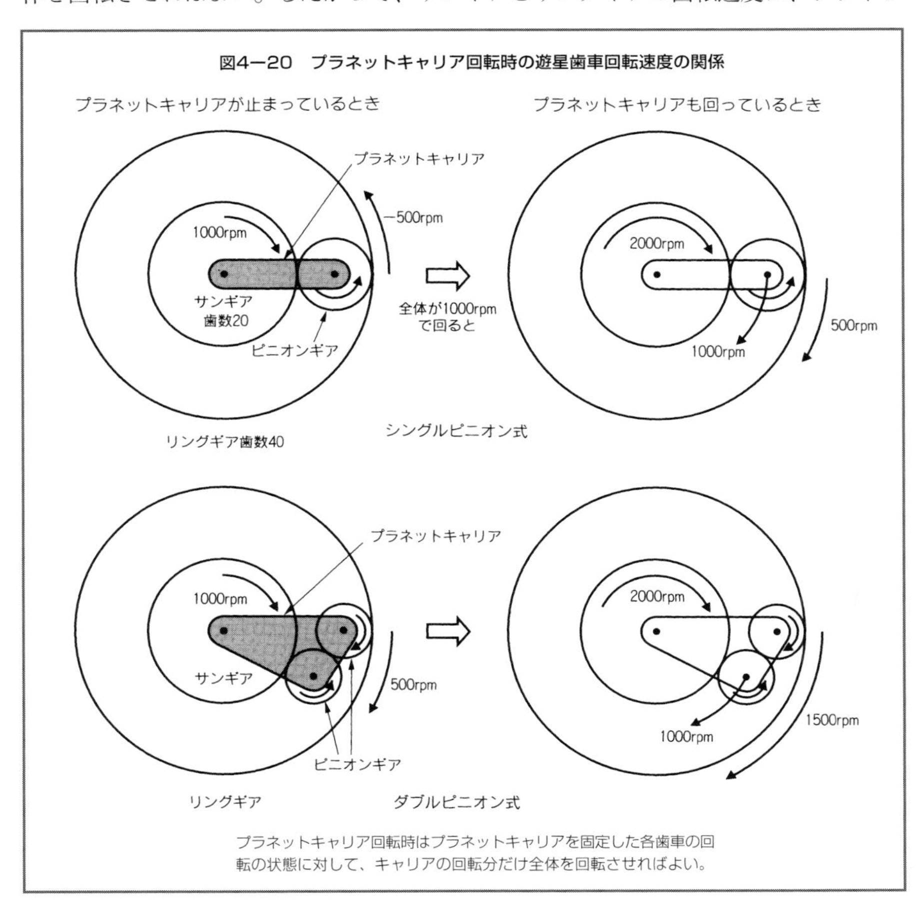

プラネットキャリア回転時はプラネットキャリアを固定した各歯車の回転の状態に対して、キャリアの回転分だけ全体を回転させればよい。

トキャリアを固定した状態での回転速度にプラネットキャリアの回転速度を加えたものになる。

たとえば、λを同じく1／2であるとして、プラネットキャリアを固定した状態で、サンギアが1000rpmで回転しているとき、リングギアはシングルピニオン式の場合－500rpm、ダブルピニオン式の場合は500rpmで回転する。

この状態を保ったまま全体が1000rpmで回転すると、図4－20のように、プラネットキャリアの回転速度は全体の回転速度と同じ1000rpm、サンギアの回転速度はプラネットキャリアが止まっている状態での回転速度1000rpmに、全体の回転速度1000rpmを加えた2000rpmで回転することになる。

同じように、リングギアの回転速度はプラネットキャリアが止まっている場合の回転速度に全体の回転速度を加えて、シングルピニオン式の場合は500rpm、ダブルピニオン式の場合は1500rpmになる。

この関係は、プラネットキャリアとの相対速度で考えて以下の式4－6ように表すことができる。これが遊星歯車の基本となる回転式(遊星歯車の基本運動式)である。

式4－6　遊星歯車の回転関係式(基本運動式)

シングルピニオン式：(Nr－Nc)＝－λ(Ns－Nc)

ダブルピニオン式：(Nr－Nc)＝λ(Ns－Nc)

この二つの式を遊星歯車の基本運動式と呼ぶ。ここで

Nc：プラネットキャリアの回転速度

表4－3　遊星歯車の変速作動

条　件	入　力	出　力	シングルピニオン式	ダブルピニオン式
サンギア固定	プラネットキャリア	リングギア	$\frac{1}{1+\lambda}$ (0.67) 増速	$\frac{1}{1-\lambda}$ (2) 減速
	リングギア	プラネットキャリア	$1+\lambda$ (1.5) 減速	$1-\lambda$ (0.5) 増速
プラネットキャリア固定	リングギア	サンギア	$-\lambda$ (−0.5) 逆転増速	λ (0.5) 増速
	サンギア	リングギア	$-\frac{1}{\lambda}$ (−2) 逆転減速	$\frac{1}{\lambda}$ (2) 減速
リングギア固定	サンギア	プラネットキャリア	$\frac{1+\lambda}{\lambda}$ (3) 減速	$-\frac{1-\lambda}{\lambda}$ (−1) 1)逆転
	プラネットキャリア	サンギア	$\frac{\lambda}{1+\lambda}$ (0.33) 増速	$-\frac{\lambda}{1-\lambda}$ (−1) 2)逆転
いづれか2つの要素を締結	どの組み合わせでもよい		1直結	

1) $\lambda>0.5$のとき　逆転増速／$\lambda<0.5$のとき　逆転減速
2) $\lambda>0.5$のとき　逆転減速／$\lambda<0.5$のとき　逆転増速
(　)内は$\lambda=0.5$の場合

これが遊星歯車の基本式で、この式からピニオンギアの歯数は遊星歯車の回転、つまりギア比には関係なく、サンギアとリングギアの回転の関係を結び付けるだけのものであることがわかる。また、ダブルピニオン式の場合は2種類のピニオンギアを用いているが、この二つのピニオンギアの歯数がどのような関係になってもサンギア、リングギア、プラネットキャリアの回転には影響がない。

(4)遊星歯車の変速比

今まで説明したように遊星歯車の場合三つの回転部分があり、そのうちの二つの回転部分の回転速度が決まると、最後の一つの回転速度が決まる。動力を伝達するのであるから、入力軸と出力軸が必要となる。この二つをサンギア、リングギア、プラネットキャリアの三つの回転軸のうちの二つに割り当てる。このまま動力を加えると空転してしまうので、残り一つの回転を固定したり、他の要素と締結して同じ回転にすれば、入力軸と出力軸の関係、つまりギア比が求まる。

このように、一つの遊星歯車で入出力軸の選び方と、固定などの条件を変えることによって、表4−3のように7通りギア比をつくることができ、基本運動式からそのギア比を求めることができる。

(5)速度線図法

遊星歯車のギア比を求める場合、前述の式を用いて求めることができるが、速度線図(または共線図)法という作図によって求める方法もある。この手法は、回転という

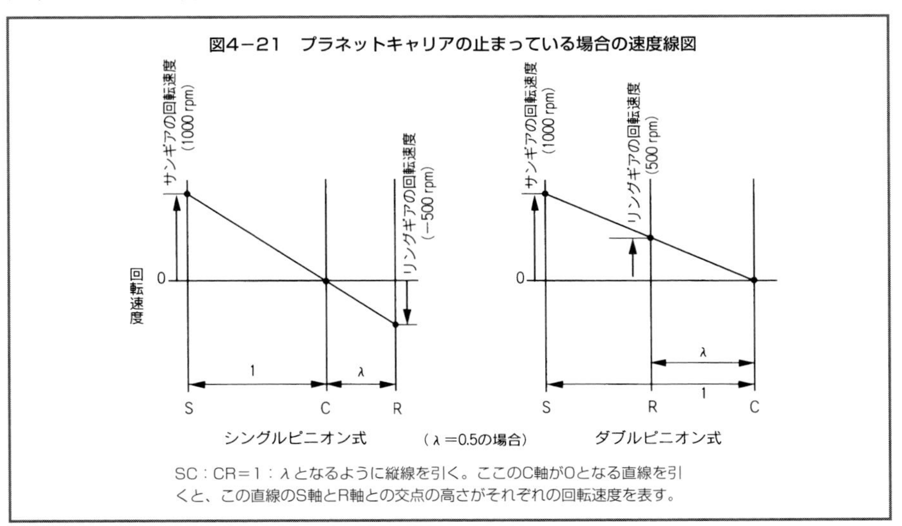

図4−21　プラネットキャリアの止まっている場合の速度線図

SC：CR＝1：λとなるように縦線を引く。ここのC軸が0となる直線を引くと、この直線のS軸とR軸との交点の高さがそれぞれの回転速度を表す。

図4−22　全体が1000rpmで回転している場合の速度線図

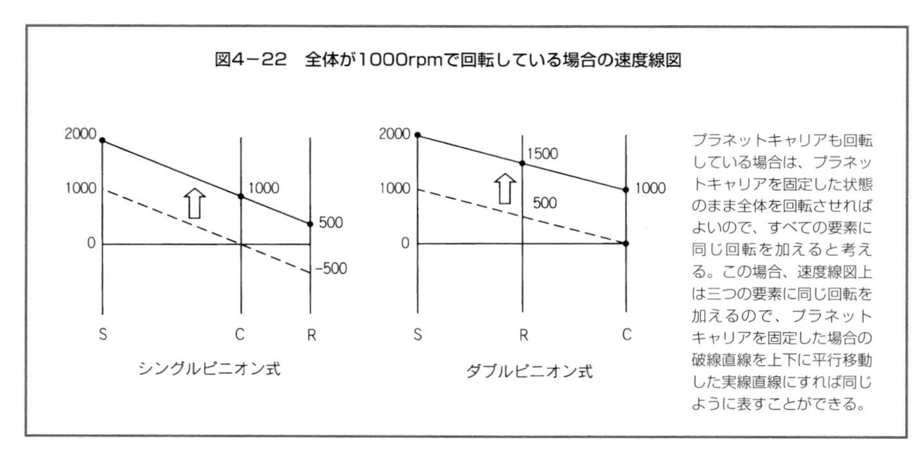

イメージしにくいものを視覚的にとらえることのできる便利なものである。

この手法も本運動式を求めたときと同じように、まずプラネットキャリアを固定した場合を考える。この場合はサンギアとリングギアの回転速度の比がλ、シングルピニオン式ではサンギアとリングギアが逆回転し、ダブルピニオン式では同じ方向に回転する。これを表現するには、まず横軸にリングギアR、プラネットキャリアC、サンギアSを、間隔がサンギアとリングギアの歯数比となるように配置する。すなわち、SC：CR＝1：λとなるように縦線を引く。

図4−21に示すように、ここのC軸が0となる直線を引くと、この直線のS軸とR軸との交点の高さがそれぞれの回転速度を表す。さらに、この回転の方向を同時に考えることができるように、リングギアとサンギアが逆回転となるシングルピニオン方式の場合はC軸が真中になるように配置し、回転が同方向となるダブルピニオン式の場合にはC軸が外側になるように配置する。

次にプラネットキャリアも回転している場合を考えると、プラネットキャリアを固定した状態のまま全体を回転させればよいので、すべての要素に同じ回転を加えると考える。この場合、速度線図上は三つの要素に同じ回転を加えるので、プラネットキャリアを固定した場合の直線を図4−22のように、上下に平行移動すれば同じように表すことができる。つまり、サンギア、リングギア、プラネットキャリアの回転速度は必ず速度線図上で直線関係になり、この直線で遊星歯車の基本運動式を表すことができる。

速度線図上に任意の直線を引いて、この直線とS軸、C軸、R軸との交点を求めることにより、三つの回転要素の回転速度を常に求めることができる。

(6)クラッチとブレーキ

遊星歯車の三つの回転要素のうち二つの回転している要素を結合(締結)したり放したり(解放)したりするのがクラッチで、一つの要素の回転を止め(締結)たり放したり(解放)するための部品がブレーキである。決められたクラッチやブレーキを解放、締結を行うことによって前進、後進を切り替えることができる。

多板クラッチは図4−23に示すように、二つの回転している要素の間に両面に摩擦材を貼り付け内径側にスプラインを有する円盤状の摩擦板(ドライブプレート)と外径側にスプラインを有する円盤状の鉄板(ドリブンプレート)を交互に組み込み、ピストンが油圧で押されるとドライブプレート、ドリブンプレートが締結し一体回転状態となる。一体となると、内外径のスプラインが同一回転となり、内外径に結合しているスプラインを有する二つの部材が同一回転となる。油圧がなくなるとピストンはリターンスプリングでストッパまで戻され、ドライブプレートとドリブンプレートの間には隙間ができ、動力が伝わらない解放状態となる。

したがって、油圧の大きさにより、二つの要素間に伝達するトルクを変えることができる。ただし、ピストンは解放時も通常回転しており、そのためにピストン内にあ

図4−23　多板クラッチの例

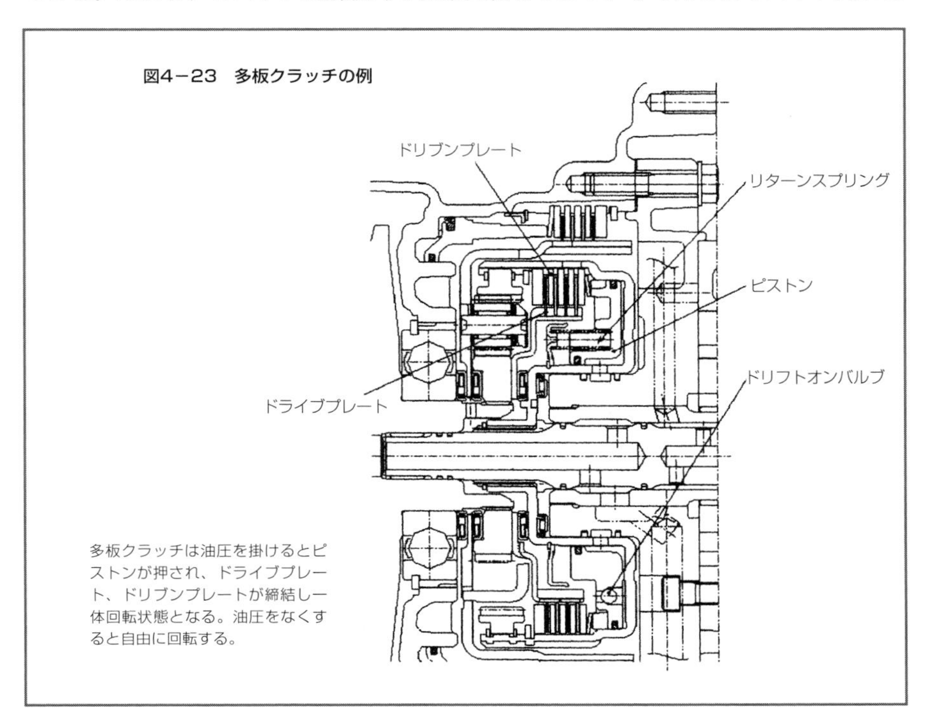

多板クラッチは油圧を掛けるとピストンが押され、ドライブプレート、ドリブンプレートが締結し一体回転状態となる。油圧をなくすると自由に回転する。

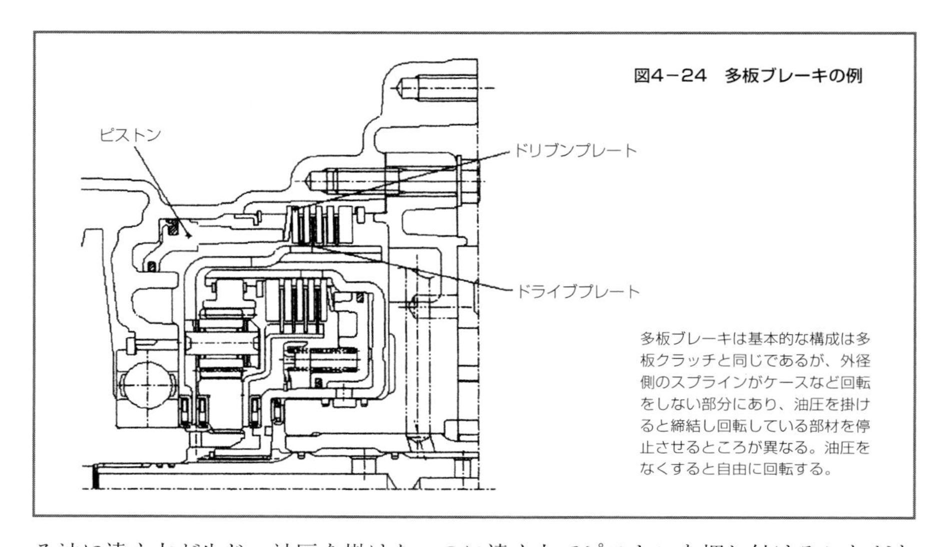

図4－24　多板ブレーキの例

る油に遠心力が生じ、油圧を掛けないのに遠心力でピストンを押し付けることがある。本来滑らなければならない状態でクラッチが締結すると、クラッチが焼けてしまったり、ニュートラルでエンジンを吹かすと車両が走り始めたりする。これを防止するために、ピストンに油を排出するためのバルブ(ドリフトオンバルブ)を付け、油圧を掛けないときはこのバルブから油を排出し、ピストン内をほとんど空気の状態にすることにより、先の不具合がないように考慮している。油圧が掛かったときはドリフトオンバルブは閉ざされ、ピストンが作動するように工夫されている。

多板ブレーキは、基本的な構成は多板クラッチと同じであるが、外径側のスプラインがケースなど回転をしない部分にあり、油圧を大きくして締結すると回転している部材を停止させ、油圧をなくすると自由に回転するところが異なる。自転車のブレーキも車輪の回転を止めるという意味で同じである。

ブレーキの場合ピストンは回転しないため、クラッチのような油の遠心力でピストンが押されることを気にする必要がない。ブレーキで難しいのは、ドリブンプレートが常に停止しているためドライブプレートとドリブンプレート間の油が遠心力で排出しづらく、この間に油が存在すると油の粘性のために引き摺り(フリクショントルク)が発生し、車両の燃費性能を悪くしてしまう。これを防止するために、回転しているドライブプレートに半径方向に溝を切り、溝から油を遠心力で排出し、油が両プレート間に留まらないように工夫している。

多板クラッチ、ブレーキの伝達トルクの式を式4－7に示す。

式4－7　多板クラッチ、ブレーキの伝達トルクの計算

$$Tc = n \cdot \mu \left\{ \frac{\pi Pc (Dpo^2 - Dpi^2)}{4} - Fr \right\} \cdot \frac{Do + Di}{4}$$

ここで

Tc：クラッチ伝達トルク(Nm)
n：摩擦面の数
μ：摩擦係数
Pc：作動油圧(Pa)
Dpo：ピストン大径(m)
Dpi：ピストン小径(m)
Fr：ピストンリターンスプリングセット荷重(N)
Do：クラッチ、ブレーキの摩擦面大径(m)
Di：クラッチ、ブレーキの摩擦面小径(m)

(7)CVTの前後進切り替え機構の作動

前後進に切り替える場合、回転方向は逆になるが変速比は同じか若干後進の場合は前進よりハイ変速比となるのが良い。遊星歯車の回転方向及び変速比から選別すると、シングルピニオン方式とダブルピニオン方式の2種類の方式が考えられる。

表4―4に長所、短所をまとめてみた。優劣が付けにくく二つの方式とも、使用されている。

表4－4　シングルピニオン方式とダブルピニオン方式の長所、短所

	シングルピニオン方式	ダブルピニオン方式
長所	構造がシンプルで軽量小型、低コストとなる	前後進共に同じ変速比が取れる
短所	後進の変速比が前進に対して70%前後しか取れず、後進の駆動力がやや不足する	歯車の噛み合いが複雑となり、歯車ノイズが出やすい

今図4－16のように入力サンギア、出力リングギアの場合で考えると、いずれの方式においても、クラッチを締結すると、入力軸と出力軸が結合され同一方向の同一回転数で回転する。これが前進である。一方、プラネットキャリアをブレーキによりケースに固定すると、サンギアとリングギアがお互いの逆方向に回転するため、後進となる。

前進の変速比は常に1であるが、後進の変速比を式4－8に計算で示す。

ダブルピニオン方式は1.0が取れるが、シングルピニオン方式は0.7程度のハイ変速比になってしまう。

式4－8　後進時の遊星歯車変速比の計算

シングルプラネタリ方式

λ（サンギアの歯数／リングギアの歯数）は通常0.5程度であるが後進の変速比をなるべくハイ変速比にしないようにするため構造上ぎりぎり取れる寸法として

λ＝0.7とすると、

$$後進の変速比=\frac{リングギア回転速度}{サンギア回転速度}=\frac{\lambda}{1}=0.7$$

ダブルプラネタリ方式

λ（サンギアの歯数／リングギアの歯数）＝0.5のときは

$$後進の変速比=\frac{リングギア回転速度}{サンギア回転速度}=\frac{1-\lambda}{\lambda}=1$$

ATの変速機構を簡単に説明すると、遊星歯車は1組で後退を含めたいくつかの変速比がつくれるので、これを2～3組、組み合わせ、遊星歯車の三つの回転要素の内、決められたクラッチやブレーキを解放、締結を行うことによって、図4－25に示すように、前進3～7段、後退1段の変速比をつくることができる。

このようにATは変速機部で変速、前後進切替、ニュートラルの機能をまとめて構成しているのに対して、CVTはベルト、プーリと前後進切替装置の両方の部品が別々に必要なのもCVTが大きく重くなっている理由の一つである。

図4－25　ATの変速機部の構造

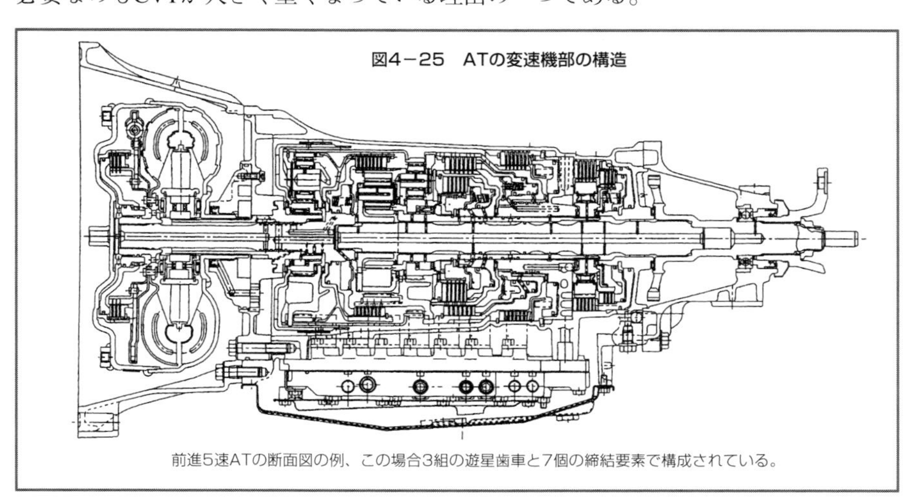

前進5速ATの断面図の例、この場合3組の遊星歯車と7個の締結要素で構成されている。

(8)平行軸歯車の前後進切り替え方式

遊星歯車に対して2本の平行シャフトの間を歯車で結合する方式を、平行軸歯車という。これはマニュアル変速機と一部のATに採用されている伝達方式である。図4−26に示すように、前進は入力軸と出力軸を直接結合し、後進は2枚の歯車と3枚の歯車が噛み合うようにして、同一軸上に戻すと回転方向が逆となる。この逆回転している軸と出力軸を結合する。この方式の場合、後進の変速比は遊星歯車のときのような制約がなく、希望する変速比を自由につくることができる。

軸を結合するクラッチとしてマニュアル変速機と同じ同期装置(シンクロ)付の歯と歯が機械的に噛み合うクラッチ(ドッグクラッチ)を使用している。この同期装置をマニュアル変速機と同じように、CVTを操作するセレクトレバーをR−N−Dと動かすとき、ケーブルで同期装置まで繋ぐことにより、前後進が切り替わる。

本方式は、構造がシンプルで軽量小型にできるメリットがあるが、トルクコンバータや湿式クラッチの発進機構付の場合は引き摺りトルクが発生し、同期装置の作動が困難である。したがって、使用されているのは電磁紛クラッチの発進装置付のCVTのみに使われており、使用例が少ない。また、日本のようにAT車のセレクトレバーの操作感になれた運転者にとって、多少の違和感を感じる。

図4−26　平行軸歯車の前後進切り替え方式の構造

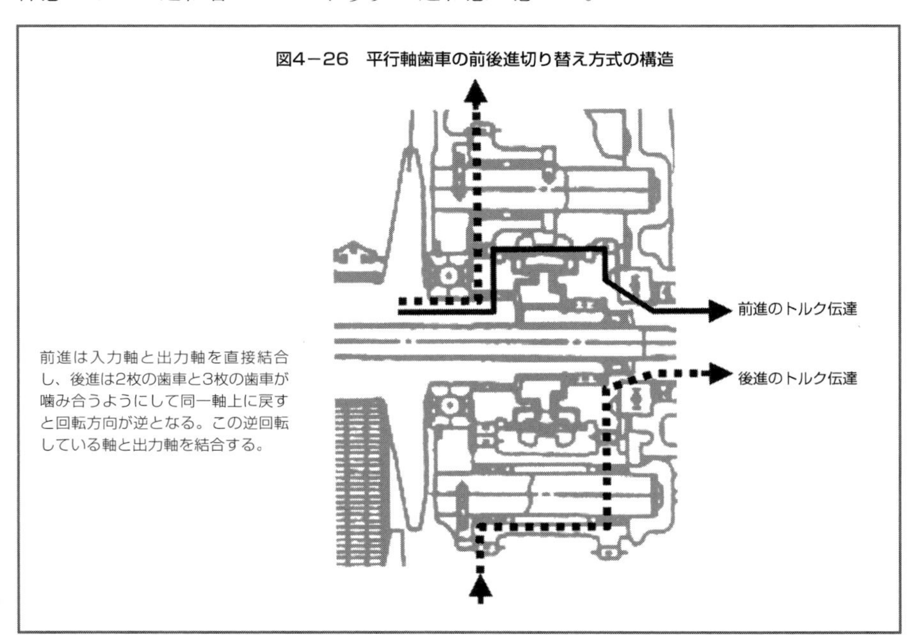

4．パーキング機構

車両には、運転者が駐車ブレーキレバーを引くと車両が動かなくなる駐車ブレーキが付いているが、CVTにもセレクトレバーを「P」に入れると車両が動かないようになる機構が要求される。理由は、急斜面に車両を駐車する場合により、安全にするために二重に車両を固定するため、または寒冷地で長時間駐車ブレーキを引いたままにすると、凍り付いてブレーキが離れなくなるため、通常使用を禁止している。その場合、CVTのパーキング機構で車両を動かなくする。

(1)パーキング機構

パーキング機構は、図4－27に示すように、CVTの出力軸とクラッチなどを介さないで直接噛み合っている軸上に設定するパーキングギアにパーキングポールと呼ばれる爪が入り込む機構になっている。これによって、タイヤとつながった出力軸を固定させ、車両を確実に停止させておくことができる。

ただし、このパーキングポールとセレクトレバーを直接リンク機構やワイヤでつなぐと、パーキングポールとパーキングギアの谷が噛み合うタイミングでしかセレクトレバーが動かなくなってしまう。そこで、パーキングギアの山とパーキングポールの先端が重なるタイミングによってはセレクトレバーだけが動き、パーキングポールはいつでもパーキングギアに噛み込めるように待機していて、車が少し動いてパーキングギアに噛み込む位置にきたときに、初めてロックする待ち機構が備えられている。

図4－27　パーキング機構の構造

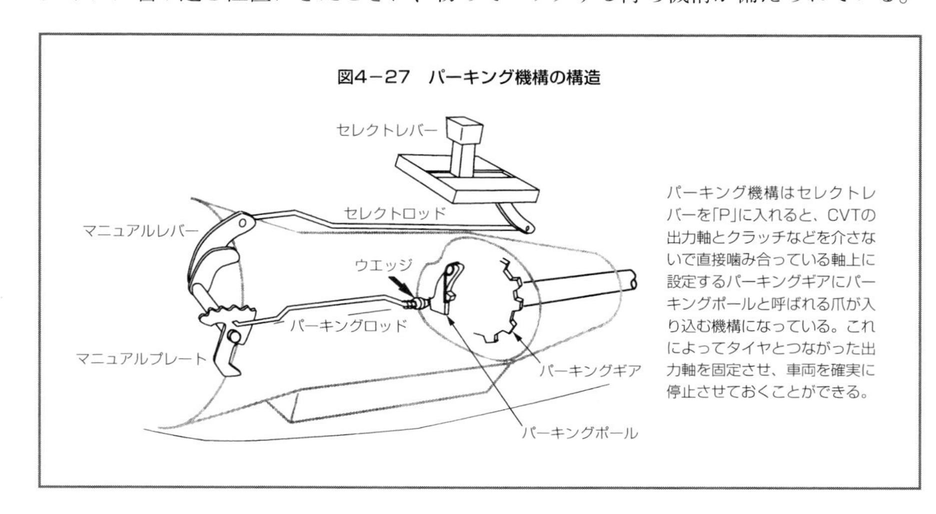

(2)待ち機構

待ち機構はいくつかの種類があるが、その代表的なものに付いて詳しく見てみよう。パーキング機構を構成する部品は図4－27に示すように、ドライバが実際に操作するセレクトレバー、このレバーの動きをパーキング部品に伝えるリンク機構のセレクトロッド、マニュアルレバー、マニュアルプレート、パーキングロッドなどがある。このパーキングロッドには待ち機構を実現するためにばねで固定したウエッジがついており、出力軸にはパーキングギアとこれをロックするパーキングポールが付いている。

ロックは次の手段で行われる。まずセレクトレバーを「P」レンジに入れるとリンケージを通してパーキングロッドが移動する。すると、ロッドにスプリングで固定されたウエッジがパーキングポールを押すが、パーキングポールの爪がパーキングギアの山とぶつかっている場合には、図4－28(A)のようにウエッジはサポートとパーキングポールに挟まれて動くことができず、ロッドはばねを押し縮めて待ち状態となる。このとき、ウエッジはロッドとの間のばねにより常にパークロックしようとする力が働いている。この後で、車が少し移動してパーキングギアが回転し、パーキングポールの爪とパーキングギアの谷が重なったとき(B)、初めてパークロックが行われる。

駐車してマニュアルレバーを「P」レンジに入れると、すぐにパークロックする場合と、車を降りたときに車の下からカチッと音がしてパークロックするような場合や、実際にはパークロックしておらず、車両が2～3cm動くのをずっと待っている場合がある。このカチッという音がパーキングポールがパーキングギアに噛み合うときの音

図4－28　パーキング機構の作動

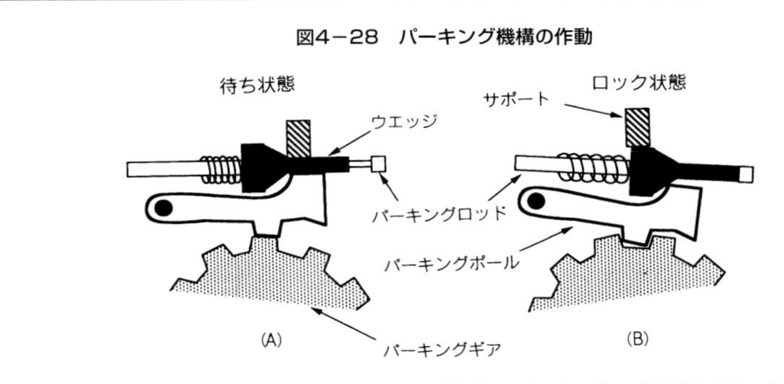

セレクトレバーを「P」レンジに入れるとリンケージを通してパーキングロッドが移動する。するとロッドにスプリングで固定されたウエッジがパーキングポールを押すが、パーキングポールの爪がパーキングギアの山とぶつかっている場合(A)にはウエッジはサポートとパーキングポールに挟まれて動くことができず、ロッドはばねを押し縮めて待ち状態となる。このときウエッジはロッドとの間のばねにより常にパークロックしようとする力が働いている。この後で車が少し移動してパーキングギアが回転し、パーキングポールの爪とパーキングギアの谷が重なったとき(B)、初めてパークロックが行われる。

で、車の中にいてもセレクトレバーの操作の後に遅れて聞こえることがある。これは大変うまく考えた機構である。

(3)パーキング機構及びセレクトレバーの安全装置

MT車はかなり複雑な操作を行うが、操作ミスによる危険性は少ない。ATやCVTのように自動変速機とは運転者の意思を読み取り自動的に作動するため、運転者が操作を間違えると思わぬ危険が潜んでいる。いったん操作を間違えてしまうと、複雑な作動をとっさに理解して修正できないためと思われる。パーキング機構及びセレクトレバーにはMT車にはない次のような安全機構が付いている。

a. スタータモータの始動禁止(インヒビット)

ニュートラル「N」、パーキング「P」位置でのみエンジンがスターとできる機能。これはエンジンがスタートして直ぐに車両が動き出すのを防止している。

b. セレクトレバーノブ

セレクトレバーにはノブがついており、パーキング「P」やリバース「R」などにセレクトレバーを入れるときにはノブを押したまま操作しないと入れることができない。これは、走行中にパーキングやリバースに入ると危険なため、運転者に警告のためにノブを操作させている。

c. シフトロック

ブレーキペダルを踏んだ状態でないと、「P」から動かせない機構。これは運転者が最初の発進のときに、まれにアクセルペダルとブレーキペダルを間違えて踏んでしまうことがあるからだ。運転者がブレーキを踏んだつもりでアクセルペダルを踏むと、車が急発進し、運転者はブレーキのつもりであるためますます強くアクセルペダルを踏んでしまう、きわめて危険な状態である。これを防止するため、「P」からセレクトレバーを動かすときにブレーキペダルを踏んでなければいけないようにすれば、運転者はアクセルペダルと間違えることを防ぐことができる。

d. セレクト位置の表示

セレクト位置を間違えないように、セレクトレバーの側やメータ板にセレクト位置を表示している。

e. リバースインヒビット

前進走行中運転者が間違ってリバースに入れてしまったとき、大きなショックとともにエンジンストップしてしまったりするため、ある車速以上ではリバースに繋がないようにする方式の機種もある。

5．減速歯車と差動機構

FF車両用の変速機は変速機の出力軸が直接タイヤを回転させているため、回転数の減速と、カーブを曲がるときに左右のタイヤの回転数が異なるため、トルクは伝えながら回転数が異なる機構(差動機構)をつける必要がある。FR変速機は後席の座席の下に終減速機があり、これらの機能を持つ必要がない。

(1)減速歯車

乗用車のタイヤの回転数は、最高車速200km/hで走行しているときでも車種にもよるが、およそ2000rpm程度である。一方、エンジンの最高回転数は6000rpm程度であるため、タイヤの回転数はエンジンの回転数に比べて1／3程度に減速する(変速比＝3.3)ことが必要である。実際の車両のハイギア比の時はエンジンの最高回転数よりももっと下げて走行したいため、エンジンの回転数に対するタイヤの回転数の比率(全変速比)は2～3くらいの減速を行っている。

また、エンジンの回転方向と、タイヤの回転方向は同じ方向にしておく方がATの変速機においては変速ショックなどの運転感覚が良い。図4－29に示すように、CVTも同じ回転の関係にするためには、セカンダリプーリ軸と出力軸の間にもう一本の軸を入れ回転方向を変えなければならない。この追加の軸は、セカンダリプーリ軸と出力軸

図4－29　CVTの減速歯車配置

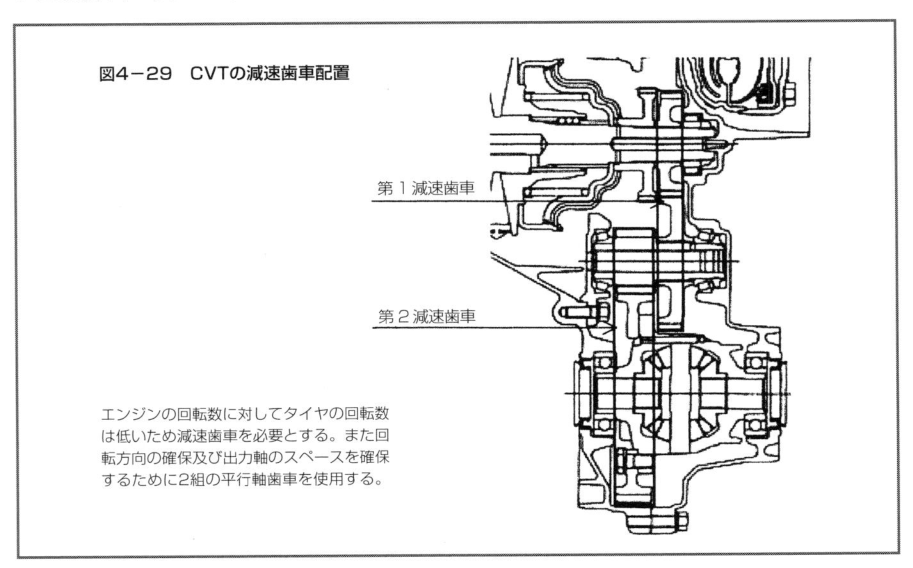

エンジンの回転数に対してタイヤの回転数は低いため減速歯車を必要とする。また回転方向の確保及び出力軸のスペースを確保するために2組の平行軸歯車を使用する。

を離して出力軸のドライブシャフトのスペースを確保する効果もある。

FF車用の変速機は、通常追加した一本の軸を介して平行軸歯車を2組使用して減速している。この歯車の課題は下記式による噛み合いの周波数に応じたギアノイズ問題がある。

ギアノイズ周波数(Hz)=回転数(sec^{-1})×歯数

この課題の解決には歯形の大きさや形状、軸支持剛性、軸の捩じり剛性などでギアノイズに対する影響を計算的に、また実験的に確かめながら開発してゆかなければならない。

(2)差動歯車

車両がカーブを曲がるときには図4－30のように、内輪と外輪の車両回転中心に対する回転半径が異なる。すなわち、外輪の方が内輪より回転数が高くなる。したがって、この回転差を許容しながらトルクを伝えないと、タイヤが大きくスリップを起こし、ブレーキが掛かるような現象となる。

この差動をさせる構造は図4－31のような4個の傘歯歯車を組み合わせて、左右のタイヤに繋がる傘歯歯車(サイドギア)の間に通常2個の傘歯歯車(ピニオンメートギア)を噛み合わせ、全体を回転するケース(デフケース)で支えている。

動力の伝達はデフケースに固定されているピニオンメートギアからトルクが入力し、左右のサイドギアを駆動する。左右のタイヤの回転に差がないときはピニオンメートギアの回転は停止し、左右のタイヤに回転差があるときは、その分ピニオンメートギアが回転し差動ができる。

これは前後進切り替えに使用した遊星歯車と同じ機構で、遊星歯車でいうとピニオ

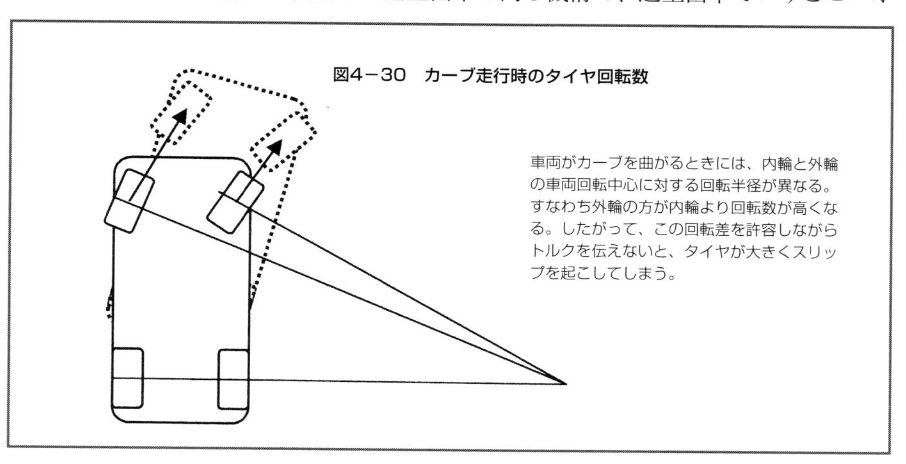

図4－30　カーブ走行時のタイヤ回転数

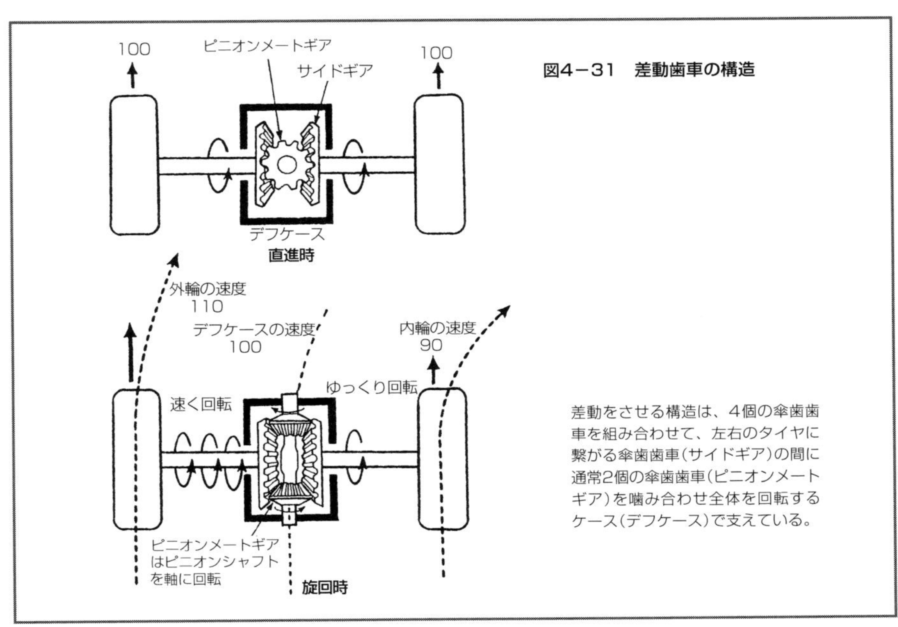

図4－31　差動歯車の構造

差動をさせる構造は、４個の傘歯歯車を組み合わせて、左右のタイヤに繋がる傘歯歯車（サイドギア）の間に通常2個の傘歯歯車（ピニオンメートギア）を噛み合わせ全体を回転するケース（デフケース）で支えている。

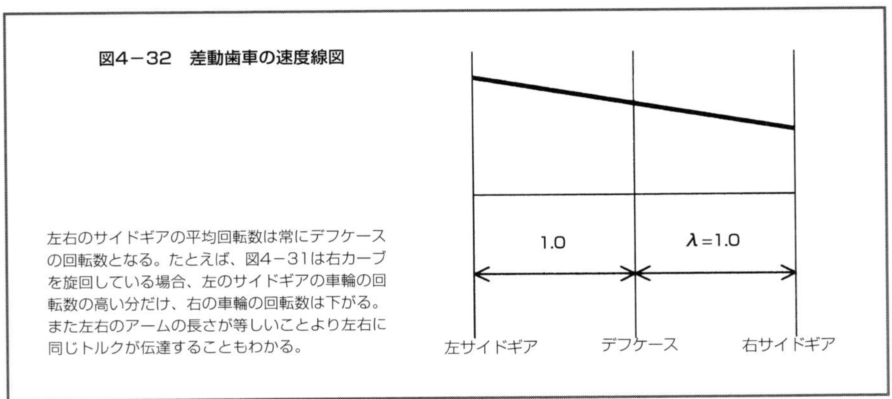

図4－32　差動歯車の速度線図

左右のサイドギアの平均回転数は常にデフケースの回転数となる。たとえば、図4－31は右カーブを旋回している場合、左のサイドギアの車輪の回転数の高い分だけ、右の車輪の回転数は下がる。また左右のアームの長さが等しいことより左右に同じトルクが伝達することもわかる。

ンキャリアから入力が入りピニオンに伝わり、サンギアとリングギアに動力が分配される場合と同じ動力伝達である。両者の比較を行うと、

差動歯車：遊星歯車の関係は

デフケース：ピニオンキャリア

ピニオンメートギア：ピニオン

サイドギア：サンギア及びリングギア

となり、遊星歯車でサンギアとリングギアの歯数が同じとなった場合($\lambda=1$)と同じ計算となる。速度線図で書くと図4－32のようになり、片側の回転数がデフケースよりも高くなった分もう片側の回転数が同じ回転数低くなることがわかる。また、左右のアームの長さが等しいことより、左右に同じトルクが伝達することもわかる。

したがって、左右に同じトルクを分配しながら、左右タイヤがカーブを曲がるときの回転差をつけながら回転できるのである。機構的には左右は同じトルクが分配されるが、実際は差動回転部分のフリクションがあり、回転数の低いタイヤ、すなわち内輪側のタイヤにフリクションの分大きなトルクが配分される。

(3)差動制限装置

差動歯車は左右のタイヤの回転に差がでるために設定しているが、悪い面もある。たとえば、一方のタイヤが滑りやすい氷の上で、もう一方のタイヤが普通の路面の場合、差動歯車は左右の伝達トルクが同じだけしか伝達しない構造のため、エンジンが大きなトルクを発生しても、伝達トルクは駆動力の小さい、氷の上のタイヤが滑ることで決まり、普通の路面に乗っているタイヤにも、氷に乗っているタイヤと同じ駆動力しか発生しない。すなわち、両方のタイヤとも氷の上に乗っている場合と同じ小さな駆動力しか発生できない。

これを改善するため、差動回転を制限するような機構、たとえばサイドギアとデフケースの間に摩擦を大きくする例を図4－33に示すが、このような制限装置をつける

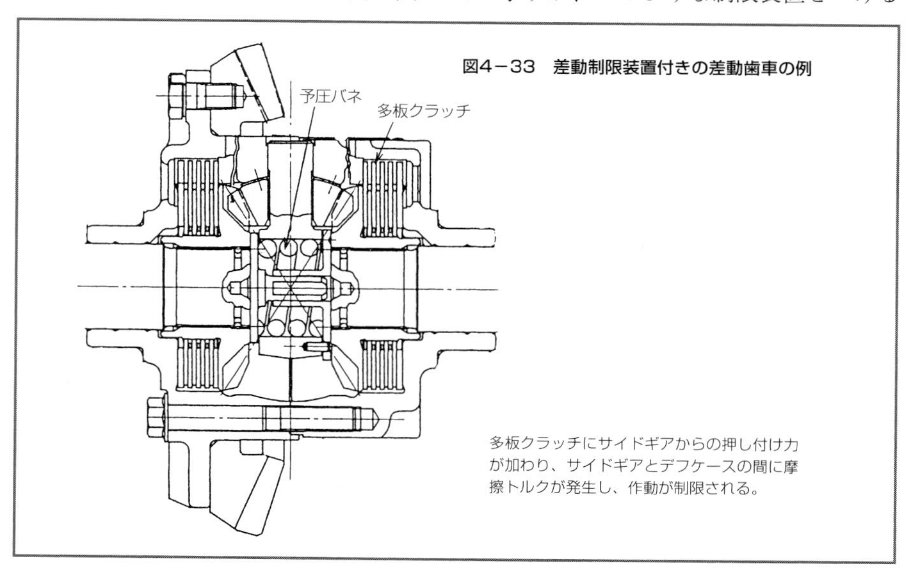

図4－33　差動制限装置付きの差動歯車の例

多板クラッチにサイドギアからの押し付け力が加わり、サイドギアとデフケースの間に摩擦トルクが発生し、作動が制限される。

ことにより、先に示した例の道路条件の場合でも、普通の路面に乗っているタイヤにも大きなトルクが伝わり、大きな駆動力が得られるメリットがある。このような道路条件だけではなく、急カーブを速いスピードで曲がるときに内輪側が浮き上がり気味になり、滑りやすくなる場合なども駆動力を大きくする効果がある。

6．オイルポンプと冷却、潤滑

(1)オイルポンプの機能

CVTのユニットの中には油が循環している。この油は変速を行うために両プーリの作動、トルクコンバータを直結するためにロックアップクラッチの作動、前後進を切り替えるためにクラッチやブレーキの作動などを行う。このような制御以外にも、トルクコンバータのトルクの伝達、回転部分の焼きつきを防止するための潤滑、ベルト、クラッチ、ブレーキ、トルクコンバータなどから発生する熱を冷却するなどの働きをする。これにはATFと呼ばれるオイルを使用している。

ATFを循環させたり、プーリ、クラッチ、ブレーキを作動させるために必要な油圧をつくるためにオイルポンプが必要である。CVTの中で変速などを行っているプーリ、クラッチ、ブレーキなどは、人間にたとえると手足の筋肉ということになる。これを作動させるATFは血液であり、これを全身に送り出しているオイルポンプは心臓ともいえる重要な役割を担っている。

オイルポンプが油を送り出すときの圧力を吐出圧、送り出す油の量を吐出量という。CVT用のオイルポンプにはこの吐出圧が変化しても吐出量の変化が少ないこと、吐出圧や吐出量の脈動が少ないこと、音が静かなこと、小型軽量であることなどが求められる。特にCVTはATに比べ吐出圧が高いため、吐出圧が変化しても吐出量の変化が少ないこと、すなわち高圧でもポンプから油が漏れる(リーク)量が少ないように設計することが特に必要である。こうした要素を満足させるCVT用のオイルポンプには、歯車ポンプとベーンポンプが用いられている。

(2)歯車ポンプの作動原理

図4－34のように二つの歯車の中心を偏心させて内歯と外歯を噛み合わせたのが、歯車ポンプの一例である。中側の外歯歯車を回転させることにより、噛み合っている内歯歯車が回転し、歯の噛み合い部に空間ができる。

注射器で水を吸うときは、引張って注射器の中に空間をつくると水が入ってくる。これがポンプの吸入工程で、吸入口の部分で噛み合っているギアが矢印の方向に回転する

図4－34　歯車ポンプの一例

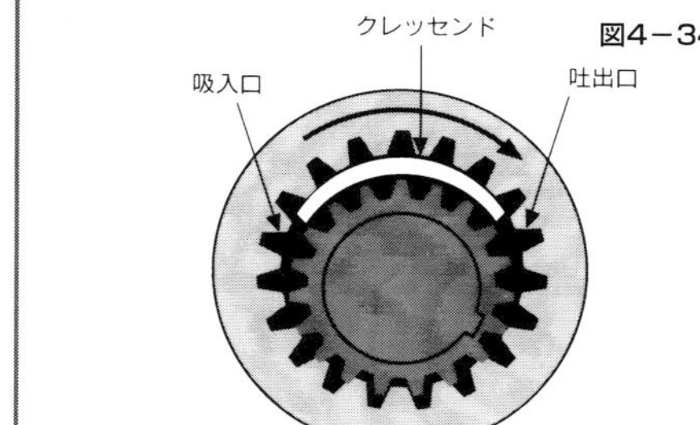

外歯歯車と内歯歯車ポンプの回転中心が偏心しているため、吸入口部は、ギアが矢印の方向に回転すると噛み合いが別れ、空間が大きくなり、吸入口のところから油がポンプに吸い込まれる。吐出工程はクレッセンド部で最大となった空間が減少し、吐出口に運ばれ油が吐き出される。

と噛み合いが別れ、空間が大きくなり、吸入口から油がポンプに吸い込まれる。今度は注射器を押し付けると空間が減少し水が出てゆくが、これはポンプでは吐出工程で、最大となった空間が吐出口部で空間が減少し、吐出口に運ばれ油が吐き出される。

ポンプの1回転当たりの理論吐出量は、ギア1歯分の空間部の体積から噛み合っている場合の隙間の体積を引いた体積に、インナーギアの歯数を掛けたものであり、cc／revで表現される。ポンプの1回転当たりの理論吐出量は、小さいほどポンプを駆動するトルクが少なくなり燃費の向上に有効であるが、ポンプのリーク、制御のためのリーク、ベルトやクラッチを作動するための必要油量、潤滑、冷却などを考慮して、必要で最小に選ばなければならない。通常12～17cc／revの大きさである。

ポンプの性能を決める項目に、機械効率、体積効率、全効率があるが、それらの関係を式4－9に示す。

機械効率は1回転当たりの吐出エネルギを入力エネルギで除したもので、フリクションなどの機械的損失が大きければ悪くなる。体積効率は実際の吐出量を形状から決まる理論吐出量で除したもので、油漏れ(リーク)が多いと悪くなる。全効率はこれら二つの効率を掛けた値である。全効率が悪いと、せっかくエンジンから入力したエネルギを無駄にする分が増え、燃費性能を悪くしてしまう。

式4－9　ポンプ効率の計算方法

機械効率(η e)の計算式

$$\eta e = \frac{Pp \cdot Qt}{2\pi Tp}$$

体積効率(η v)の計算式

$$\eta v = \frac{Qr}{Qt}$$

全効率(η)の計算式

$$\eta = \eta v \cdot \eta e$$

ここで

ηe：ポンプの機械効率

ηv：ポンプの体積効率

η ：ポンプの全効率

Pp：ポンプから発生する圧力(Pa)

Qr：ポンプ1回転あたりの実吐出量(m^3)

Qt：ポンプ1回転あたりの理論吐出量(m^3)

Tp：ポンプを駆動するのに要するトルク(Nm)

歯車ポンプは構造が簡単で、小型化にも適しているが、二つの歯車が決められた軸を中心に回転しているため、歯先の隙間や歯の側面の隙間は、それぞれの支持部材の精度と歯車を包む箱の剛性で決まり、隙間がゼロとなると金属摩擦となり、回転しているため焼きついてしまう。したがって、選択組み立てを行って精度を上げる努力や箱の剛性強化など配慮しているが、隙間は比較的大きく取らざるを得ない。この隙間から高圧になるほど多くの油が漏れるので体積効率が悪くなり、CVTのように高圧で使用する場合は不利である。

(3)ベーンポンプ

ベーンポンプは図4－35に示すように、入力となる回転体にベーンの入る溝を切り、

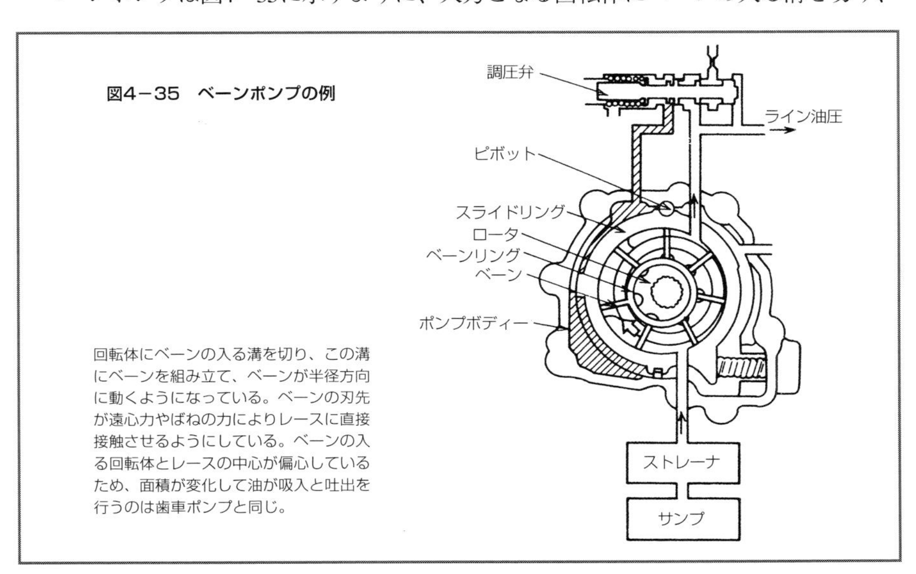

図4－35　ベーンポンプの例

回転体にベーンの入る溝を切り、この溝にベーンを組み立て、ベーンが半径方向に動くようになっている。ベーンの刃先が遠心力やばねの力によりレースに直接接触させるようにしている。ベーンの入る回転体とレースの中心が偏心しているため、面積が変化して油が吸入と吐出を行うのは歯車ポンプと同じ。

この溝にベーンを組み立て、ベーンの刃先が遠心力やばねの力により入力軸と偏芯したレースに直接接触させるようにしている。直接接触で油をシールしているため隙間が小さくできる。したがって、油のリークが少なくなり、体積効率が良い。

このような理由で、高圧を必要とするCVT用のオイルポンプには部品点数が多く、高価にもかかわらずベーンポンプを選択している例がある。

(4)冷却と潤滑

CVTの構造は滑り接触面、転がり接触面、油の攪拌部、高圧油の漏れなどが発生する多くの部位があり、これらはフリクショントルクの形でロスとなる。フリクショントルクは最後には熱エネルギとなり、CVT全体が高温となる。CVTで損失となるエネルギは、CVT本体のケース表面より放熱し冷却されるが、これだけでは必要な温度以下に保つことができない。エンジンを冷却するための放熱器(ラジエータ)内の冷却水中に設けた熱交換器にCVT油を流し冷却する。または、専用のクーラを設け冷却水をクーラに導くことにより、CVT油を冷却する方式もある。

一方、CVT内の油は潤滑と冷却の働きをするが、摺動する境界面には潤滑という意味では、油は十分行きわたっている。フリクショントルク発生部位には油は冷却の目的で油路をつくり供給(強制潤滑)している。5Nmのフリクション発生部位が6000rpmで回転している場合に必要な油の量は油が20℃上昇するとした場合でも、式4－10に示すように、5.3l／minの大量の油を供給しなければならない。したがって、摺動する部位には油が行きわたるように設計しなければならない。

式4－10　必要供給油量の計算式

強制潤滑油量(Q)の計算式

$$Q = \frac{3.8 \times 10^{-3} T_f \cdot n}{T_2 - T_1}$$

ここで

Q：給油量(l／min)

T_1：給油口の油温(℃)

T_2：排油口の油温(℃)

T_f：フリクショントルク(Nm)

n：回転数(rpm)

<計算例>

$T_2 - T_1 = 20$℃

$T_f = 5$Nm

n＝6000rpm

この場合Q＝5.3l／min

図4－36　CVT内の強制潤滑の流れ

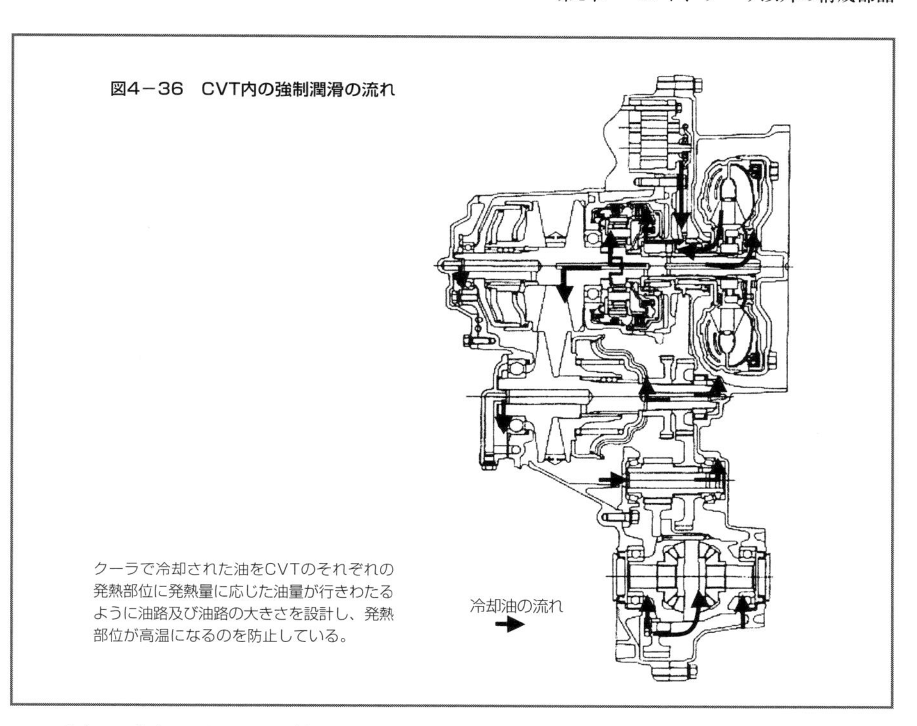

CVT内部の冷却の必要な部位への流れを図4－36に示す。

7．制御部品

CVTは運転者がMTのように煩わしい操作をしなくとも、運転者の意向を汲んで自動的に操作できるようになっている。この操作は大きく分けて二つの部品から構成されている。一つは油圧制御部品（コントロールバルブ及びアクチュエータ）であり、二つめは電子制御部品（TCU及び各種センサ）である。

油圧は大きな力を発生させることができ、プーリ、クラッチ、ブレーキ、トルクコンバータなどを作動させることができる。一方、電子はデジタルコンピュータの進歩により、力は弱いが、難しい計算、複雑なデータに沿った制御、目標値になるようなフィードバック制御などが得意である。この電子のデータをコントロールバルブ内にある電子油圧変換機構（ソレノイドやステップモータなどのアクチュエータ）により、油圧に変換して、CVTを制御している。

(1)コントロールバルブ

コントロールバルブの外観は厚い板のように見えるが、その中は図4－37のように蟻の巣のように張り巡らされた溝と、スプリングや円筒形のバルブで構成されている。この溝がATFの通り道(油圧回路)になっている。

コントロールバルブは、オイルポンプから高圧の油が油圧回路に供給される。その圧力を元圧(ライン圧)として、コンピュータから送られる電気信号により作動するソレノイドやステップモータで信号となる圧力をつくり、その信号圧力をスプール、ばね、オリフィスなどで圧力を変換、増幅、大流量化し、次の各部品に適切な圧力と油量にして油圧回路を通して供給する。

油の供給先は、プーリの油圧室につながり変速を行ったり、クラッチやブレーキにつながり前後進を切替えたり、トルクコンバータにつながり、ロックアップの切断やトルクコンバータ内の圧力確保や、CVTの冷却のためにクーラへの油の供給をしたり、回転部分の冷却、潤滑のための油の供給などを油圧回路を通して行う。

コントロールバルブを眺めても、どの部品のどの溝とどの部品がつながっているかを理解するのが非常に困難であるため、これらの回路の全貌を描いて、回路のつながりをわかりやすく表現した図(油圧回路図)を作成する。その一例を図4－38に示すが、この回路を理解するだけでも一苦労であり、これを作成できるのは回路について多くの経験を積んだ一部の人達である。

図4－37　コントロールバルブの一例

コントロールバルブの外観は、厚い板のように見えるが、その中は蟻の巣のように張り巡らされた溝と、スプリングや円筒形のバルブで構成されている。ここでつくられた油圧と油量がプーリ、クラッチ、ブレーキなどに供給されCVTが必要な作動を行ったり、冷却や潤滑のための油量を供給する。

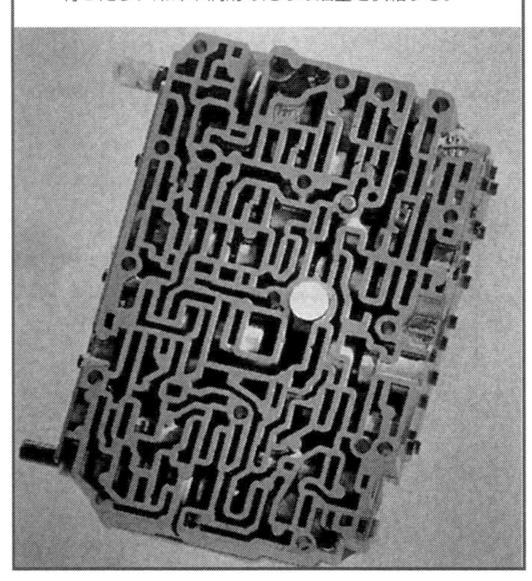

実際の設計では、まず油圧回路図を作成し、必要な圧力、油量を計算し、それから溝を油圧回路図にしたがって目的の場所に通じるように結ぶ。このとき油圧回路図からもわかるように、回路が多くの場所で交差している。このとき交差する場所で油が混ざってしまってはいけないので、通常、コントロールバルブは2枚のバルブの回路側同士を向き合わせて重ね、その間にセパレートプレートを挟み油圧回路を立体交差にしている。

図4−38　油圧回路図の一例

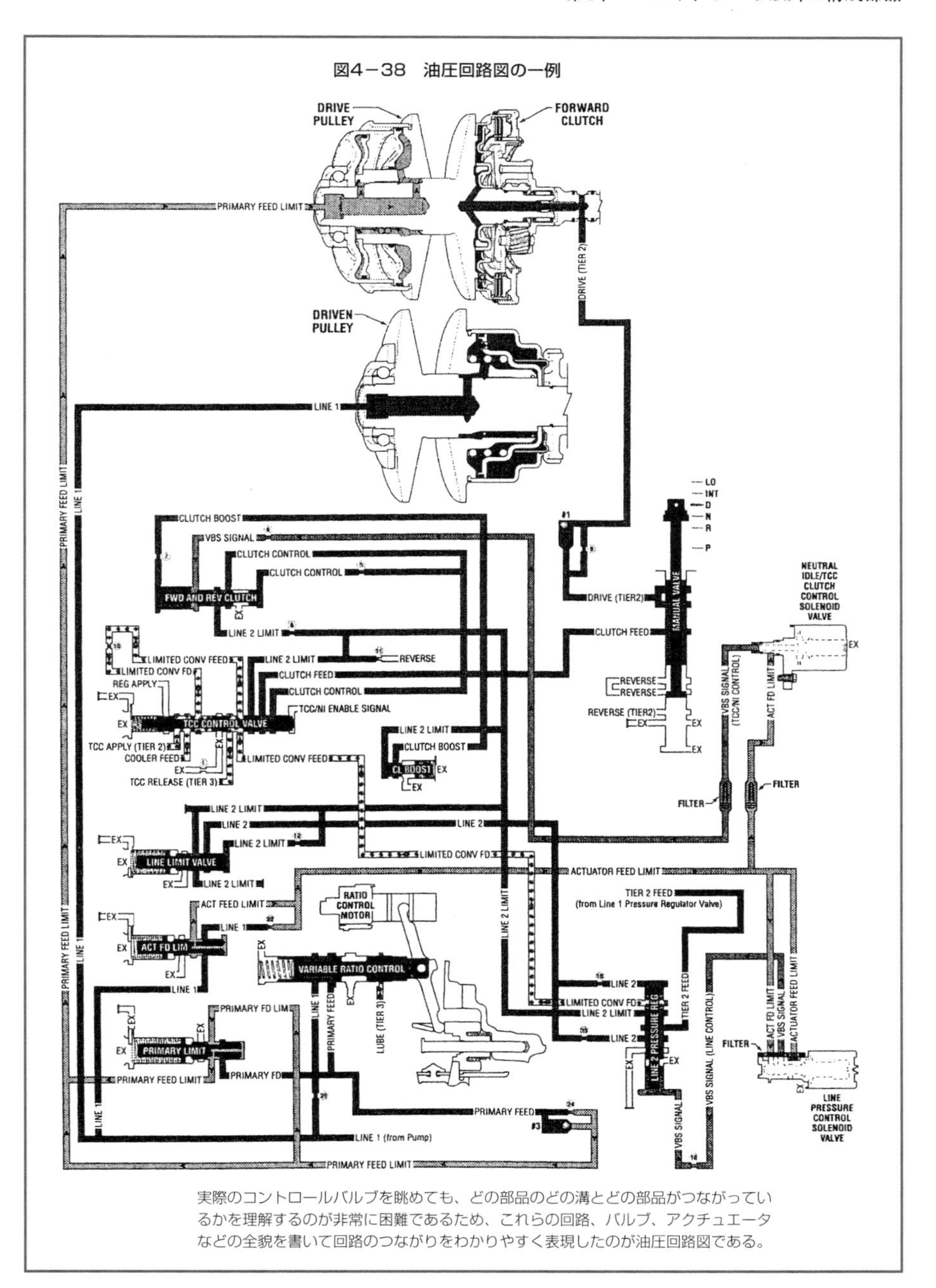

実際のコントロールバルブを眺めても、どの部品のどの溝とどの部品がつながっているかを理解するのが非常に困難であるため、これらの回路、バルブ、アクチュエータなどの全貌を書いて回路のつながりをわかりやすく表現したのが油圧回路図である。

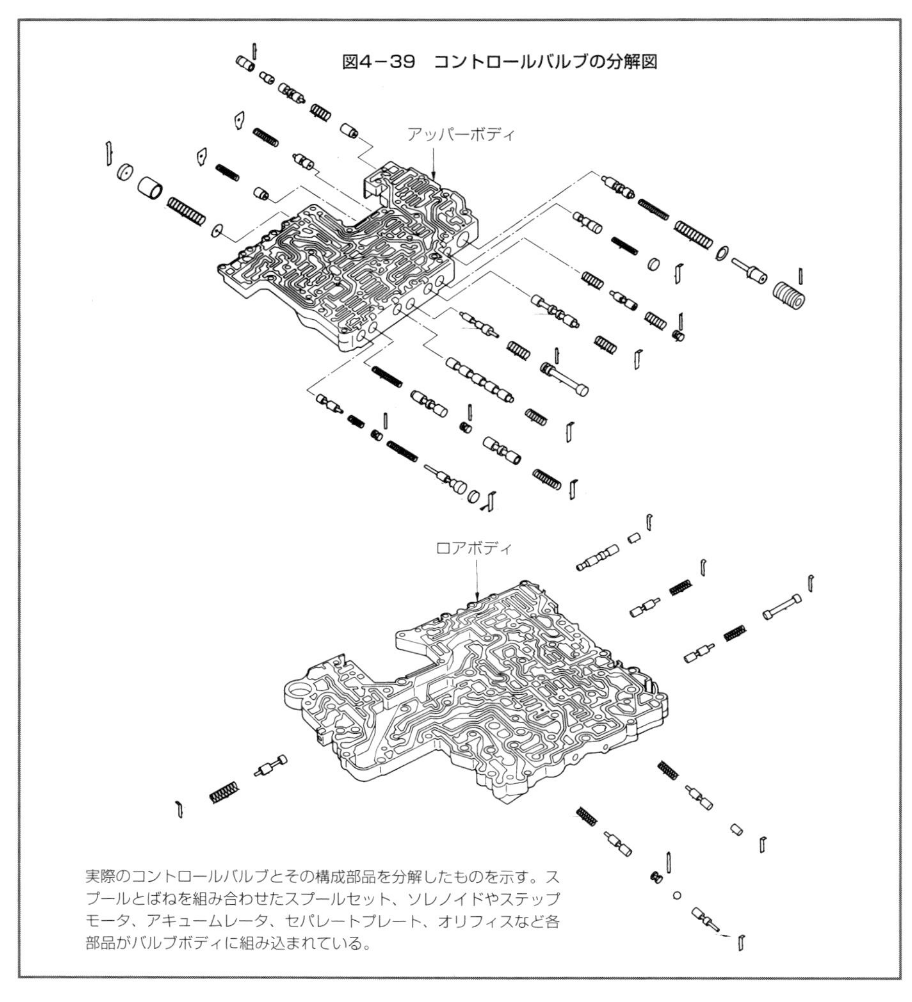

図4－39　コントロールバルブの分解図

実際のコントロールバルブとその構成部品を分解したものを示す。スプールとばねを組み合わせたスプールセット、ソレノイドやステップモータ、アキュームレータ、セパレートプレート、オリフィスなど各部品がバルブボディに組み込まれている。

この実際の部品となったものをコントロールバルブボディというが、蟻の巣をつくるような作業である。必要な油圧、油量を確保しなければならないし、油を供給するのに必要な部品どうしを確実に油路で結ばなければならないだけでなく、溝の太さも必要に応じて変えなければならないし、油が大きく漏れないようにし、小型で軽く、加工しやすく組み立てしやすくする必要がある。完成品はまさに匠の技のような芸術性を感じてしまう。

実際のコントロールバルブとその構成部品を分解したものを図4－39に示すが、バルブボディには多くの部品が組み込まれている。スプールとばねを組み合わせたスプールセットは、大きく分けると、前後進を切り替えるための切り替え弁、エンジンからのトルクや変速比などに応じて必要な圧力をつくる調圧弁に分類できる。さらに、コンピュータからの電気信号を油圧の信号(圧力)に変えるソレノイドやステップモータ。振動を和らげたり油圧を徐々に変えるアキュームレータ。二つのバルブボディに挟まれたセパレートプレートには油が交わるのを防止するとともに油の流れを規制する小さな穴(オリフィス)が設けられている。

これらの部品により、ベルトやクラッチが滑らないように且つ必要以上に大きすぎない圧力をつくること、運転者の意向に沿った変速を行うこと、車両を前後進方向に切り替えること、ニュートラルにすること、ロックアップクラッチを切断すること、トルクコンバータに必要な圧力を供給すること、CVTを冷やしたり潤滑するための油を送ることなど実に多くの働きをしてCVTが運転者の助けを得なくとも自動的にコントロールされている。

個々のバルブの働きについては第6章で解説する。

(2)TCU

デジタルコンピュータの進歩により、ATにおいても1980年代初期よりロックアップや、変速を電子制御する方式が普及し始め、大部分の自動変速機は電子制御方式を採用している。新たに発表されるCVTもすべて電子制御方式である。

電子制御はデジタルコンピュータ本体であるTCU(Transmission Control Unit)と各種センサおよびそれらを結ぶ配線がある。TCUの外観は弁当箱のような箱の中にプリント基盤があり、その上に演算処理を行うCPUやデータを記憶するROM、入出力の電気処理、入出力のコネクタなどがコンパクトに収まっている。

TCUは電子部品であり、他の部品よりデリケートに取り扱

図4－40　変速機本体に組み込まれたTCU

電子部品の耐熱強度を向上させ、変速機本体の油の中に置いたTCUの例。

う必要があり、一般的には比較的穏やかな環境である車両の車室内に置かれている場合が多い。車種によっては弁当箱を水などが入らないようにシールしてエンジンルーム内に置かれている場合もある。

ただし、CVT本体とTCUは別々に車両に取りつけるため、どのようなCVTに対しても必要な機能が発揮できるように汎用性を持たせた制御をしている。

図4−40のように、電子部品の進歩により、耐熱強度を向上させ、変速機本体の油の中に置くものも現れた。このようにすると、CVTとTCUは同一組み合わせとなり、CVTのアクチュエータ個々の特性に応じたTCUによる制御が可能となるため、より精度の高い制御ができるメリットがある。相手との相性に合わせて制御する高度な方式である。変速機本体の中には多くのセンサ、アクチュエータがあり、TCUを変速機本体の中に入れてしまえば、配線が極めてシンプルとなるメリットもある。

個々の制御は、プログラムと呼ばれる論理式とデータで行われる。制御を行う機能は、以下のような電気信号をコントロールバルブへ送る。プーリの押し付け力を変速比やアクセル開度などに応じた圧力信号、速度とアクセル開度に応じたエンジン回転となる変速信号、車速に応じたロックアップの締結信号、エンジントルクに応じたクラッチ、ブレーキ締結信号など、具体的にどのように制御しているかは第6章で一部を紹介する。

CVTはその構造が複雑なため、万一故障が起こった場合は、どこが故障しているかを見つけるのに大変手間がかかる。そこで、このTCUに自己診断機能を持たせ、自動車の販売店において、診断コネクタに故障部位判定用の機械を接続して検査を行えば、その故障場所が判定できるようにしている。

また、CVTの作動を行う部分に異常を検出した場合には、CVTをその状態に合うように特別に制御し、必要最低限の走行ができるように切り替えたりしている。

(3)各種センサと配線

TCUを頭脳とすると、センサは五感である。頭脳があっても五感がないと働くことができない。主なセンサを紹介する。

車速センサ

車両の速度を回転で検出するセンサで、図4−41に示すように、車速と比例関係にある出力軸上の歯車などの磁性体に、磁石の鉄心にコイルで巻いたもの(電磁ピックアップ)を近づけ、この磁石の鉄心が歯車などの磁性体との距離が変化するとコイルにパルス状の信号電流が流れる。このパルスの速さを速度に換算して利用し、歯車などの回転速度を電気信号に変えるもの(回転センサ)である。車速信号は非常に重要な信号であるため、運転席前の計器版の速度計からも信号をとり、先の車速センサが故

図4－41　回転センサの例

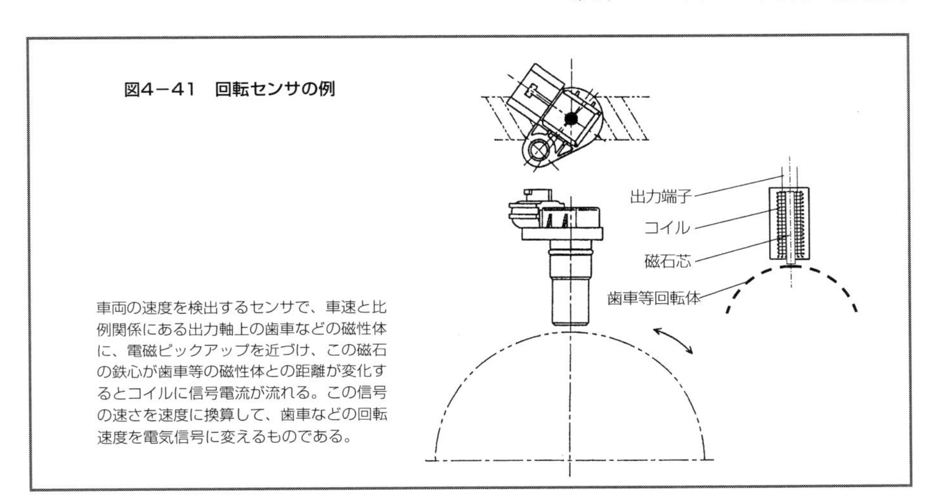

車両の速度を検出するセンサで、車速と比例関係にある出力軸上の歯車などの磁性体に、電磁ピックアップを近づけ、この磁石の鉄心が歯車等の磁性体との距離が変化するとコイルに信号電流が流れる。この信号の速さを速度に換算して、歯車などの回転速度を電気信号に変えるものである。

障しても安全に走行できるよう2重安全(フェールセーフ)にする場合もある。

車両の速度は低車速時はロー変速比を、高速時はハイ変速比を選ぶなど、また低車速時はロックアップクラッチを切りトルクコンバータで走行し、高速時はロックアップクラッチを接続して走行するために必要である。

アクセル開度センサ

運転者がどの程度アクセルを踏んでいるかを検出するセンサで、スロットルセンサともいう。図4－42に示すように、抵抗線の上をスライダがアクセルペダルの移動量に応じて動き、その変位を電圧信号に変える。この信号はエンジンをコントロールするのにも使用するため、通常エンジンのコンピュータがアクセル開度の電圧を電子

図4－42　アクセル開度センサの例

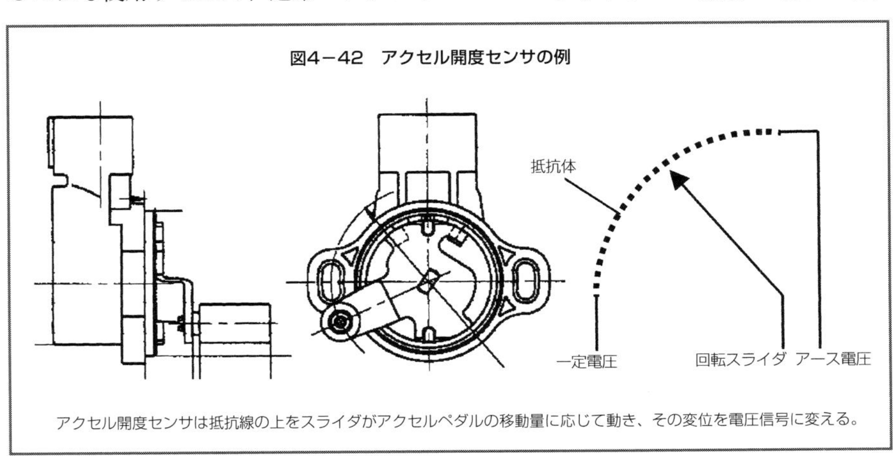

アクセル開度センサは抵抗線の上をスライダがアクセルペダルの移動量に応じて動き、その変位を電圧信号に変える。

データに換算し、換算した値をTCUが利用する場合が多い。

アクセル開度は変速比を決める信号として使用する。またエンジンのトルクと関連があり、トルクの大きさによって適切なプーリ押し付け力を決めるために使用する。クラッチ、ブレーキ、ロックアップクラッチの押し付け圧もトルクの信号で変えることがある。

エンジン回転センサ

エンジンの回転数をエンジンのクランクシャフト回転上で先の車速センサと同じような方法で検出する。この信号もエンジンのコンピュータからいただく。

車速とアクセル開度が決まると、目標となるエンジン回転が決まる。CVTは、その回転数になるように変速比をフィードバックして制御するために、エンジン回転数を利用する。他にもベルトがスリップしないように押し付ける力や、各種のショックを減らすためなどにも使用する。

セレクトレバー位置スイッチ

運転者が手で操作するセレクトレバーの動きをP—R—N—D—Lなどの、どの位置に入っているかをスイッチで検出する。エンジンブレーキを期待するL位置では、変速比をロー側に変速させるのに使用する。また、マニュアルレバーがどの位置にあるかをランプで表示する。MT車のように、変速段を運転者が自由に選ぶことのできる車両にはアップシフト、ダウンシフトを指示するスイッチを設定する。

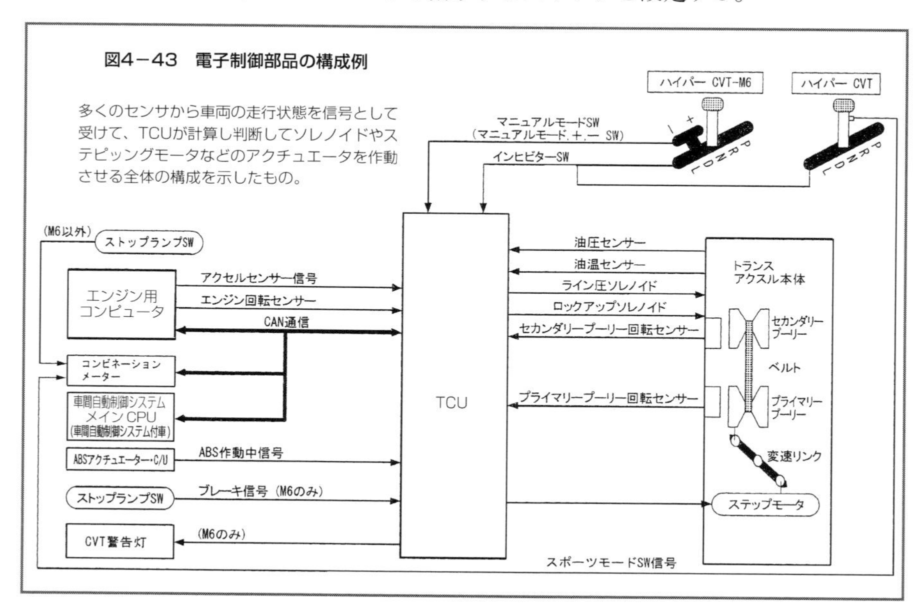

図4−43　電子制御部品の構成例

多くのセンサから車両の走行状態を信号として受けて、TCUが計算し判断してソレノイドやステピッングモータなどのアクチュエータを作動させる全体の構成を示したもの。

その他のセンサ

上記以外に、CVT内の油温を検出し変速やロックアップクラッチの制御を変えたり、場合によってはCVT内の中間部の回転数を検出したり、必要に応じて油圧を検出したり、必要に応じてブレーキペダルの動きを検出したり、実に多くのセンサを使用している。

これらのコンピュータ、センサ、アクチュエータの構成の一例を図4−43に示す。

配線はCVT、エンジン、車両の各部からの多くの部品の電気信号を伝える働きをする。また、CVTの油中からケースの外側に油をシールして導通させなければならないなど、配線は開発工数、スペース、信頼性など多くの課題を抱えている。

第5章　CVTの制御

MTは、動力を伝達する動力伝達機構部と運転者と動力伝達機構部を結ぶ操作部(変速ノブやリンク)で成り立っている。ATやCVTは、動力伝達機構部と、それらを働かせる制御部があって初めて機能を発揮する。制御部は運転者や車両の情報を検知するセンサ部、情報を計算したり判断したりするコンピュータ部(TCU)、コンピュータの指示を油圧に変えるアクチュエータ部、アクチュエータの動きから油圧をつくる油圧回路部から成り立っている。得られた油圧が動力伝達機構に働き、変速や前後進切替え、ロックアップクラッチの作動などを自動的に行う。MTでいえば運転者と操作部に相当する。

1．制御の目的と項目

(1)制御の目的

CVT制御の目的は、運転者の意向に合う適切な変速比をつくったり、ショックなどの少ない良い運転性にしたり、燃費の良い運転にしたり、部品が損耗を受けないなどを行うようにすることである。この目的に合うように変速機、エンジン、車両、環境条件などの運転状況を測定し、電子式の変速機の場合は電子信号に換算し、目標になるように変速機に電子信号を与えて、ポンプから発生した油圧を動力源として油圧信号に変換して、変速機を目標通りに動かすことである。

(2)制御の機能項目

CVTの制御を行う項目は、ベルト部分の変速比制御、伝達容量の適正化制御、ロックアップクラッチの断続制御、前後進クラッチ、ブレーキの断続制御などである。

機能項目はベルトの変速に関するa～eまでの制御とベルト以外の部品についてf～hまでの制御がある。それぞれ次のことを達成する機能が必要である。

a. ベルトがスリップしないように適度な力でベルトを押し付ける機能。
b. 運転者の好みに合う変速比を選ぶために、ベルトの入出力プーリ押し付け力のバランスをとり変速する機能。
c. 燃費が良い状態になるようプーリの押し付け力や、変速比を選ぶ機能。
d. 滑らかな運転性となるようにする変速機能。
e. 運転者の好みに合うような付加変速機能。
f. 燃費と運転性のバランスを取りながらロックアップクラッチを制御する機能。
g. 湿式発進クラッチの場合は滑らかに発進したりクリープをつける機能。
h. 滑らかに前後進切り替えを行ったりニュートラルにしたりする機能。

これらについて以下詳細を説明する。

2. ベルトがトルクを伝達するための油圧制御

(1)スリップしないためのプーリ押し付け力

いろいろな運転条件、道路条件、温度条件、エンジンや車両のばらつき、CVTの部品のばらつきなどに対してベルトが大きく滑らないこと。ベルトはわずかな滑りは常にあるが、プーリの押し付け力が不足したり、運転条件などによって数%以上の滑りが発生すると、摩擦面を損耗させ、摩擦面の表面状態が悪化し、ベルトの耐久性を損ねてしまう。

ベルトがトルクを伝達するために必要なプーリの押し付け力の関係式を3章の式3－4に示した。プーリにはプライマリプーリ、セカンダリプーリがあるが、この両方とも式3－4を満足しなければならない。プーリには変速をさせるために、それぞれのプーリの油圧バランスをコントロールするので、実際は一方のプーリの押し付け力をこの式により決定すると、他方のプーリ押し付け力はスリップに対して十分すぎる値となってしまう。

両プーリにはそれぞれ油圧室、セカンダリプーリにはリターンスプリング、遠心

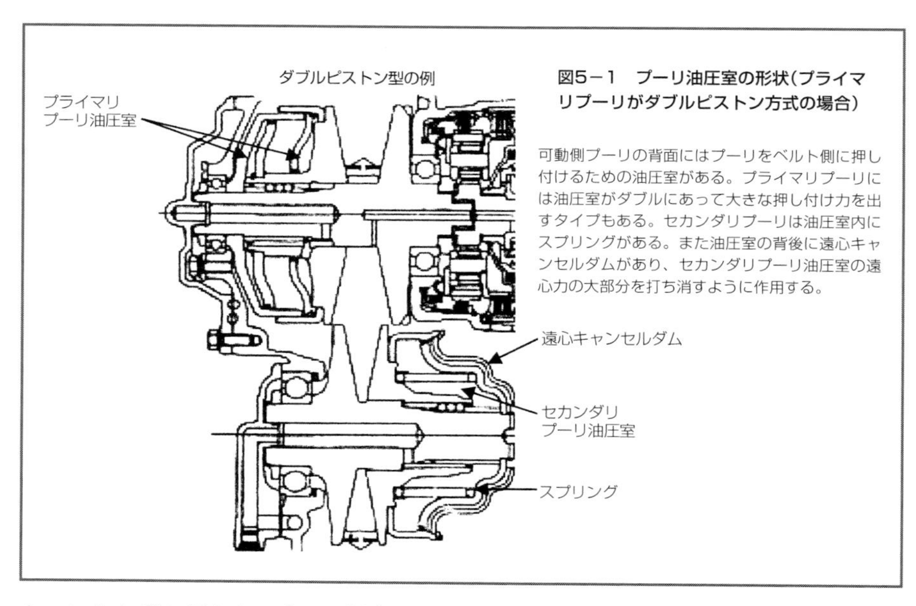

図5－1　プーリ油圧室の形状（プライマリプーリがダブルピストン方式の場合）

可動側プーリの背面にはプーリをベルト側に押し付けるための油圧室がある。プライマリプーリには油圧室がダブルにあって大きな押し付け力を出すタイプもある。セカンダリプーリは油圧室内にスプリングがある。また油圧室の背後に遠心キャンセルダムがあり、セカンダリプーリ油圧室の遠心力の大部分を打ち消すように作用する。

キャンセルダムがある。その一例を図5－1に示す。プーリを押し付ける力の合計式を式5－1に示す。それぞれの押し付け力について詳しく説明する。

式5－1　プーリを押し付ける力の合計

プーリを押し付ける力Fs(N)は

$$Fs = Fp + Fb + Fc$$

ここで

Fp：油圧による押し付け力(N)

Fb：スプリングによる押し付け力(N)

Fc：オイルに発生する遠心力による押し付け力(N)

オイルシール、ボールスプライン、可動プーリ内径部などのフリクションによってもプーリ押し付け力は変化するが、値が小さいため通常これらは無視する。

(2)油圧による押し付け力

プーリを押し付けている力は、それぞれの可動プーリに設けられた油圧室に高圧のオイルを供給することにより発生する。プーリ押し付け力のうち、油圧による押し付け力が最も重要で、この油圧を制御することにより、ベルトをスリップさせないようにしたり、運転者の好む変速比や燃費、運転性の良い変速比をつくり出したりしている。

油圧と押し付け力の関係を式5－2に示す。

式5－2　油圧と押し付け力の関係

油圧による押し付け力Fp(N)は

$$Fp = Sp \times P$$

$$Sp = \frac{\pi\left(Do^2 - Di^2\right)}{4}$$

ここで

Sp：ピストン受圧面積(m^2)

P：シリンダー内油圧(Pa)

Do：ピストン外径(m)

Di：ピストン内径(m)

ただし、図5－1にあるようなピストンが2重にある方式(ダブルピストン型)では、同じ式で2組分の押し付け力の和となる。

Fp＝Fp1+Fp2

ここでFp1、Fp2はダブルピストンでそれぞれのピストンの油圧による押し付け力

ピストン面積は大きい方が良い。ピストン面積を大きくするほど、必要とする油圧が小さくて済む。ピストン面積が大きいのでそこにオイルを供給するためのポンプの吐出量が増えるが油圧が小さくなる。そのため、オイルのリークが少なくなり、それほどポンプを大きくする必要がなく、圧力が下がった分でポンプの駆動力が小さくなり、結果的には変速機全体でフリクションが小さくなる。式5－3に簡単な計算でこのことを具体的に説明する。

式5－3　圧力とポンプ駆動トルクの比較

ポンプの駆動トルクTp(Nm)は

$$Tp = P \cdot V$$

ここで

Tp：ポンプの駆動トルク(Nm)

P：油圧(Pa)

V：ポンプの1回転あたりの必要吐出量(m^3／rev)

＜計算例＞

今ポンプからのリークが高圧の場合10%あるとすると、ポンプの1回転あたりの必要吐出量が1.1Vとなることより、

高圧の場合のポンプ駆動トルクTphは：Tph＝P・1.1V

ピストン面積を2倍にして圧力を低圧にした場合、ポンプよりのリーク量が半分の5%になるとすれば、ポンプの1回転あたりの必要吐出量が1.05Vとなることより、

低圧の場合のポンプ駆動トルクTplは

$$Tp1 = \left(\frac{P}{2}\right)2(1.05V)$$

低高圧のポンプの駆動トルクの比率Hpは

$$Hp = \frac{低圧の場合のポンプ駆動トルク}{高圧の場合のポンプ駆動トルク}$$

$$= \frac{\left(\frac{P}{2}\right)2(1.05V)}{P \cdot 1.1V} = \frac{1.05}{1.1} = 0.95$$

したがって、低圧の場合の方がポンプの駆動トルクを約5%節約することができる。実際はもっと複雑な関係式となるが、考え方はこれで説明できる。

ピストン面積をできるだけ大きくするため、プライマリピストンにダブルピストンが使われる場合がある。理由は、シングルピストンではピストンの直径が大きくなりすぎて上手くプーリなどの配置ができなくなるからである。ダブルピストンにすることで構造が複雑になり、軸方向のスペースも大きく必要なため、シングルピストンで成立する場合はシングルピストンの方が良い。一般に、小排気量エンジン用CVTの場合はシングルピストンで可能な場合が多い。

(3)スプリングによる押し付け力

油圧が発生しない状況、たとえばエンジンが停止しているときに車両が牽引(このときはできるだけ駆動輪を吊り上げ回転しないようにする方法を薦めているが)や下り坂で動いてしまった場合などにおいても、ベルトがスリップしてはいけないし、プーリ間のベルトが緩んでしまうと他の部品と干渉してしまうのを防止するために、スプリングにより常にプーリを押し付けている。このスプリングによる押し付け力は、少しだけ油圧による押し付け力を減らすことができ、油圧を下げることにより、油圧を発生するオイルポンプの駆動力が下がり、CVT全体のフリクションを下げる波及効果もある。

(4)油に発生する遠心力による押し付け力

プーリの油圧室内には油(ATF：Automatic Transmission Fluid)が充満している。充満

している油が回転すると、遠心力により遠心圧力が発生する。この圧力によりプーリには押し付け力が発生する。このことはトルクコンバータ内の圧力でトルクコンバータの容器が膨張したり、前後進クラッチのピストンにも押し付け力が発生する。AT、CVT設計者にとって重要な式であるため、遠心力による押し付け力の式を式5－4に紹介しておく。

式5－4　油圧に発生する遠心力の計算

CVTプーリの油圧室に充満した油によるプーリ押し付け力Fc(N)は

$$Fc = \frac{\pi}{64} \cdot \frac{\rho}{9.8} (Do^2 - Di^2)^2 \omega$$

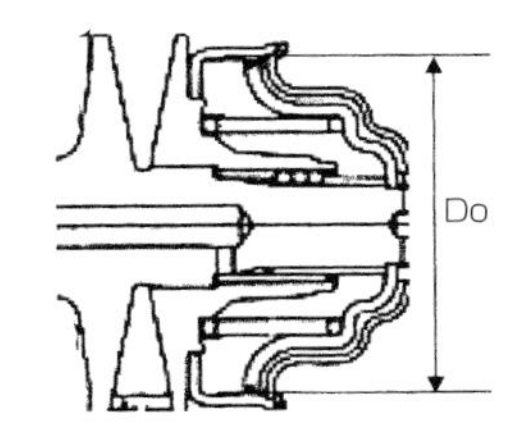

ここで

ρ：油の密度(kg/m³)

ω：回転数(rad/sec)

Do：油圧室外径(m)

Di:：油圧室内径(m)

＜計算例＞

Fc＝2023N（＝0.206ton）

ただし

ρ：880kg/m³（ATFの場合）

ω：837rad/sec（＝8000rpm×2π／60）

Do：0.16m

Di：0

この遠心力による押し付け力計算例からもわかるように、高回転になると相当大きな値となり、ベルトを必要押し付け力以上に押し付け、ベルトのフリクションを増やしたり、ベルトの耐久性を低下させたりする。さらに、2組のプーリのバランスを崩し目標とする変速比が得られなかったりたりする。このために、遠心力をキャンセルするので、図5－1のように遠心キャンセルダムを設けている。この遠心キャンセルダムはより高速回転となり、影響の大きいセカンダリプーリに設けられている。

プーリ油圧室に発生する遠心力は、油圧室内径は軸心まで油が充満しているため、Di＝0であるが、遠心キャンセルダムを設けてもダムの内径を構造上ゼロにはできないので、遠心力によるプーリ押し付け力の影響をゼロにすることができない。したがって、ベルトを必要以上に押し付けないようにするため、回転数や変速比を考慮して電子制御によりその分、油圧による押し付け力を低く設定するようにしている。

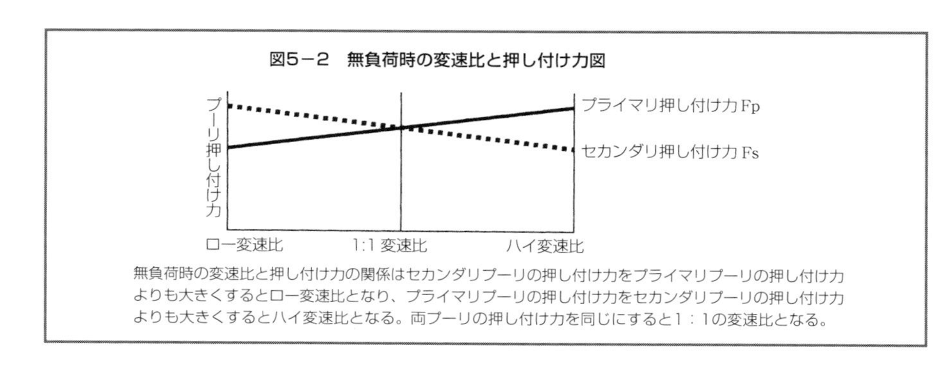

図5－2　無負荷時の変速比と押し付け力図

無負荷時の変速比と押し付け力の関係はセカンダリプーリの押し付け力をプライマリプーリの押し付け力よりも大きくするとロー変速比となり、プライマリプーリの押し付け力をセカンダリプーリの押し付け力よりも大きくするとハイ変速比となる。両プーリの押し付け力を同じにすると1：1の変速比となる。

3．変速を行うための油圧制御

(1)変速に必要なプーリ押し付け力

ベルト、プーリシステムを変速させるためには、先に述べたスリップをしない押し付け条件を満たした上で、入出力プーリの押し付け力バランスを変えて変速させる。

無負荷条件の場合は、図5－2に示すように、セカンダリプーリの押し付け力をプライマリプーリの押し付け力よりも大きくするとロー変速比となり、プライマリプーリの押し付け力をセカンダリプーリの押し付け力よりも大きくするとハイ変速比となる。両プーリの押し付け力を同じにすると1：1の変速比となる。

無負荷状態で変速比とプーリの押し付け力バランスの関係式を導く。最初に式5－5の変速比と入出力プーリへのベルトの巻きつき角の計算から行う。

式5－5　変速比とベルト巻きつき角の関係式

巻きつき角θp、θs(rad)は下記式となる。ただしサフィクスはp：プライマリ、s：セカンダリ

$$\theta p = \pi + 2\mathrm{asin}\frac{Rp - Rs}{A}$$

$$\theta s = \pi - 2\mathrm{asin}\frac{Rp - Rs}{A}$$

Rp、Rsの計算式は式3－2ですでに解説した。ここで、

A：入出力プーリ軸間距離(mm)

Rp、Rs：ベルトピッチ半径(mm)

次に式5－6に示すように、無負荷時の変速比と両プーリの押し付け力バランスを求める。

式5−6　変速比とプーリ押し付け力バランス式（無負荷時）

無負荷時の変速比と両プーリの押し付け力バランスを求める。

$$\frac{Fp}{Fs}=\frac{\theta}{2\pi-\theta}$$

ここで

Fp：プライマリプーリ押し付け力(N)

Fs：セカンダリプーリ押し付け力(N)

θ：ベルトの巻きつき角半径の小さい方のベルト巻きつき角(rad)

と単純な式となる。これはお互いのプーリに巻きついているベルトの角度に逆比例することを意味する。

<解説>

ベルトを左に引っ張る力fpは　$fp=\dfrac{8\tan\alpha\ Fp\sin\left(\frac{\theta}{2}\right)}{\theta}$

α：シーブ角度

ベルトを右に引っ張る力fsは　$fs=\dfrac{8\tan\alpha\ Fs\sin\left(\frac{\theta}{2}\right)}{2\pi-\theta}$

図5−3よりベルトを左右に引っ張る力は等しいことより、fp＝fs

$$\frac{8\tan\alpha\ Fp\sin\left(\frac{\theta}{2}\right)}{\theta}=\frac{8\tan\alpha\ Fs\sin\left(\frac{\theta}{2}\right)}{2\pi-\theta}$$

$$\frac{Fp}{Fs}=\frac{\theta}{2\pi-\theta}$$

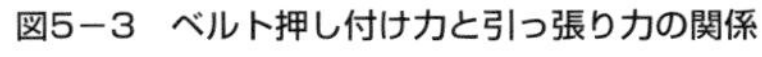

図5−3　ベルト押し付け力と引っ張り力の関係

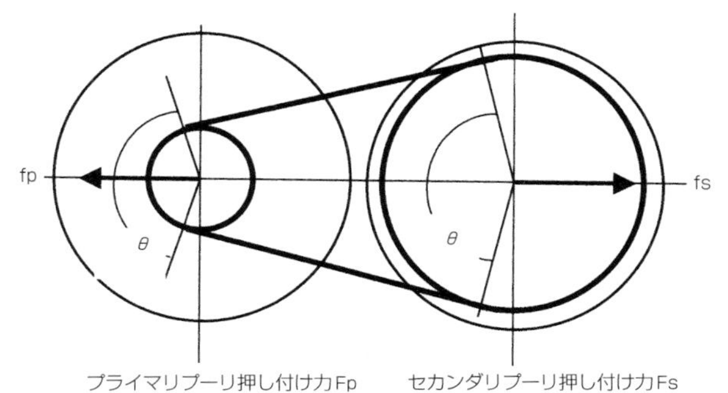

ベルトを左右に引っ張る力(fp、fs)は等しいこと、変速比によりプーリに巻きつく角度(θ)が変わることで式5−6が導ける。

図5－4　トルクの掛かるプーリ図

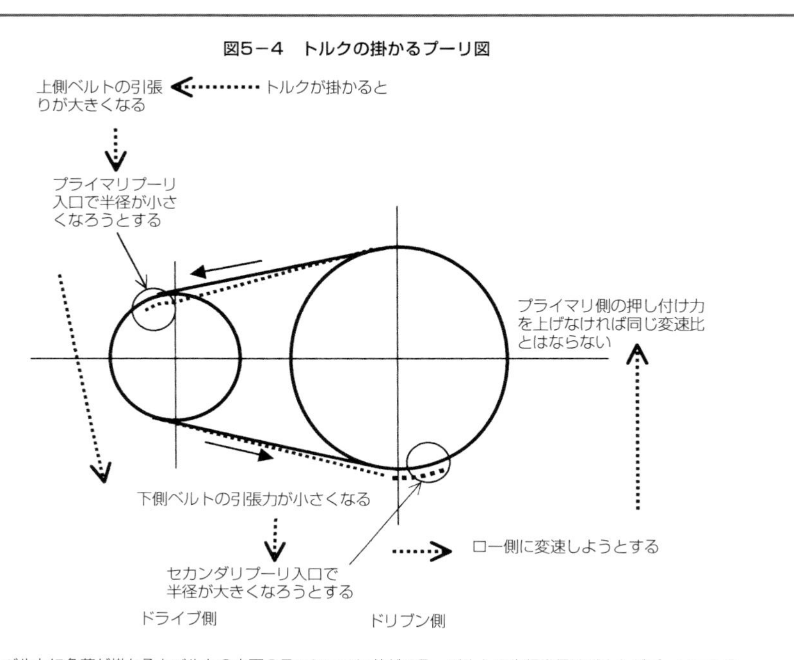

ベルトに負荷が掛かるとベルトの上下のテンションに差がでる。ベルトの走行半径はベルトがプーリに入る入り口部で決まる。またベルトもプーリも金属でできているが、弾性体であり大きな力が加わると変形する。プライマリプーリ側のベルト入口はベルトのテンションは無負荷に比べて大きいためプライマリ側のベルト走行半径は小さくなろうとする。一方、セカンダリプーリ側のベルト入口はベルトのテンションは無負荷に比べて小さいためプライマリ側のベルト走行半径は大きくなろうとする。このままプーリの押し付け力のバランスを変えないでおくと、変速比はロー側に勝手に変速してしまう。この変速を防止するためには、無負荷のときに比べてプライマリプーリの押し付け力を大きくして、同じ変速比を保つことができる。

以上は無負荷状態であるがベルトに負荷が掛かると様相は変わる。

ベルトに負荷が掛かるということは、ベルトの上下のテンションに差があることである。図5－4に示すように、ベルトの走行半径はベルトがプーリに入る入り口部で決まる。また、ベルトもプーリも金属でできているが、弾性体であり大きな力が加わると変形する。

図5－4のプライマリプーリ側のベルト入口はベルトのテンションが大きいため、プライマリ側のベルト走行半径は小さくなろうとする。一方、セカンダリプーリ側のベルト入口はベルトのテンションが小さいためプライマリ側のベルト走行半径は大きくなろうとする。このままプーリの押し付け力のバランスを変えないでおくと、プライマリベルト走行半径は小さくなり、セカンダリベルト半径は大きくなり、変速比はロー側に勝手に変速してしまう。

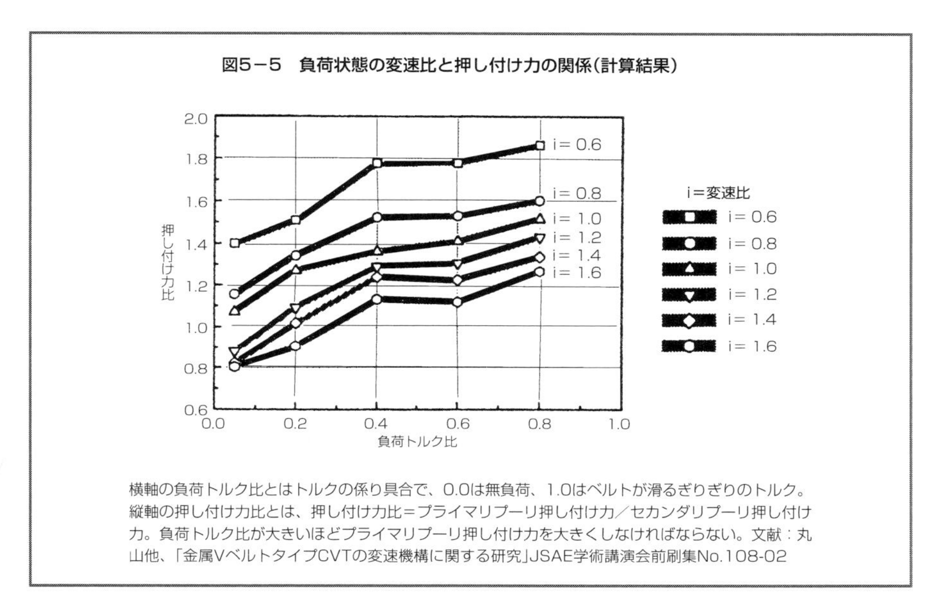

図5−5　負荷状態の変速比と押し付け力の関係（計算結果）

横軸の負荷トルク比とはトルクの係り具合で、0.0は無負荷、1.0はベルトが滑るぎりぎりのトルク。縦軸の押し付け力比とは、押し付け力比＝プライマリプーリ押し付け力／セカンダリプーリ押し付け力。負荷トルク比が大きいほどプライマリプーリ押し付け力を大きくしなければならない。文献：丸山他、「金属VベルトタイプCVTの変速機構に関する研究」JSAE学術講演会前刷集No.108-02

この変速を防止するためには、無負荷のときに比べてプライマリプーリの押し付け力を大きくして、押し付け力バランスとしてはハイ側に変速させるようにして、ちょうど同じ変速比を保つことができる。

加わる負荷トルクの大きさによってベルトの上下のテンションが異なるから、同じ変速比を保つためのプーリ押し付け力のバランスも変わってくる。負荷トルクが大きいほど同じ変速比を保つためのプライマリプーリの押し付け力を大きくしなければならない。また、エンジンブレーキ時のような逆駆動のときはセカンダリプーリを大きく押し付けなければならない。

このようなトルク負荷状態に所定の変速比を得るためのプーリ押し付け力バランスを求めた一例を図5−5に示す。このバランス力特性は負荷トルク、変速比、プーリの剛性、ベルトの剛性、ベルトの形状などにより複雑な要因で決まり、簡単には求まらない。

図5−6に示すようにエレメント、リング、プーリ各部品に加わる力、剛性などを仮定し、エレメント1個ごとに加わる力を計算し、プーリに噛みこみ始める挙動を数値計算で解いた文献があるが、このような方法が一つの解析方法である。

このトルク負荷時のプーリ押し付け力バランスを正確に見積もることが大変重要である。なぜなら、この値とベルトがスリップしない必要プーリ押し付け力の二つの特性が満足するように、スライドプーリピストンの油圧を決定したり、そのために必要

図5－6　変速状態のベルト挙動の解析例

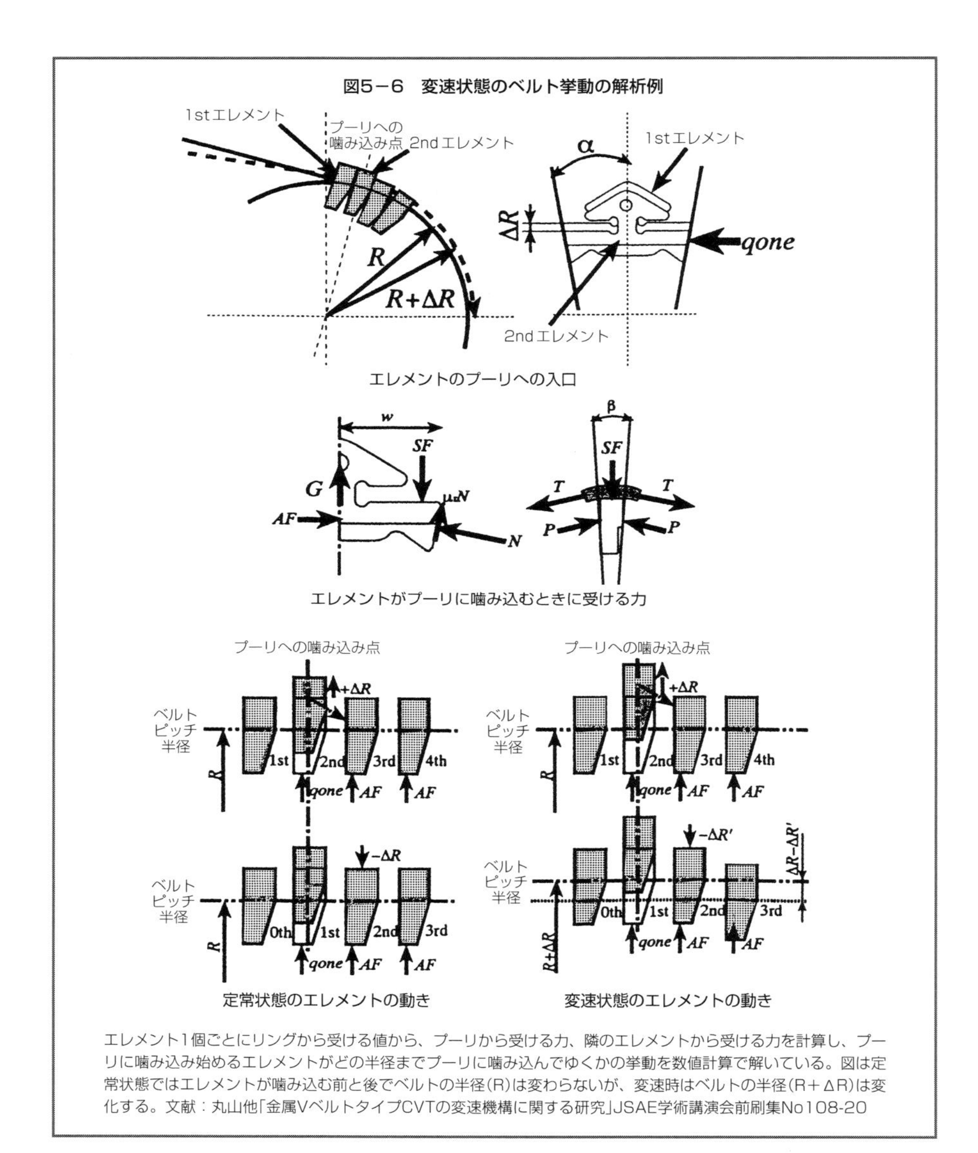

エレメント1個ごとにリングから受ける値から、プーリから受ける力、隣のエレメントから受ける力を計算し、プーリに噛み込み始めるエレメントがどの半径までプーリに噛み込んでゆくかの挙動を数値計算で解いている。図は定常状態ではエレメントが噛み込む前と後でベルトの半径(R)は変わらないが、変速時はベルトの半径(R＋ΔR)は変化する。文献：丸山他「金属Vベルトタイプ CVTの変速機構に関する研究」JSAE学術講演会前刷集No108-20

なピストン面積を決定したりする必要があるからである。

(2)各プーリに供給する油圧

今までの説明で入出力プーリに供給する油圧の大きさが決定できる。次に、その圧

表5－1　両可動プーリピストンへの油圧供給の方式

		プライマリプーリ油圧	セカンダリプーリ油圧	メリット	変速域
方式1	片調圧方式	変速圧	ライン圧	*バルブのシステムが比較的シンプルとなる *プライマリプーリ面積が大きい分、ライン圧に制約の無い場合は、ハイ変速比側の油圧が低くなり燃費に有利	全変速域
方式2	両調圧方式	変速圧	ライン圧	*両プーリのピストン面積差が比較的小さくて配置しやすい *セカンダリプーリ面積が大きい分、最高油圧が低くなる *制御によって燃費が良くなる傾向がある	ロー変速比側
		ライン圧	変速圧		ハイ変速比側

力をどうやって決めるかの問題である。変速に関する油圧には次の二つの油圧がある。

①ライン圧：CVTのなかで最も高圧の油圧でベルトがスリップを行わないように設定する圧力。

②変速圧：所定の変速比を達成するための圧力。

これらの圧力を両方の可動プーリピストンに供給して圧力をコントロールして変速を行ったり、ベルトがスリップを起こさないようにしたりする。

このコントロールに二つの方式があり、表5－1に示す。

図5－7　片調圧、両調圧方式の油圧模式図

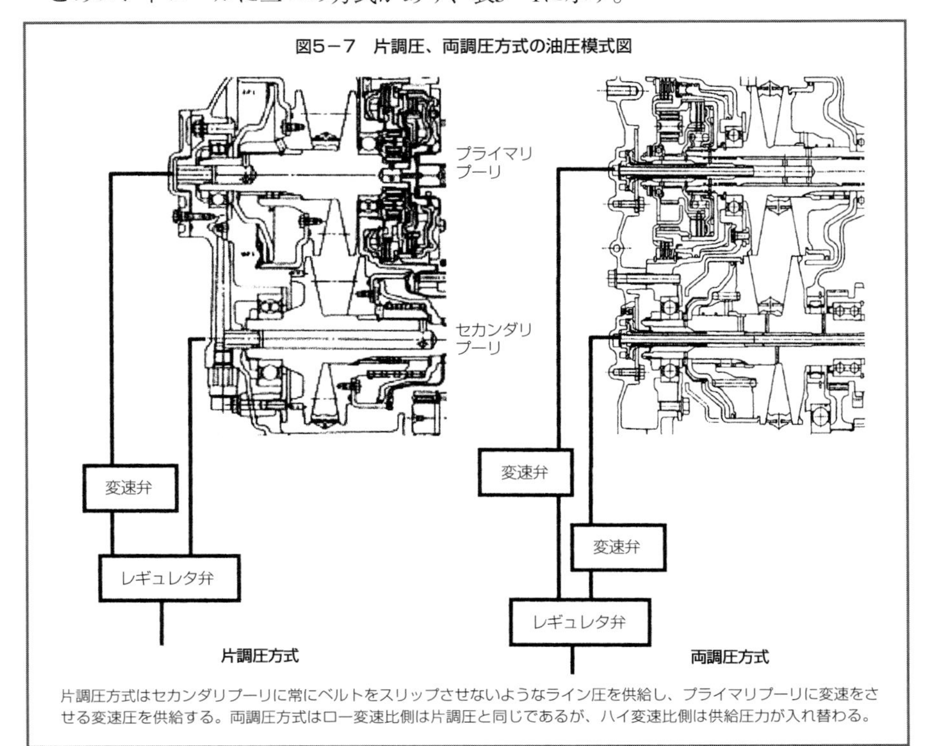

片調圧方式はセカンダリプーリに常にベルトをスリップさせないようなライン圧を供給し、プライマリプーリに変速をさせる変速圧を供給する。両調圧方式はロー変速比側は片調圧と同じであるが、ハイ変速比側は供給圧力が入れ替わる。

方式1はセカンダリプーリに常にベルトをスリップさせないようなライン圧を供給し、プライマリプーリに変速をさせる変速圧を供給する。この方式は片側のプーリのみで変速を行うために片調圧方式と名づける。

方式2はロー変速比側は方式1と同じであるが、ハイ変速比側は供給圧力が入れ替わる。この方式は両側のプーリで変速を行うために両調圧方式と名づける。

これらの関係を図に表すと図5−7のようになる。

それぞれの方式には各々メリットがあるが、最近のCVTは総合的にメリットの多い両調圧方式が多く採用されている。

(3)変速を成立させるための2組のピストン面積比率

両可動プーリピストン面積比率について説明する。先の各プーリに供給する油圧の方式と大きく関係があるが、大きく分類して表5−2に示すように三つの考え方がある。

片調圧方式はセカンダリプーリが常にライン圧であり、その圧力を減圧してプライマリプーリに供給するため、プライマリプーリの面積を2倍以上にしないとハイ側に変速できなくなるので、プライマリプーリ面積はセカンダリプーリ面積の通常2.1倍程度の大きさとなっている。

両調圧方式は両プーリを調圧するから面積の比率は自由に取れる。プライマリプーリ面積をセカンダリプーリ面積の1.6倍程度大きく取っているものから同じ大きさにとっているものまで種々ある。前者はハイ側の油圧を下げることができるので燃費を良くできる可能性があり、後者は両プーリの部品を共用化できる可能性がある。

それぞれの方式で利害得失があり、各社種々な方式が現存する。性能的には両調圧方式で面積比率1：1.3〜1.6程度が総合的には良いバランスと思われる。

表5−2　両可動プーリの面積比率の取り方

	面積比率 (セカンダリ：プライマリ)	面積比率が必要な説明及び特性	採用メーカー 機種
片調圧方式	1：2前後	セカンダリプーリは常にライン圧であり、その圧力を減圧してプライマリプーリに供給するため、プライマリプーリの面積を2倍以上にしないとハイ側に変速できなくなる プライマリプーリが大きくなるため、配置が難しく（＊）の機種はダブルピストンタイプを使用している	Ford CTX　富士重工 ECVT、iCVT トヨタ(＊)　ジヤトコCK2(＊) 三菱(＊)(現ジヤトコ) スズキ GM(＊)
両調圧方式	1：1.3〜1.6	両プーリを調圧するため面積の比率は自由に取れる。下記の1：1よりもプライマリ面積を大きくできるため、ハイ側の圧力を下げられる事より、燃費が良くなる可能性が高い	ホンダSWRA アイシン(150N) ZF、CFT23
	1：1	両プーリを調圧するため面積の比率は自由に取れる。1：1にとると両プーリの部品を共通化できる可能性がある	ジヤトコCVT1、CVT3 ホンダM4VA

（＊）はダブルピストンタイプを使用している機種

(4)ベルトを滑らないようにする油圧回路

ポンプから供給された油を用いて、両プーリへの必要油圧とプーリへの圧力の配分、可動プーリピストンの面積比率が決まった状態で、どのような油圧回路でベルトを滑らないように油圧をコントロールするか、そのための油圧回路について説明する。

オイルポンプから供給された油は、一定の圧力をつくる調圧弁(Pressure Regulator Valve)に導入される。また、調圧弁は電子信号で作動するソレノイド弁でコントロールされる。

a．ソレノイド弁

先ずソレノイド弁について図5−8で説明する。ソレノイド弁はコイルにTCUから電流が流れることにより、電磁力が発生しニードル弁を右側に引き付ける。このニードル弁の先端にある弁で油圧回路が開かれ、この部分から油が大気中に漏れる(ドレインする)。一方、電流が流れないときには、ニードル弁の右側にスプリングが組み込まれており、ニードル弁を左に押し付け、先端の弁が閉ざされ油圧が保持される。すなわち、電流をON、OFFすることにより油を漏らしたり、せき止めたりすることができる。このタイプのソレノイド弁は油路が2方向であるため2方弁と呼んでいる。もちろん、ばねと磁束の位置を逆にするとON、OFFが逆の特性のソレノイド弁となる。ここのメカニズムが電気信号を油圧信号に変えるメカトロニクスの接点となっている。

油の流れを変えるだけでは信号として利用しづらく、信号として利用するためには油圧信号に変換してやらなければならない。その作動構造は、図5−8に供給油圧から油圧回路に流れる油量を制限するために、回路の一部分が細くなっているところ(オリフィス)があり、このオリフィスをAオリフィスと名づける。オリフィスには回路の前後圧力差の平方根に比例した量の油が流れ、油が流れていないときは前後の圧力差がないという特性を持っている。

図5−8　ソレノイド弁と油圧回路構成

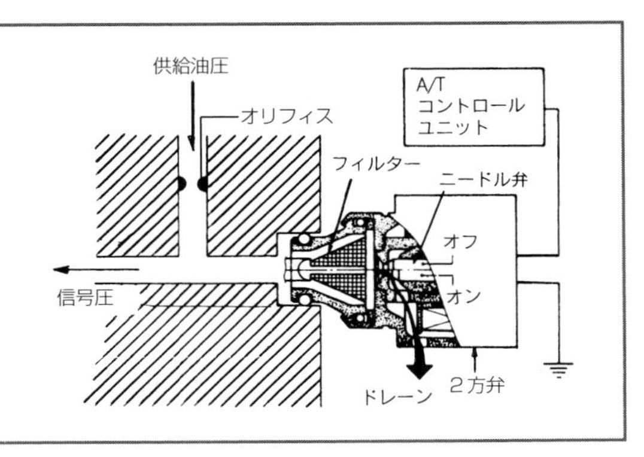

ソレノイド弁はコイルに電流が流れることにより電磁力が発生しニードル弁を右側に引き付ける。このニードル弁の左先端にある弁で油圧回路が開かれ、この部分より油がドレーンする。一方電流が流れないときには、ニードル弁の右側にスプリングが組み込まれており、ニードル弁を左に押し付け、先端の弁が閉ざされ油圧が保持される。このように電流の制御により油圧を変化させる。

ソレノイド弁が開いていると、油がプランジャの先端からドレインする。ここも油が絞られており、ここのオリフィスをBオリフィスと名づける。一般にはBオリフィスの径をAオリフィスの径より大きくする。ソレノイド弁のプランジャの先端でBオリフィスが閉じていると、図中の信号圧は供給油圧と同じになる。逆にBオリフィスが開いていると、油はBオリフィスより径の小さいAオリフィスで絞られていることより、信号圧は0に近い圧力(残圧)となる。

このようにして、電気信号を油圧の信号圧に変えることができる。ここで得られる油圧は信号圧と呼ばれ、圧力は得られるが流れる油量が少ないため、この油圧でプーリやクラッチを直接作動させることができない。信号圧によりバルブを動かし油路を切り替え、大量の油量にしてプーリやクラッチを直接作動させる。この作動させる油圧を作動圧と呼び、同じような圧力であるが、供給できる油量の多さで区別して呼んでいる。

オリフィスの径と油圧、油量の関係を式で説明するとともにA、Bのオリフィスの組み合わせにより、どのような残圧が得られるかについて式5−7に示す。

式5−7　オリフィスの径と油圧、油量の関係式及びA、Bのオリフィスの組み合わせによる残圧

オリフィスの組み合わせによる残圧の供給油圧に対する比率$\frac{\Delta p}{P}$は

$$\frac{\Delta p}{P}=\frac{Da^4}{(Db^4+Da^4)}$$

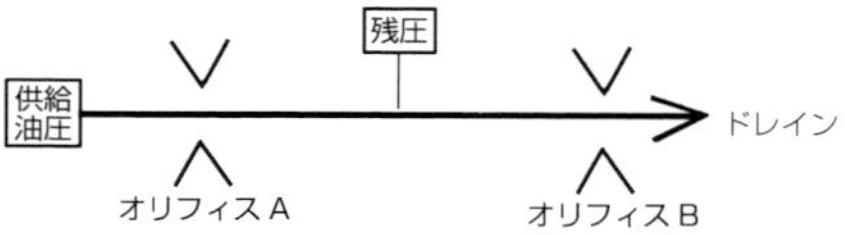

ここで

供給油圧
残圧
オリフィスA
オリフィスB
ドレイン

Δp：残圧(Pa)

P：供給油圧(Pa)

Da：供給油圧の絞りオリフィスAの径(m)

Db：ソレノイド弁の絞りオリフィスBの径(m)

<解説>

Aオリフィスを通過する油量(Qa)は

$$Qa=\frac{\pi Ca\cdot Da^2\sqrt{2(P-\Delta p)/\rho}}{4}$$

Bオリフィスを通過する油量(Qb)は

$$Qb=\frac{\pi Cb\cdot Db^2\sqrt{2\Delta p/\rho}}{4}$$

ここで

Ca、Cb：A、Bオリフィスの流量係数、通常板に穴をあけたオリフィスで0.6程度

ρ：油の比重(N／m³)

流れる油量は等しいことより、Qa＝Qbとすると

$$\frac{\pi Ca \cdot Da^2\sqrt{2(P-\Delta p)/\rho}}{4}=\frac{\pi Cb \cdot Db^2\sqrt{2\Delta p/\rho}}{4}$$

Ca＝Cbとすると、

$$\frac{\Delta p}{P}=\frac{Da^4}{(Db^4+Da^4)}$$

＜計算例＞

Da＝1mm、Db＝2.2mmの場合

$$\frac{\Delta p}{P}=4\%$$

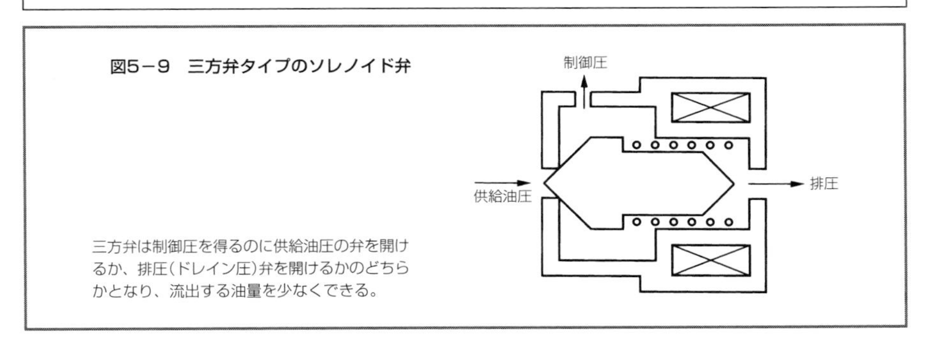

図5－9　三方弁タイプのソレノイド弁

このタイプのソレノイド弁では、Bオリフィスが開放となっているときには、オリフィスで油圧を調圧しているものの、せっかくポンプでつくった油圧を外部に逃がしっぱなしにしているので、その分損失が大きくなる。そこで、図5−9に示すようなソレノイドを用い、その損失をなくしたものがある。このタイプのソレノイドを三方に油路があることより三方弁と呼んでいる。三方弁は制御圧を得るのに供給圧の弁を開けるか、排圧(ドレイン圧)弁を開けるかのどちらかとなり、流出する油量を少なくできる。

三方弁では電流のON、OFFのいずれでも油が漏れることがなく、またドレイン回路を開いた状態では油圧は完全に0となる。

ここでソレノイド弁に電流をON、OFFすることにより、低圧と高圧の切り替えを行えることがわかった。このように低高圧の二つの油圧を得るためのソレノイド弁をON、OFFソレノイド弁と呼ぶ。

低高圧の二つの油圧だけでは制御に使用するには不十分で、任意の圧力を得るよう

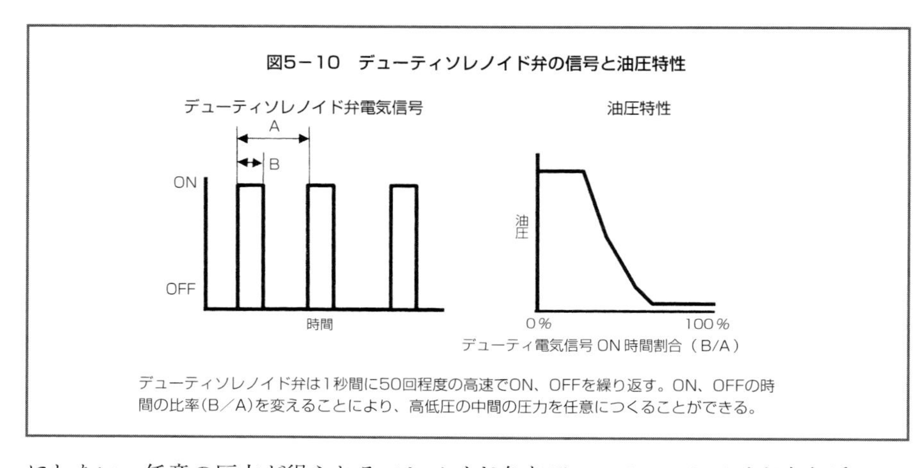

図5－10　デューティソレノイド弁の信号と油圧特性

デューティソレノイド弁は1秒間に50回程度の高速でON、OFFを繰り返す。ON、OFFの時間の比率(B／A)を変えることにより、高低圧の中間の圧力を任意につくることができる。

にしたい。任意の圧力が得られるソレノイド弁をデューティソレノイド弁と呼ぶ。

デューティソレノイド弁は図5－10に示すように、1秒間に50回程度の高速でON、OFFを繰り返す。このことによりON、OFFで得られる高低圧二つの油圧の中間圧を得ることができる。さらに、ON、OFFの時間の比率(Aに対するBの比率)を変えることにより、高低圧の中間の圧力をつくり出すことができる。すなわち、電流ONでドレインする場合は、ONの時間を長くするにつれ、Bオリフィスよりのドレインの時間が長くなり、圧力が低下してゆく。このように電流ON時間を連続的に変化させることにより、連続的に任意の油圧をつくることができる。高度化したTCUはこのような速い信号をつくり出すのは得意である。

デューティソレノイド弁で技術的に難しいのは、電圧、温度、部品ごと、ATFの含有空気量などによって油圧特性がバラつくこと、作動回数が多いための耐久劣化などで、これらに対応しなければならない。

電気信号により任意の信号圧をつくる方法は、デューティソレノイド弁を使用する

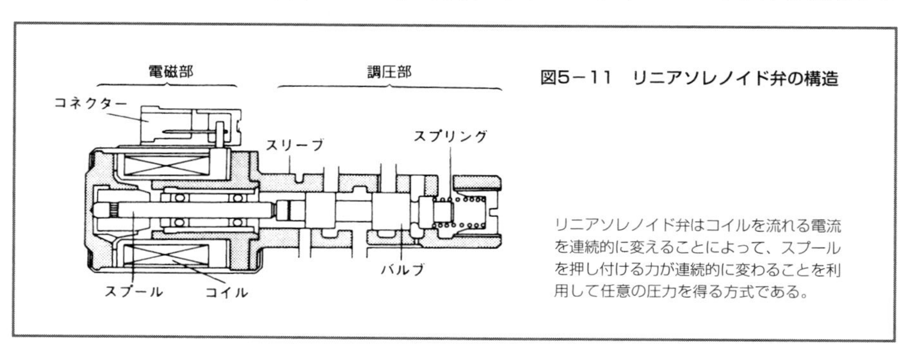

図5－11　リニアソレノイド弁の構造

リニアソレノイド弁はコイルを流れる電流を連続的に変えることによって、スプールを押し付ける力が連続的に変わることを利用して任意の圧力を得る方式である。

以外にも、図5－11のようなリニアソレノイド弁もある。これはコイルを流れる電流を連続的に変えることによって、スプールを押し付ける力が変わることを利用して任意の圧力を得る方式である。

b．調圧弁

ソレノイド弁で得た信号圧を作動圧に変える弁として、調圧弁と切り替え弁がある。調圧弁とは、任意の作動圧をつくる弁であり、切り替え弁とは油路を切り替えて油の流れる方向を変えるものである。身近な商品でいえば、調圧弁は圧力釜の錘(おもり)と錘が閉じる穴の大きさにより圧力釜の中の圧力が錘を持ち上げる値になると空気が漏れて一定の圧力に保つ。つまり、調圧する例である。切り替え弁は自動洗濯機で必要なときは水道の蛇口を開き水を入れたり、排出弁を開いて洗濯水を排出するなどの切り替えを行う例である。CVTの油圧回路は、全体では大変複雑なバルブ構成で成り立っているが、大きく分類すると、この二つのバルブに大別することができる。

ここでは、ベルトを滑らないようにする油圧回路を説明しているが、所定の圧力を得るための調圧弁についてみてみよう。CVTの中で最も大きい圧力をライン圧と呼んでいるが、このライン圧は部品のバラつきや種々の運転方法においてもベルトを滑らないように十分大きく、また燃費やベルトの耐久性を考えるとベルトが滑らない範囲で、できるだけ小さな圧力となるように制御している。

ライン圧の調圧弁(レギュレターバルブ)の簡単な模式図を図5－12に示す。レギュレターバルブに作用する力は、図中右側からは先のソレノイド弁でつくり出した信号圧、スプリング力、左側からはライン圧が掛かるようになっている。左右の力が対抗しており、右側からの力が勝つとポンプから供給される油の逃げ路がなくなり、ライン圧が上昇する。ライン圧が上昇すると、左側から押す力が増大しライン圧をドレイ

図5－12　レギュレターバルブの構造

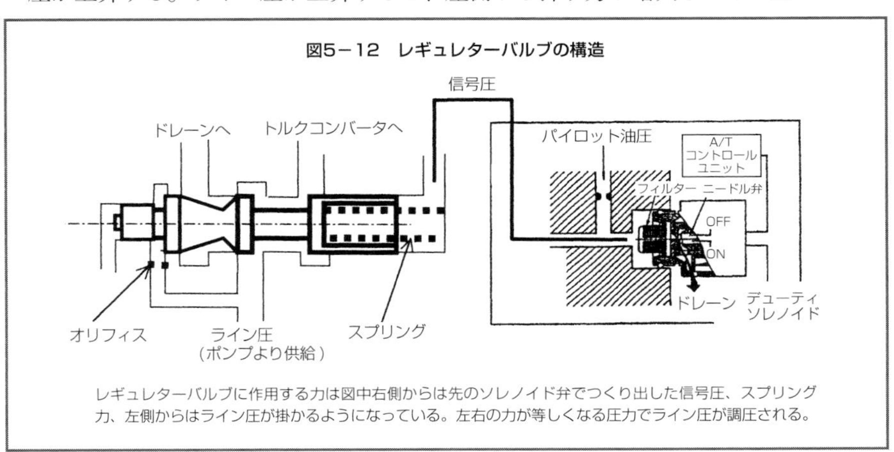

レギュレターバルブに作用する力は図中右側からは先のソレノイド弁でつくり出した信号圧、スプリング力、左側からはライン圧が掛かるようになっている。左右の力が等しくなる圧力でライン圧が調圧される。

表5－3　圧力の工業単位とSI単位

	長さ	力	圧力	単位の換算
SI単位	m	N	Pa	9.8×10^4Pa　0.098MPa
工業単位	cm	kg	kg/cm^2	1.0kg/cm^2

●力はSI単位では1kgの重さの物体は地球上では重力の加速度(G)が9.8m/sec^{2}であるため9.8N(ニュートン、N=kg×G)となる。重さと力は工業単位では同じkgであるが、SI単位ではkgとNと異なる単位である。
●工業単位の長さと力は必ずしもcmとkgではなくmとgでも良いが、変速機の油圧の場合はcmとkgを使用する例が多い。
●圧力の単位換算は：1kg/cm^2=1×9.8(kg/N)／10^{-4}(cm/m)^2=9.8×10^4Pa=0.098Mpa
ここでk(キロ)：10^3、M(メガ)：10^6、G(ギガ)：10^9である。

ンする油路を開け圧力を下げる。このような作業を連続的に行うことにより、所定の圧力を得ている。すなわち、調圧している。先の圧力釜でいえば右側からの力は錘で下側に押し、左側からの力は釜の中の圧力で上側に押し上げ、ポンプで常に油が発生するのが、火力により蒸気が常に発生するのと同じで、釜の中の圧力が大きくなりすぎると錘を持ち上げ、蒸気が漏れて、一定の圧力を保つのと同じである。

ここで、調圧する圧力の求め方を数式で説明する。圧力はSI単位ではPa(パスカル)工業単位ではkg/cm^{2}で表されるため、その換算について表5－3に説明する。単位は学校でも会社でもSI単位を使用することとなっているが、工業単位が使われている例もある。SI単位の方が振動や遠心力を計算する場合、重力の加速度の換算をする必要がなく計算が楽である。

調圧油圧の求め方について説明する。レギュレターバルブの左右に掛かる力が釣り合う条件で油圧が決まること、及び弁に加わる力は、そこに生じる圧力に面積を乗じたものであるため、下記の式5－8が求まる。

式5－8　ライン圧の求め方

調圧されたライン圧P_Lは

$$P_L=\frac{F_S+P_S\cdot S_S}{S_L}$$

ここで

P_L：ライン圧(Pa)
F_S：調圧状態でのスプリング荷重(N)
P_S：信号圧(Pa)
S_S：信号圧が作用するレギュレターバルブ面積(m^2)
S_L：ライン圧が作用するレギュレターバルブ面積(m^2)

<解説>

式の導入方法

レギュレターバルブの右側から掛かる力Frは：$Fr=F_S+P_S\cdot S_S$

レギュレターバルブの左側から掛かる力Flは：$Fl = P_L \cdot S_L$

$Fr = Fl$より

$F_S + P_S \cdot S_S = P_L \cdot S_L$

<計算例>

$F_S = 10N$、$P_S = 0.4MPa$、$S_S = 3 \times 10^{-4}$、$S_L = 1 \times 10^{-4}$の場合

$P_L = 1.3MPa$

このようにして、レギュレターバルブによりライン圧が調圧されるが、レギュレターバルブは油溝を切り替えるため大量の流量を流すことができる。たとえば、プーリピストンが変速により作動しているような場合にも、圧力を変えることなしに油を供給することができる。このように大量の油を供給できる油圧系がプーリなどを作動するので、作動油といっている。少量の油量しか供給できない信号圧をこのようなバルブで油圧的に増幅し作動圧に変えているのである。最初は力がきわめて弱い電気信号を油圧に変え、油圧を増幅し、プーリが大きなエンジンのトルクを伝達できるほどの力となる。ちょうどラジオでたとえると、電波の微弱電流を電気的に増幅してスピーカを動かし、人が聞けるような力に増幅しているアンプと同じようなものである。

(5)変速を行う油圧回路

a．回路構成の種類

次にベルトの変速を行うために、両プーリの圧力バランスをどのようにして変速させるかについて説明する。具体的な変速のための方式としてソレノイド制御の変速弁とステップモータ制御の変速弁がある。また、この変速には前に片調圧方式と両調圧方式を説明したが、この両プーリの調圧方式で構造が異なる。整理すると表5−4のように4種類の構成に分類できる。

b．片調圧方式でステップモータ制御の場合

まず説明が簡単なためプライマリプーリのみを制御することで変速を行うことがで

表5−4　変速弁の種類

		ソレノイド制御の変速弁	ステップモータ制御の変速弁
片調圧方式	構成の説明	ライン圧をセカンダリに供給し、1組のソレノイド付きの変速弁でライン圧を減圧しプライマリに供給	ライン圧をセカンダリに供給し、ステップモータにより制御される変速弁でライン圧を減圧しプライマリに供給
	採用機種	富士重工(iCVT) トヨタ、ホンダ（M4VA）	ジヤトコ(HyperCVT) GM
両調圧方式	構成の説明	ライン圧を元圧とし、2組のソレノイド付きの変速弁でライン圧を減圧し両プーリに供給	ライン圧を元圧とし、ステップモータにより制御される変速弁でライン圧を減圧し両プーリに供給
	採用機種	ホンダ(SWRA)	ジヤトコ(CVT1、CVT3)

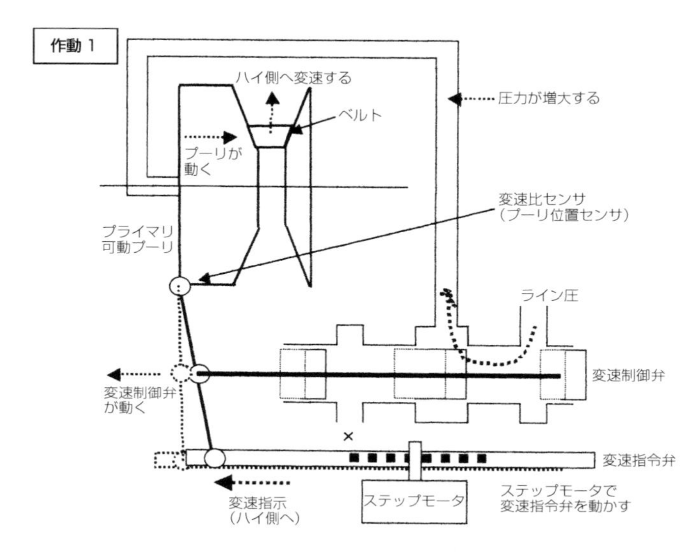

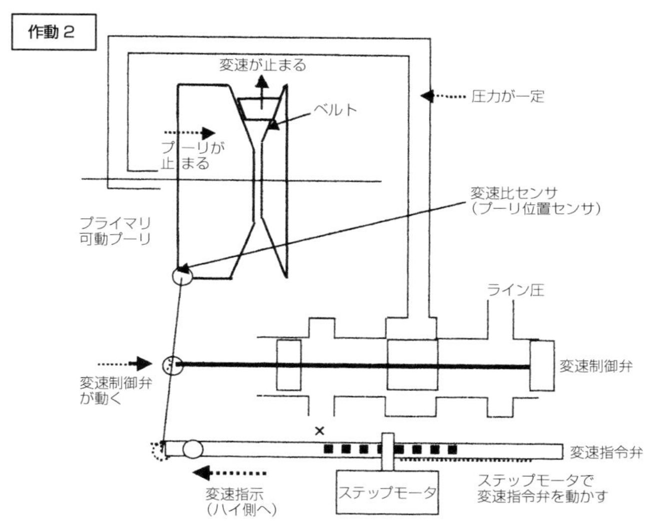

作動1でステップモータで変速指令弁を実線から点線に移動させると、変速制御弁もリンクにより中立点から移動する。これによりライン圧が入力可動プーリに導入され、プーリが移動して変速する。作動2でプーリの移動により変速制御弁が元の中立点まで戻ると、変速が終了する。変速指令弁の移動量だけプーリが移動しその分変速する。

きる片調圧方式について説明する。

セカンダリプーリには常にライン圧が導入されており、ベルトがスリップを起こさないようにしている。変速はそのライン圧を減圧し、その圧力を変えることにより所定の変速比を得ている。構造と作動について図5－13に示す。

構造はステップモータにより動かされる変速指令弁がある。変速指令弁とプライマリ可動プーリの位置をセンシングするための溝(プーリ位置センサ)の間はリンクでつながっている。そのリンクの中央部に変速制御弁があり、リンクはそれら3点とジョイント結合されており、図の横方向に動くことができる。変速制御弁はスプール弁の壁と油路の溝との間を開閉し、オイルを導入したり、遮断したりすることができる。すなわち、プライマリ可動プーリにライン圧を導入したり、またはドレイン(記号としては：×)したりしてプライマリ可動プーリの圧力を変えることができる。

変速比をハイ側に変速する場合の作動を説明する。

ステップモータは電子の信号により任意の角度に回転させることができる。ステップモータの回転角と変速比はある決められた関係がある。ここで、作動1でステップモータを変速しようとする角度分回転させると、変速指令弁が左側に移動する。変速指令弁と変速制御弁はリンクにより結ばれているので、変速制御弁も左側に移動する。変速制御弁が左に移動することにより、ライン圧導入側のスプール弁壁と油路溝の間が広くなり、プライマリ可動プーリには高圧のライン圧が導入される。このことにより、ベルトのプーリを押す力よりもプーリの油圧が大きくなり、可動プーリは右側に移動し、ベルトの半径が大きくなり、ハイ側に変速する。

作動2でプライマリ可動プーリが右側に移動するとリングにより変速制御弁が右側に移動する。変速前の位置まで移動すると、ライン圧の導入溝が閉じられ、その変速比を保つようになり変速が完了する。すなわち、ステップモータで変速指令弁を移動させると、その移動距離だけ反対側にプライマリ可動プーリが移動し、変速することとなる。小さなステップモータの力で何トンもの荷重の掛かっている可動プーリを移動させる、一種のサーボ弁システムである。

ステップモータを動かさない場合は、変速比を一定に保つことができる。何らかの外乱で仮に所定の変速比よりハイ側に変速してしまった場合、プライマリ可動プーリは右に動くことにより、変速制御弁もリンクにより右に動く。変速制御弁が右に動くとスプール弁壁と油路溝の隙間はドレイン側が広くなり、プライマリプーリ圧が低下する。低下すると、プライマリ可動プーリが左に動き変速比はロー側に変速してもとの変速比に戻る。すなわち、ステップモータを動かさないかぎり自動的にフィードバックが掛かり、一定の変速比を保つこととなる。

ステップモータ方式は油圧系の安定性が極めてよいため、応答性を速くしてもハンチングなどの発生がないため、速い変速応答が得られる。

c．両調圧方式でステップモータ制御の場合

両調圧方式でも、片調圧方式でステップモータ制御の場合と基本の作動は同じである。違いは、変速制御弁には両プーリにつながる2組の制御油路があり、変速制御弁の移動により、一方のプーリを調圧するときはもう一方のプーリにはライン圧がそのまま入るようにし、それらが左右に2組あり、どちらのプーリも調圧できる構造である。

両調圧であるため、入出力プーリの面積比を自由にとれる。

この方式の中には、ステップモータで片調圧と同じ油圧回路構成にして、セカンダリプーリの油圧を調圧弁で圧力を下げて行っている場合もある。

d．片調圧方式でソレノイド制御の変速弁の場合

この方式は、セカンダリプーリには常にライン圧を導入しており、ベルトがスリップを起こさないようにしている。変速はそのライン圧を減圧し、その圧力を変えることにより、所定の変速比を得ている。構造と作動について図5－14に示す。ライン圧を減圧するためのバルブ構成はレギュレターバルブで説明したのと同じような構成で、ソレノイド弁と調圧弁で構成されており、電気信号によりライン圧を任意の値に

図5－14　片調圧方式でのソレノイド制御変速弁の油圧回路図

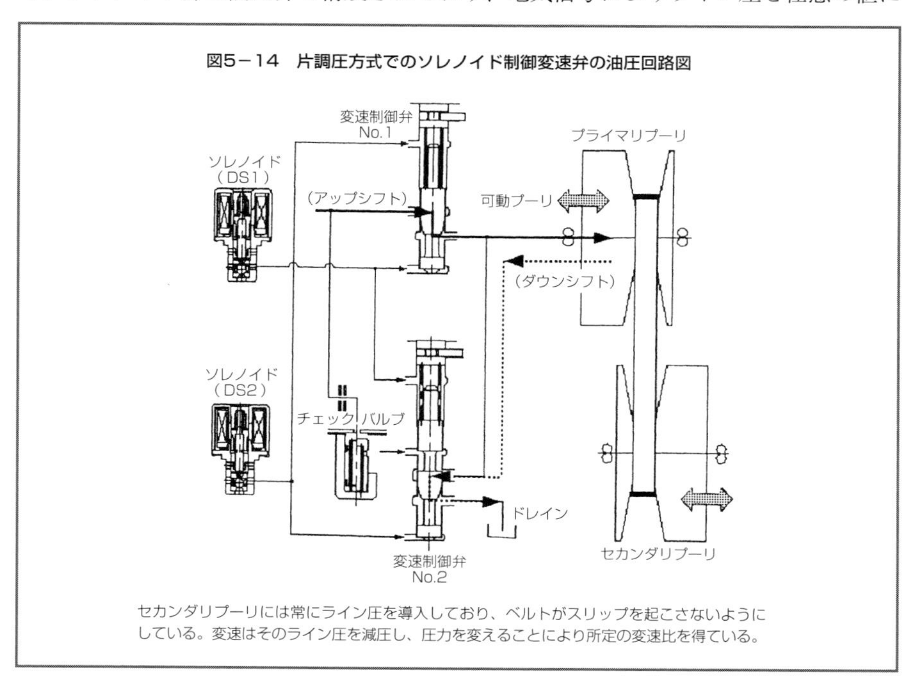

セカンダリプーリには常にライン圧を導入しており、ベルトがスリップを起こさないようにしている。変速はそのライン圧を減圧し、圧力を変えることにより所定の変速比を得ている。

図5－15　両調圧方式でのソレノイド制御変速弁の油圧回路図

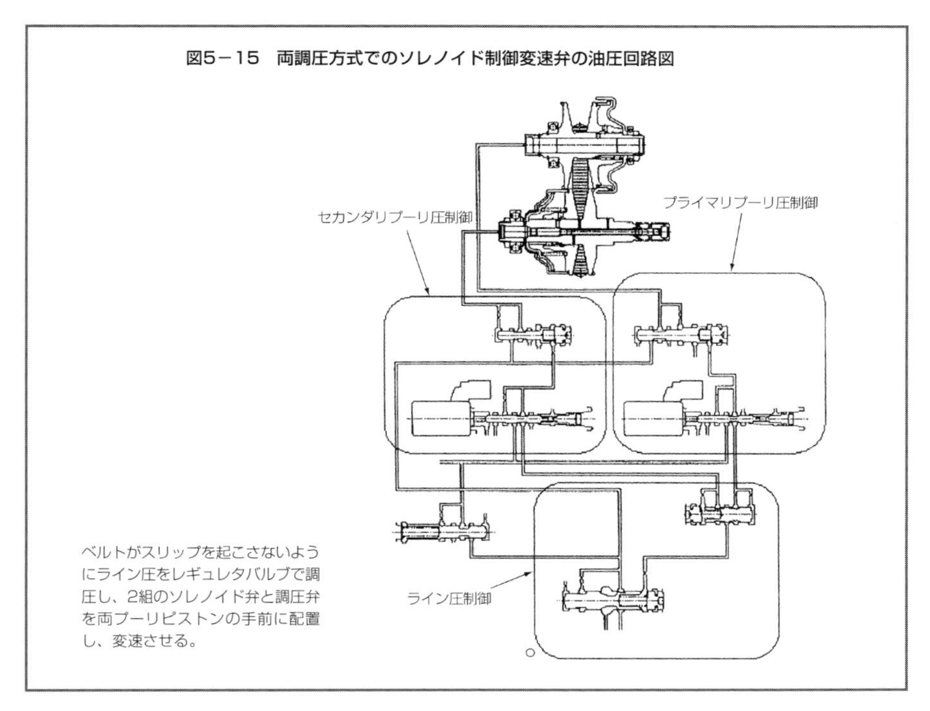

減圧することができる。プライマリプーリ圧を減圧すると、ハイ側に変速していく。車速とアクセル開度で目標とするエンジン回転数が決まるので、TCUは変速比を変えながらエンジン回転数を測定して、目標のエンジン回転数になるように制御する（フィードバック制御）。

ソレノイド弁と調圧弁で構成されている本方式は、ステップモータ方式に比べてリンク機構が不要でアクチュエータもシンプルで、全体として小型化ができる。

e．両調圧方式でソレノイド制御の変速弁の場合

この構成は、図5－15に示すように、ベルトがスリップを起こさないようにライン圧をレギュレタバルブで調圧し、2組のソレノイド弁と調圧弁を両プーリピストンの手前に配置し、プライマリピストンを減圧したいときはプライマリの調圧弁を作動させ、セカンダリピストンを減圧したいときはセカンダリ調圧弁を作動させる。この後、所定のエンジン回転にフィードバック制御をするのは、片調圧方式でのソレノイド制御の変速弁の場合と同じ方法である。

両調圧であるため、入出力プーリの面積比を自由に取れる。

4．変速を行うための電子制御

車両の各部から得られた情報を基にTCUでどのようにCVTを動かすかを決め、指示を油圧制御部に伝える働きを電子制御といっている。その電子制御の変速にかかわる部分の説明を行う。

(1)ベルトを滑らせないための電子制御

これまでに電気信号でライン圧を任意につくり出すことができる電子、油圧制御システムについて説明した。ここでは、どのような情報をもとにベルトを滑らせず且つ燃費が良く、ベルトの耐久性にも良いライン圧を決定するかについて説明する。ベルトを滑らせないということはプーリを押し付ける力、すなわちシリンダに供給する油圧をどのように決めるかである。ライン圧を決めるための要素として次のa～fがある。

a．変速比

ベルトがトルクを伝達するために必要な押し付け力(Fs)の式は

$$Fs=\frac{KT\cos\alpha}{2\mu R}$$ （式3－4で説明済み）

であり、ベルトの押し付け力はベルトの半径に逆比例する。入出力ベルト半径の比率が変速比であるため、変速比によって押し付け力を変えるようにしている。

b．アクセル開度とエンジン回転数

アクセル開度とエンジン回転数により、エンジンのトルクが決まる。トルクは押しつけ力と比例関係にあるため、アクセル開度とエンジン回転数により押しつけ力を変えるようにしている。

c．セカンダリプーリの回転数

セカンダリプーリの回転数により、シリンダ内の油による遠心力がセカンダリプーリを押し付ける。この押し付け力は、遠心キャンセルピストンにより大部分はキャンセルされるが、一部分はまだ残るため、この影響を考慮して押し付け力を決める。

d．エンジンの回転変化

変速時はエンジンの回転が急激に変化する。エンジン回転が上昇中はエンジントルクがエンジンを加速するために一部分使われ、実際のトルクは定常値のトルクに比べ小さくなる。逆に回転が下降中は大きくなる。このことを考慮して押し付け力を補正する。

e．トルクコンバータのトルク比

トルクコンバータのトルク比が大きい状態では、ベルトに入るトルクが増大するた

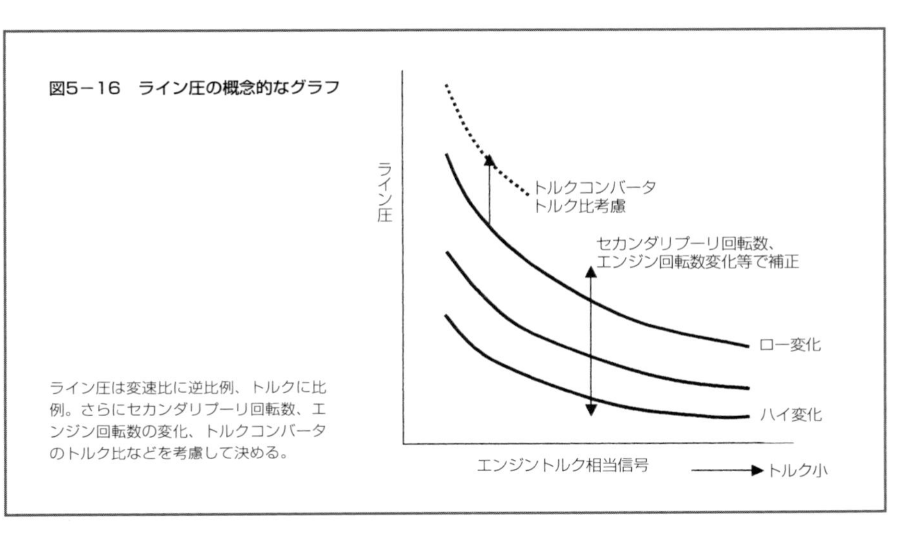

図5－16　ライン圧の概念的なグラフ

めトルク比を考慮して押し付け力を補正する。

以上のa〜eは、いずれもセンサやTCU内のデータより情報をとることができるため、TCUに必要な計算式を立てて論理的に計算する仕組み(プログラム)を入れておき、この値に必要最低限の安全率を掛け合わせると、適切なライン圧を指示することができる。ライン圧の概念的なグラフを図5－16に示す。

f．その他の運転状況による補正

エンジンが出力しているトルクに影響するオルタネータ負荷、エアコン負荷、CVTのオイルポンプの負荷、車両の路面の悪路状態を出力軸の回転変動により判別し、それらの補正を行う。

(2)変速線図

MT車を運転する場合、上り坂やもっとスピードを上げたいとき、すなわちもっと大きな駆動力が欲しいときにはダウンシフトする。車両速度が上がり、あまり駆動力が要らないとき、またはエンジン回転が高くなりすぎた場合はアップシフトを行う。この判断は運転者が自分の意思で判断し変速する。ATやCVTの場合、コンピュータ(TCU：Transmission Control Unit)の中に変速判断のデータが入っている。これを変速線図と呼んでいる。

運転者の意思そのものはTCUが読み取ることができないから、TCUは運転者の加速の意思をアクセル開度からと、車両速度やエンジン回転数を読み取り変速線図を決めている。

アクセル開度はペダルの動きで電気抵抗の変わるスライド型接点方式(ポテンショメータ)で電気信号に変え、回転数は磁石にコイルを巻きつけたセンサ(電磁ピックアップ)を歯車のような回転体の外径部に近づけ、回転体の回転により金属が近づいたり離れたりするたびに、コイルに電流の変化が生じることを利用して、TCUにその信号を送り信号の速さから回転数を電気信号に変える。車両速度はタイヤの回転に相当する部分の回転部から同ように電気信号を得る。

a．ATの変速線図

まずATの変速線図から説明する。ATの変速線図は図5－17に示すように、横軸に車両速度、縦軸にアクセル開度を取り、変速線は右上がりの曲線で示す。実線はアップシフトを、一点破線はダウンシフトを示す。数字の3→4は3速から4速へのアップシフトを示し、3←4は4速から3速へのダウンシフトを示す。

アクセル開度一定のままで、車両のスピードが上がり実線の変速線を通過すると、その時点でアップシフトし、車両スピードが下がり、点線の変速点を通過するとダウンシフトする。MTで車速の変化で変速するのと同じ理屈である。また、車両速度は一定でも運転者がアクセルを踏み込み、一点破線の変速線を通過するとダウンシフトし、またアクセルを放し実線の変速線を通過するとアップシフトする。MT車で上り坂やもっとスピードを上げたいときはダウンシフトするだけではなく、アクセルペダルも踏んでいるし、あまり駆動力が要らないときはアップシフトするだけでなくアクセルペダルも放しているので、ATも同じようにアクセルペダルの動きで運転者の意思を代用している。

アップシフトとダウンシフトは、実線と一点破線で示すように2本の線がある。この2本がある幅を持っている。この幅の間は変速をしない不感帯(変速のヒステリシス)となっている。かりにアップシフトとダウンシフトの線が1本だとした場合、運転者

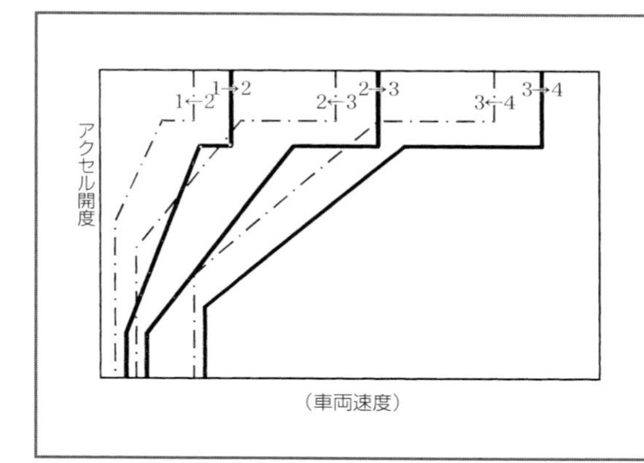

図5－17　ATの変速線図

ATの変速線図は横軸に車両速度、縦軸にアクセル開度をとり、変速線は右上がりの曲線で示す。実線はアップシフトを、一点破線はダウンシフトを示す。数字の3→4は3速から4速へのアップシフトを示し、3←4は4速から3速へのダウンシフトを示す。

図5－18　CVTの変速線

CVTの変速線は横軸に車両速度、縦軸にエンジン回転数をとり、アクセル開度ごとに実線で示すように車両速度とエンジン回転数が決まるようにしている。アクセル開度が一定で車両速度が増加すると、エンジン回転はあまり変わらず、車両速度だけが変化する。また運転者がアクセルを踏み込むと、その踏み込み量に応じてエンジン回転が上昇する。

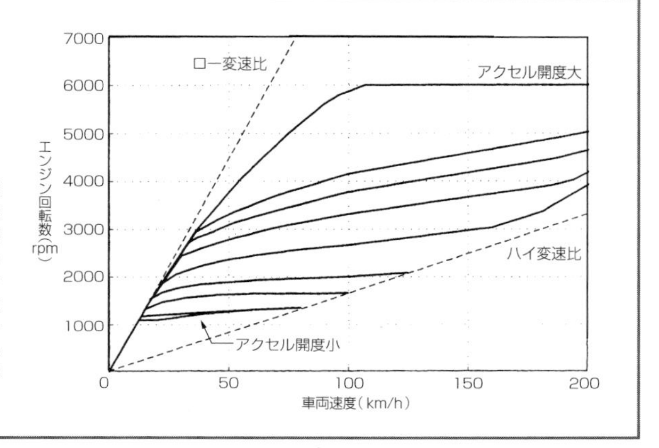

がアクセルペダルを少しだけ踏んだり放したりして、たまたまそのアクセル開度が変速線上を通過すると、その都度アップシフト、ダウンシフトを繰り返してしまう。これでは頻繁に変速をして、そのたびに変速のショックがあったりして煩わしいこととなる。アップシフトとダウンシフトの線を離しておけば運転者がその幅以上に大きくアクセルペダルを踏んだり放したりしないかぎり変速は行われなくなり、この問題は解消される。

b．CVTの変速線

CVTは、次の二つの理由でATとは変速線の表し方が異なっている。一つ目の理由は変速段が無限にあり変速段ごとの変速線を描くと、無限の本数の線を描かなければならない。二つ目の理由は先に説明した変速のヒステリシスはCVTには付けない。CVTの場合、運転者が少しだけでもアクセルを動かすと、その動きに応じて少しだけ変速を行う。少しだけの変速は変速に伴うショックや違和感がない。違和感がなければ、少しでもアクセルを動かすということは駆動力を変えたい意思であるから、少しだけ変速するのは自然で、運転者の意思に忠実である。ATの場合、変速するときは大きく変速比が変わってしまうため、やむを得ずヒステリシスを付け、変速をしないようにしている。このことは、アクセル開度に対して駆動力が常に比例して得られるCVTの大きなメリットである。

CVTの変速線は図5－18に示すように、横軸に車両速度、縦軸にエンジン回転数をとり、アクセル開度ごとに、車両速度とエンジン回転数が決まるようにしている。アクセル開度が一定で車両速度が増加すると、エンジン回転はあまり変わらず、車両速度だけが変化する。また、運転者がアクセルを踏み込むと、その踏み込み量に応じてエンジン回転が上昇する。

図5－19　過渡時に目標変速線を変えた変速の例

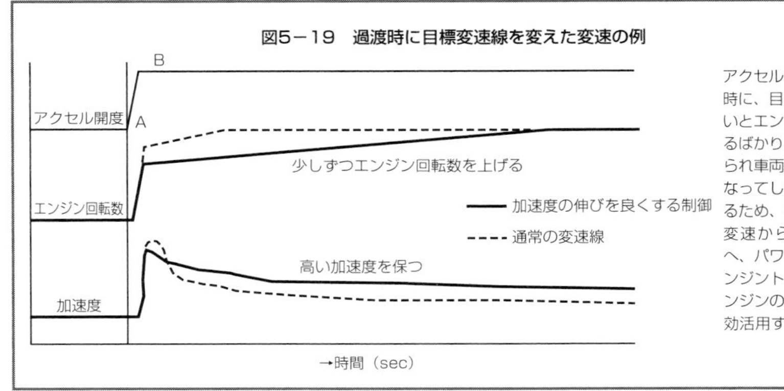

c．CVTの変速線の決め方

右上がりの2本の線のうち左側の点線は最もロー側の変速比で、トルクコンバータがロックアップしている状態では、これ以上、左側の範囲で運転することができず、右側の点線の右側も同ように運転することができない。CVTの変速比の幅を広くすると、この2本の線の幅が広くなり、大きな変速比がとれて、発進の加速が良くなったり、高速のエンジン回転が下がり車が静かになったり、燃費が良くなったりする。したがって、CVTの変速比の幅を広くすることは車の性能を良くすることとなる。

アクセル全開時のエンジン回転は、通常エンジンの最大馬力の出せる回転数に決める。運転者が全開で走行するときは最大の駆動力を要求している意思であり、最大馬力となる。ただし、車両速度が低い場合、あまりエンジン回転数を高く設定すると、エンジン音が高くなるので多少回転数を下げる。CVTは連続して最大馬力近くを使用できるためATに比べて加速性能が良い。

一方、アクセルが全閉または少しだけ踏んでいるときのエンジン回転は、次の二つを満足させるため、二つのうちの高い回転数で決まる。

一つは車両の減速時でアクセルを踏んでいないとき、エンジンがある回転数以上のときには燃料をカットしてしまう(フューエルカットシステム)ようにしているが、CVTにより減速時にフューエルカット回転数より高い回転を保つようにアクセル全閉時の変速点を決めることにより、減速中常に燃料がカットされ、その分燃費が良くなる。

二つ目は緩加速時のエンジン振動を避ける回転数。エンジンは不連続回転をしているために回転変動があり、ロックアップをしているために振動が車体に伝達し、車体内にこもり音として伝わる。これはエンジン回転の高いところを使用すれば問題がなくなるが、燃費が悪くなるため問題のない範囲で低い回転に設定する。

以上は定常状態の変速線図の考え方であり、アクセルペダルを急に踏み込んだ場合

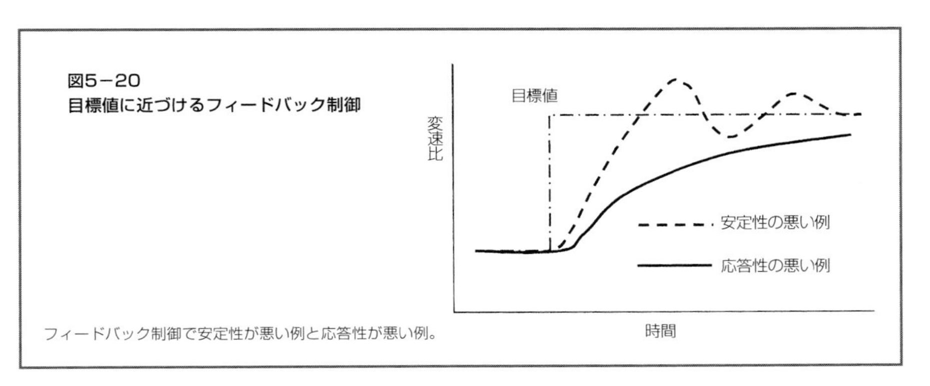

図5－20
目標値に近づけるフィードバック制御

フィードバック制御で安定性が悪い例と応答性が悪い例。

など、あまりにも目標回転数が高いとエンジンを加速するばかりにトルクをとられ車両の加速が悪くなってしまうことがあるため、適度に過渡的には目標を変える場合があり、その特性の例を図5－19に示した。

(3)変速の電子制御

CVTユニットを先に決めた変速線図となるようにコントロールすることが変速の電子制御である。常に運転者のアクセル開度と車両速度は計測しており、その結果とTCUに記憶された変速線図により、目標となるエンジン回転を決めることができる。

一方、実際のエンジン回転数は計測できるため、目標の回転数との差(フィードバック偏差)を計算することができる。

偏差＝目標の回転数—実際の回転数

この偏差がなくなるように変速比を制御する。実際のエンジン回転数が高すぎると変速比をハイ側に変速し、実際のエンジン回転数が低すぎるとロー側に変速する。このように目標値に近づけるように制御することをフィードバック制御という。一般に目標に早く近づけるため変速比を大きく変えると行き過ぎてしまう(オーバーシュート)。もう一度反対に修正をすると、目標の上下でふらついてしまう(ハンチング)。一方、目標に近づけるため変速比を少なく変えると目標の変速比になるのが遅くなってしまう。図5－20に示すように、前者のような悪いフィードバック制御を安定性が悪いといい、後者のような悪い制御を応答性が悪いという。

車を運転して決められた道路を運転していると目標からずれるときがある。そのとき運転者はハンドルを操作して修正するが、修正が効きすぎるとオーバーシュートして車は蛇行する。修正が遅すぎると目標からさらにずれてしまう。この修正量(フィードバック量)を適切にコントロールすることが重要である。

車の運転でも、フィードバック制御だけではうまく運転ができない。たとえば、道が急カーブをしている場合、目標からずれてからハンドルを切ったのでは間に合わない。運転者はカーブを見て事前にどのくらいハンドルを切るかを予測している。これは事前に決めておく制御(フィードフォワード制御)である。

CVTの変速制御にも、たとえば急にアクセルを大きく踏んだときや急ブレーキを掛けて車両が急に停止してしまうときなどには、フィードバック制御では間に合わない。その状況の信号を得た時点であらかじめ決められた変速比に急激に変速するようにフィードフォワード制御をする。

タイヤがロックしてしまうほどの特に激しい急ブレーキをかけた場合、フィードフォワード制御を行っても間に合わず、車両が停止してしまっても、まだ最大のロー変速比にならない場合がある。このような運転条件は、まれにしか発生しないので、このときは最大のローに変速するのをあきらめて、車両が停止したときの変速比、たとえばATの2速相当の変速比のまま次の発進を行ったりしている。

5. ロックアップクラッチの制御

トルクコンバータは入出力の回転数や入力トルクにより自動的に特性が決まり、外部から制御をする必要がない。それに対して、ロックアップクラッチはトルクコンバータへの流入、流出の油圧回路を通じて外部からロックアップクラッチを締結、解除したり、そのときのショックを少なくするように制御しなければならない。

(1)制御回路構成

トルクコンバータのところで説明したように、ロックアップクラッチの締結、解除はロックアップクラッチピストンの前室の圧力を大気に解放するとロックアップ締結、前室の圧力を後室と同じにすると解除となる。前室の圧力を先の二つの中間にすると半クラッチ状態となる。

このロックアップピストンの前の油圧室を図5−21に示すような、調圧バルブで圧力を変え、調圧バルブはソレノイドバルブで切り替えを行う。この構成により、TCUからの電気信号で自由に締結、解除及び半クラッチ状態をつくることができる。

(2)ロックアップを行う領域

CVTのロックアップを行う領域の一例を図5−22に示す。横軸に車両速度、縦軸にスロットル開度をとっている。この図からもわかるようにトルクコンバータを使用するのは、車両停止時と走行車速20km/h以下のときだけである。発進してから車速20km/h

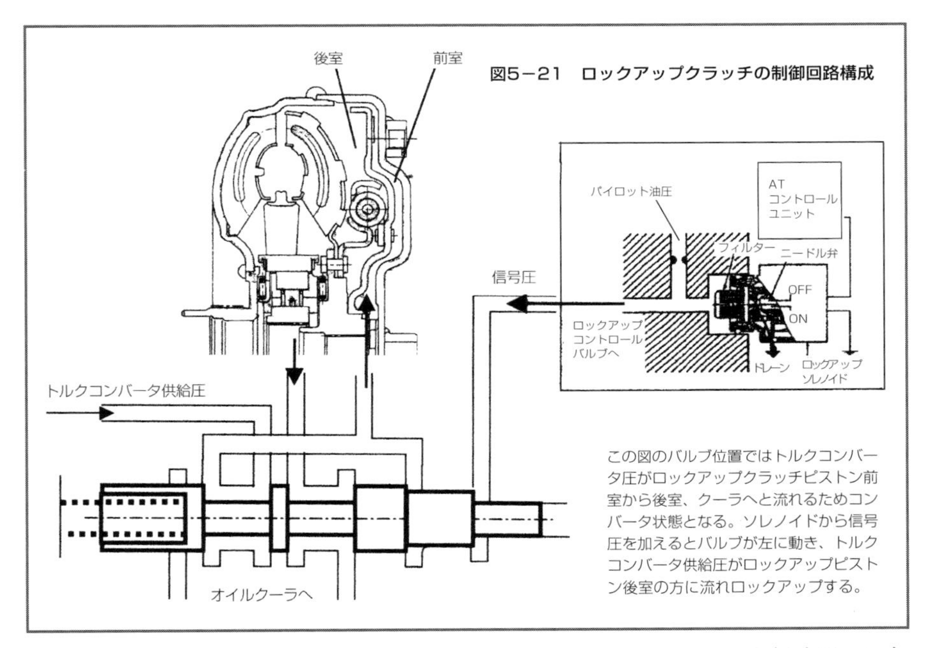

図5−21　ロックアップクラッチの制御回路構成

この図のバルブ位置ではトルクコンバータ圧がロックアップクラッチピストン前室から後室、クーラへと流れるためコンバータ状態となる。ソレノイドから信号圧を加えるとバルブが左に動き、トルクコンバータ供給圧がロックアップピストン後室の方に流れロックアップする。

になるのは普通の発進ではほんの10m強の距離である。したがって、走行時間のほとんどがロックアップしたままである。

ATの場合あまり低車速のロー変速比からロックアップしてしまうと、変速時のショックが大きくなり、高スロットル開度までロックアップしてしまうと固定変速比であることにより、トルクコンバータによるトルク増大作用が発揮できないため運転者がアクセルを踏み増しても駆動力が増大しないので、ロックアップクラッチを解除して、トルクコンバータのトルク増大効果を使用する。

図5−22　ロックアップを行う領域の一例

CVTはATに比べて低車速域、高スロットル開度域までロックアップできる領域が広い。ATはハイ変速比側でロックアップを行うため、低い車速でロックアップを行うとエンジンの振動が室内に伝わるので、高い車速でロックアップを行う。また運転者がアクセルを踏むと加速を良くするためロックアップを解除してトルクコンバータのトルク増大作用を有効に利用する。CVTはロー変速比からロックアップするためATと同じエンジン回転でもロックアップの車速は低くなる。また運転者がアクセルを踏むと、その分ロー変速比側に変速してトルクを増大できるためロックアップを解除する必要がない。

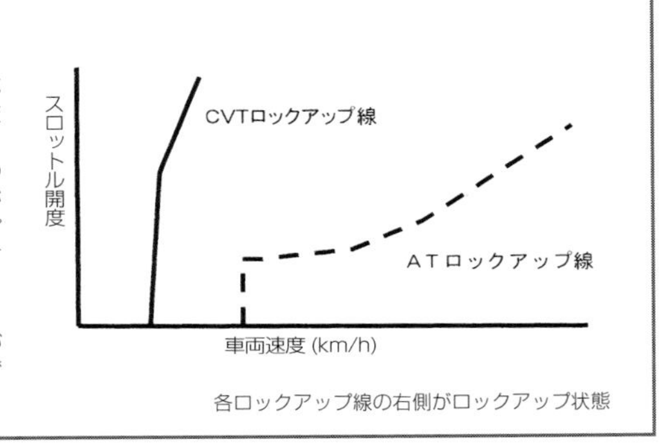

各ロックアップ線の右側がロックアップ状態

CVTでは、ロックアップしたままでも、低車速のロー変速比から連続した変速比であり、変速ショックがなく、運転者がアクセルを踏んだときはその分だけ変速比をロー側に変速すれば駆動力が増大できるので、発進以外はトルクコンバータの助けを得る必要がなく、ロックアップできる領域が拡大できる。

このロックアップの頻度がATに比べて多いことが、CVTの燃費性能を良くしている。また、トルクコンバータは発進時以外ほとんど使用しないため、AT用をそのまま使用しないで多少の性能が低下しても、トルクコンバータを薄くして(トルクコンバータの偏平化)CVTの全長を短く、小型化する傾向がある。

車両によっては、アクセル開度がほとんど0のときにもロックアップを解除しているものもある。これは、アクセルを踏み込んだり放したりするとき、エンジンがアクセルの動きに対してトルクの応答の良い場合、車両が加減速によりガクガク振動を起こすことがあり、アクセル開度がほとんど0のとき、トルクコンバータ状態にすると、トルクコンバータは過渡トルクを伝えにくいのでガクガクしなくなる。低開度だけであり燃費の悪化には影響が少ない。

(3)ロックアップを締結、解除時のショック低減

MT車を発進させるとき、運転者はできるだけスムーズな発進となるようにクラッチペダルを操作する。スムーズな発進というのは、無意識のうちにエンジン回転数をある目標の回転数となるようにしている。目標の回転数より高すぎると、最後に大きなトルクが出て大きなショックとなる。また、目標回転数より低すぎるとエンスト気味となりスムーズな発進とはならない。

ロックアップを締結、解除時の制御も同じでエンジン回転数と、ロックアップクラッチの締結時はすでに車両が走り始めているため、トルクコンバータの出力軸の回転数も電気的に測定し、その入出力回転数の差、すなわちトルクコンバータの滑りの回転数を計算し、その滑りを目標に沿って徐々に0にしてゆく制御を行う。

TCUで目標になるように電気信号で指示を与え、その信号で油圧回路により油圧に変換し、その油圧でロックアップクラッチの伝達トルクを変化させる。トルクが変化すると、トルクコンバータの滑りが変化する。このようにシステムができ上がっているので、スムーズなロックアップクラッチの制御ができ、運転者にはほとんど感じられないように締結ができる。

これはMTの場合運転者の頭脳(TCU)が神経(配線)を通して左足(油圧)を動かし、クラッチペダルを踏みクラッチ(ロックアップクラッチ)の伝達トルクを変化させることにより、エンジン回転が変わり、運転者が目標とした回転数と異なる場合は多少踏み方を変える指示を与え(フィードバックし)、スムーズに発進させようと操作(制御)す

るのと同じである。

(4)連続スリップ制御

ロックアップクラッチを連続的に滑らそうという考え方がある。本来クラッチは連続的には滑らないように使用するのが常識であるが、滑りや発熱によって発生する磨耗や摩擦特性の変化が、車の一生、すなわち廃車されるまで目標値を満足する範囲内であれば、クラッチは連続的に滑って使用してもかまわない。

4気筒エンジンの場合は、180度回転するごとに爆発してトルクを出すので回転変動をしながら回転している。一例を図5－23に示すが、この回転をそのまま駆動軸に伝えると運転者に低周波のこもり音が聞こえる。

トルクコンバータでトルクを伝達しているときは、流体を通して伝達する間にこの振動は大きく低減して問題とならない。ロックアップを行うと、ねじりダンパがあるが振動を十分に低減できないため、特に低いエンジン回転で回転変動が大きく、燃費の良い低いエンジン回転で運転したいと思っても、この振動が発生して低くすることができない。

そこで、ロックアップクラッチを連続的にエンジンの回転変動以上に滑らせると、この振動が伝わらないという特性がある。この関係を図5－23で説明すると、エンジ

図5－23　4気筒の回転変動の一例とエンジンの回転数変化と滑り回転数

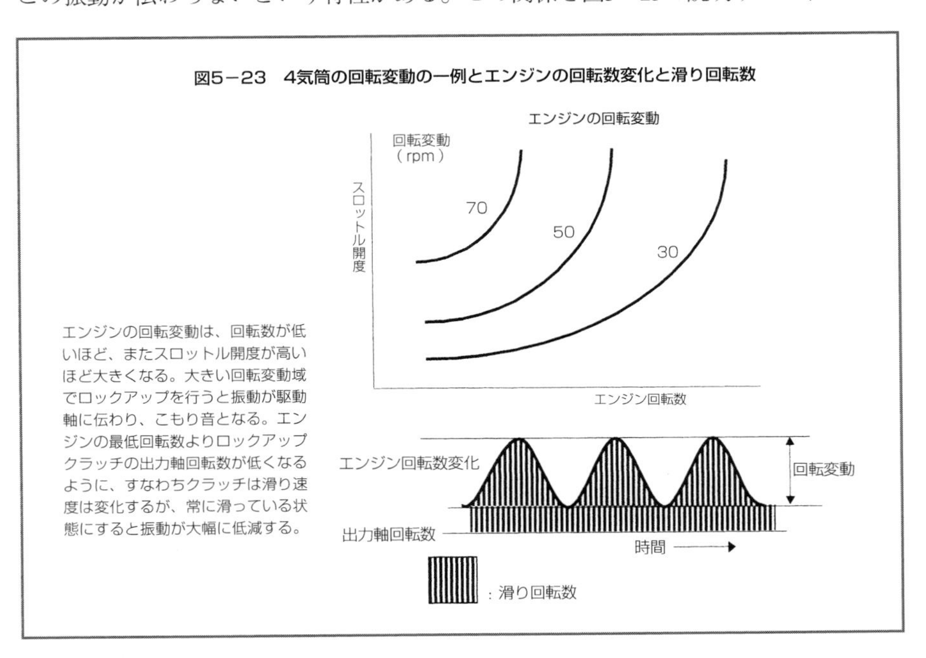

ンの回転数が変化しており、この平均回転数よりエンジン回転変動の半分(片振幅)以上ロックアップクラッチを滑らせると、エンジンの最低回転数よりロックアップクラッチの出力軸回転数が低くなる。すなわち、クラッチは滑り速度は変化するが、常に滑っている状態となる。

一般に摩擦係数は滑り速度とは無関係であるため、伝達トルクも滑り速度が変わっても変化しない。すなわち、トルク変動が伝わらないこととなり、静かな運転状況となる。これが、ロックアップクラッチの連続スリップ制御である。トルクコンバータ状態に比べ、きわめて少ない滑り量でエンジンの回転変動を遮断することができる。

滑らせる回転数はエンジン回転変動が運転状況によって変わるので、一般に低回転数で高スロットル開度ほど回転変動は大きく、高回転、低スロットル開度ほど小さくなる。当然、4気筒エンジンより6気筒エンジンの方が回転変動が小さくなる。

連続スリップを達成する手段は、TCUの中に運転条件に応じた、滑らせるべき回転数の目標値が記憶されており、トルクコンバータの実際の入出力回転数差(滑り量)を測定して、目標値と比較し、実際の滑り量のほうが大きければロックアップクラッチの伝達容量を大きくするように制御し、逆に実際の滑り量のほうが小さければロックアップクラッチの伝達容量を小さくするように制御する。

このような制御を連続スリップ制御領域で常に行い、常に所定のスリップを維持するのである。こうした制御はとても人間の操作ではできないもので、応答性が速く忠実に決められたことをやり続けるのはコンピュータの得意とするところである。

ATでは、この制御を使用することにより確実に燃費の向上が図れるが、CVTではスリップ制御状態としてエンジン回転数を下げるのと、ロックアップ状態でエンジン回転を振動が発生しない回転数まで上げるのと、両者を比較してあまり燃費の差がないため、スリップ制御を採用している機種が少ない。

6．湿式発進クラッチの制御

発進機構にトルクコンバータを使用しないで、図4－14に示すように湿式クラッチを使用したCVTもある。大きなスペースを占め高価で重いトルクコンバータを使用しても、停車時と発進の10mくらいしか使わないのではもったいないという考え方である。

(1)発進制御

MT車は、クラッチを人が操作して車を発進させることができるわけだから、先に説明したロックアップの制御と同じように、目標のエンジン回転数を決めれば、運転者がどのようなアクセルの踏み方をしようが、上手く発進できるようにコンピュータで制御可能である。

(2)クリープ制御

トルクコンバータ付きの車が停止しているときブレーキを放すと、平地では車が少し動き始める(クリープ)。これはトルクコンバータによりアイドル回転数のような低い回転数でも少しトルクを伝える特性があり、そのトルクにより車が走り始めるのである。

クリープの有無は運転者によって賛否の分かれるところであり、好きな人と嫌いな人がいる。日本や北米においては、AT車はすべてトルクコンバータを使用しており、このクリープがある。湿式発進の場合クリープをつけないようにすることもできるが、一般的にクリープがある車両に乗り慣れている状態では、クリープをつけた方が自然である。クリープを付けると燃費が悪くなるので、ブレーキを踏んでいるときなど、運転状況に応じてクリープを減らしたりしている。

(3)湿式発進のメリット

トルクコンバータに比べて大きさ、重量、コストで大きなメリットがある。また、湿式発進クラッチは大きなトルクが発生する部位に対しても適用できるため、図4－14のように、CVTの後に装着できる。後に装着すると車両が停止した状態においてもCVTが回転したままとなるため、たとえば急ブレーキで車両が停止してCVTが完全にロー変速比まで戻りきらない場合にも、停止中にベルトが回転しているため、次に発進するまでの間にロー変速比に戻すことができるメリットがある。

(4)湿式発進の難しさ

湿式発進はトルクコンバータに比べ、大きさ、コスト、重さで大きなメリットがあるが、技術課題もある。世の中一般の運転者がトルクコンバータの発進フィーリングに慣れているため、上手く発進の制御をしても異なったフィーリングとなる。これは別の味付けの車と割り切ってしまえば、運転者は別に不自由を感じるわけではない。

また、ブレーキを踏んだままでアクセルペダルをいっぱい踏む(ストール運転)と、湿式クラッチは猛烈な高温になる。トルクコンバータも発熱は同じであるが、大量のオイルを蓄えているので油温はゆるやかに上昇する。このような運転は運転マニュアルで禁止されているが、こうした運転にも耐えられるように、大量の潤滑油をかけるなど種々な工夫をした上で設計され商品化されている。

7．前後進切替装置の制御

湿式クラッチ、ブレーキ、遊星歯車から構成されている前後進切替機構に対して、ブレーキに油圧を供給すると車両は後退、油圧を供給しないとニュートラル、クラッチに油圧を供給すると車両は前進になる。これを運転者はシフトレバーをR－N－Dと切り替えることで行っている。

(1)油圧回路

前後進を切り替えているバルブは、運転者が手で動かすためにマニュアルバルブと呼ばれている。図5－24に示すように、シフトレバーとケーブルやリンクで結んでいるマニュアルバルブがあり、運転者がシフトレバーを動かすと、機械的にマニュアルバルブも動く。マニュアルバルブを左に「R」の位置まで動かすと、マニュアルバルブに供給されている圧力(クラッチ圧)が後退となるブレーキに油を供給し後進状態となる。マニュアルバルブを右に「D」の位置まで動かすと、マニュアルバルブに供給されているクラッチ圧が前進となるクラッチに油を供給し前進状態となる。マニュアルレバーを「N」の位置に動かすと、マニュアルバルブに供給されているクラッチ圧が行き止まりとなり、ブレーキにもクラッチにも油圧が供給されず、ニュートラルになる。

油圧を制御するバルブは、大きく分けて一定の圧力をつくる調圧バルブ、油圧を供給する方向を切り替える切り替えバルブから成り立っている。前後進の切り替えは、自動洗濯機で水道を入れたり洗濯水を排出したりするのと同じように油路を切り替えるので、切り替えバルブと呼んでいる。

(2)切り替え時のショック対策

運転者がマニュアルレバーを「N」位置から「D」や「R」位置に動かしたとき、クラッチがつながった瞬間に前後のショックを感じる。それまで駆動力がない状態から、駆動力が発生するために多少のショックはやむをえない。クラッチをつなげる圧力が大きすぎるとショックが大きくなる。

ゆっくりつなぐ方法はいろいろあるが、図5－24に示すように、オリフィスとアキュームレータを使う方法が良く使われる。アキュームレータとはバルブの背面にばねが入っており、このばねの力をクラッチやブレーキがゆっくりつながる程度の圧力となるように設定する。高い圧力がマニュアルバルブから入ってきてもオリフィスでせき止められ、アキュームレータのバルブが動き始め、低い圧力を維持する。この低い圧力でクラッチやブレーキを締結すると、小さなショックでつながる。クラッチや

図5−24　セレクトレバーとマニュアルバルブ

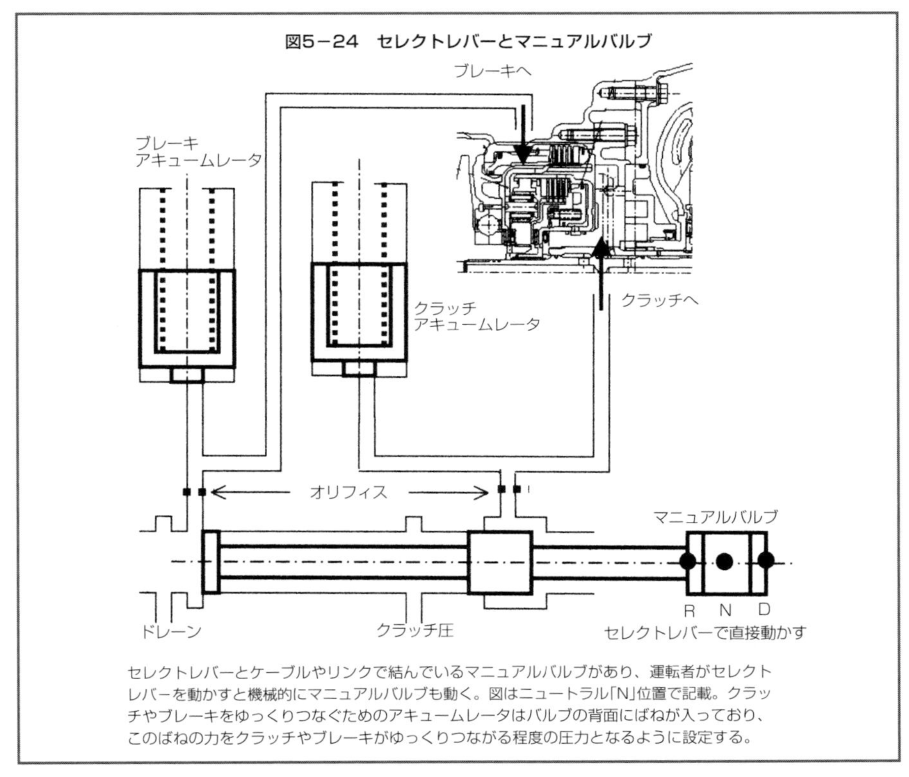

セレクトレバーとケーブルやリンクで結んでいるマニュアルバルブがあり、運転者がセレクトレバーを動かすと機械的にマニュアルバルブも動く。図はニュートラル「N」位置で記載。クラッチやブレーキをゆっくりつなぐためのアキュームレータはバルブの背面にばねが入っており、このばねの力をクラッチやブレーキがゆっくりつながる程度の圧力となるように設定する。

ブレーキのつながりが完了した後、アキュームレータがストッパまでストロークし、圧力が上昇し、大きな駆動トルクがクラッチやブレーキに入っても伝達できるようになる。

(3)ニュートラル制御

ブレーキを踏んで車両が停止しているときも、エンジンはニュートラルと同じアイドリング回転数でトルクコンバータを引き摺りながら回転をしている。そのために、余分にガソリンを使用して引き摺るためのトルクを発生している。したがって、そのような場合、運転者はニュートラル位置に入れておく方が引き摺りがなく燃費は良い。しかし、停車のたびにニュートラルに入れ替えるのは煩わしい。この操作と同じような効果を狙ったのが図5−25に示す、ニュートラル制御である。

マニュアルレバーが「D」位置でブレーキを踏んでいるときは、前進のためのクラッチを切り放しニュートラルにする、運転者がアクセルペダルを踏むと踏み込み量に応

図5−25　ニュートラル制御の構成

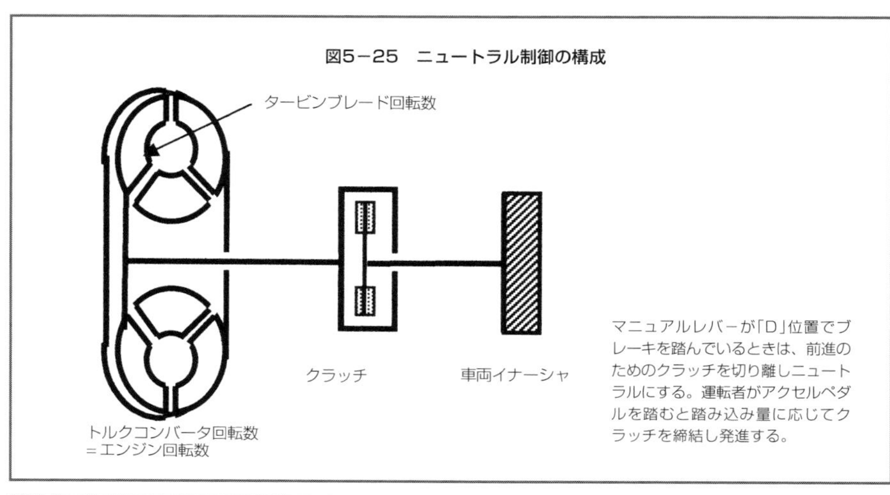

図5−26　クラッチの遊び

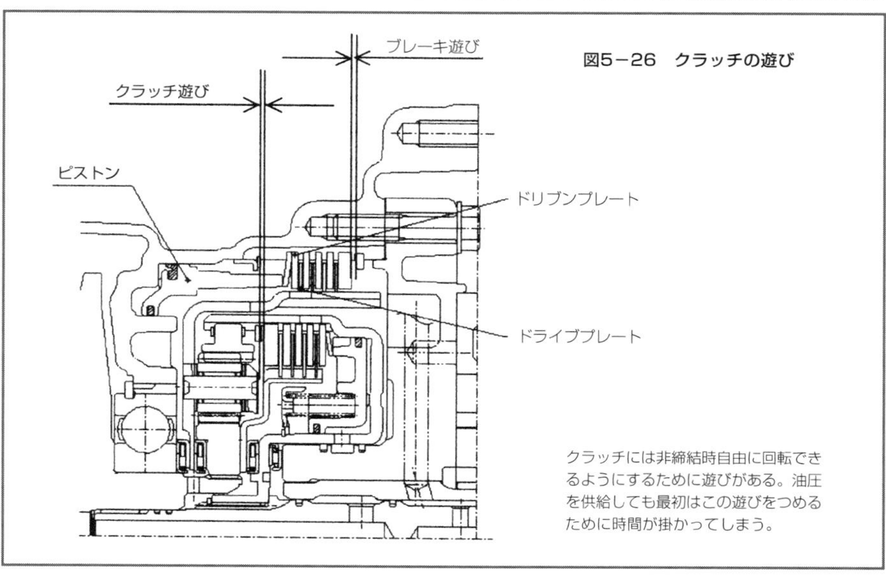

じてクラッチを締結し発進する。これにより、先のマニュアルレバーをニュートラル位置に操作するのと同じ効果が得られる。

ただし、クラッチを切り放しニュートラルにすると、運転者が急激にアクセルペダルを踏むと、クラッチを締結するのが間に合わなくなってしまう。これはクラッチには図5−26に示すように、非締結時自由に回転できるようにするために遊びがある。

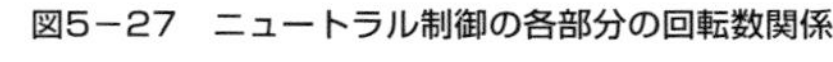

図5－27　ニュートラル制御の各部分の回転数関係

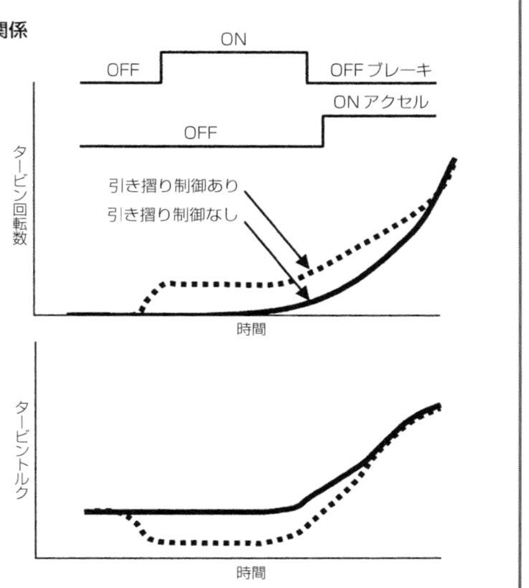

クラッチを遊びがない状態に保つ方法は、トルクコンバータのタービン回転数を検出する。タービン回転数はアイドル回転のときはエンジン回転よりわずかに低い回転数で回転しているが、クラッチの遊びをつめて、わずかにクラッチが引き摺るようにすると、タービン回転数がさらに低くなる。この低くなる回転数の目標値を決め、その値になるようにクラッチを引き摺るようにつないでやると、遊びのない状態を連続的に且つ精度良くつくり出すことができる。

油圧を供給しても、最初はこの遊びをつめるために時間が掛かってしまう。この間にエンジンからトルクが入ってくるとエンジン回転数が上がり過ぎてしまう。

これを防止するため、ニュートラル制御中でブレーキを踏んで車両が停止中も、常にこの遊びがない状態で待機している。遊びがなければアクセルを急に踏まれても、直ちにクラッチにトルクが伝達でき、エンジン回転数が吹き上がることがない。

クラッチを遊びがない状態に保つ方法は、図5－27に示すように、トルクコンバータのタービン回転数を検出する。タービン回転数はアイドル回転のときはエンジン回転よりわずかに低い回転数で回転しているが、クラッチの遊びをつめて、わずかにクラッチが引き摺るようにすると、タービン回転数がさらに低くなる。この低くなる回転数の目標値を決め、その値になるようにクラッチを引き摺るようにつないでやると、遊びのない状態が連続的に且つ精度良くつくり出すことができる。

8. 運転者の好みに合うような付加変速機能

CVTは変速するときのショックがほとんどなく、駆動トルクのダイレクト感があり、それ自体が優れた変速機であるが、電子制御により自由に変速が操作できることを利用して、さらに次のような機能を追加して、運転の利便性を高めている。

(1)マニュアルシフト機能

CVTはマニュアルレバーを「D」位置に入れておけば、自動的に運転できるようにしているが、MT車の運転の面白さを忘れられない人や、下り坂のエンジンブレーキや、一般走行においても、もっと自分の意思で変速比を選んで運転したい運転者のために、マニュアルレバーをMT車のように前後に動かすことにより、自由に変速比を選べるようにしたのが、マニュアルシフト機能である。

図5−28に示すように、6段変速機とか8段変速機でも、TCUのデータを変えるだけで容易につくり出すことがきる。ATの場合はその段数以上に多い段数に設定することはできないが、CVTは幾らでも多い段数で、しかも思い通りの変速比でつくることができるのが特徴である。

(2)シフトスケジュールの切り替え

MT車は、運転者が自分の意志で変速段を選ぶことができる。AT車やCVT車は変速段を選ぶのは、車両速度と運転者のアクセル開度の情報でエンジン回転、すなわち変速比をシフトスケジュールによって機械的に決めている。したがって、AT車やCVT車を運転していると、変速段や変速比が運転者の意思に合わないと思うことがある。実際の運転者は、次のような条件で欲しいと思う変速比が変わる。

・運転者各人によって思いが異なること。
・同じ運転者でも日によって気持ちが変わること。
・道路の状態、たとえばカーブをしている、坂がある、道幅が広い、雪が積もっている。
・道路の混雑状態。

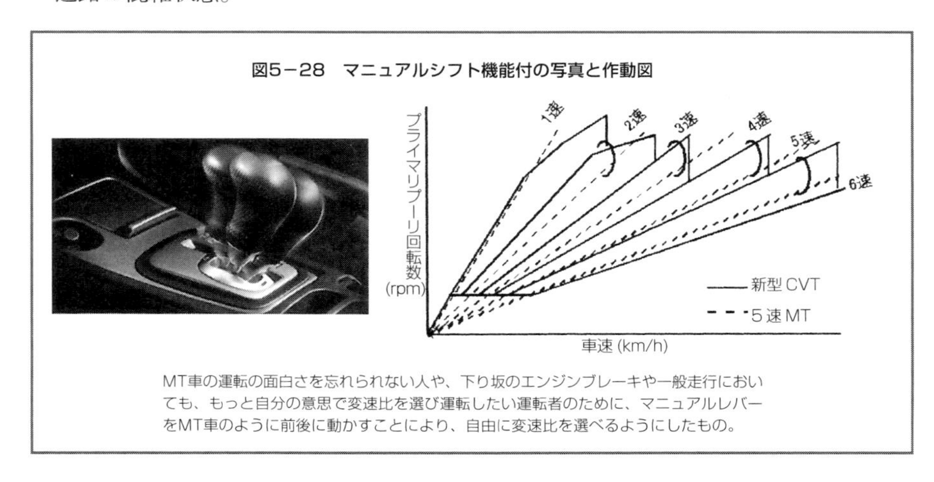

図5−28　マニュアルシフト機能付の写真と作動図

MT車の運転の面白さを忘れられない人や、下り坂のエンジンブレーキや一般走行においても、もっと自分の意思で変速比を選び運転したい運転者のために、マニュアルレバーをMT車のように前後に動かすことにより、自由に変速比を選べるようにしたもの。

・暑い寒いなどの環境条件。
・大切な人を乗せている。
・ガソリン残量が少ししかない。
・急いでいる。

このように多くの要因で変わるのに対して、運転者の気持ちや、道路条件などはコンピュータに情報がなく、車速とアクセル開度で決まる一つのシフトスケジュールですべて満足しなさいというのは無理な話である。

また、マニュアルレバーを動かして下り坂でエンジンブレーキを掛けなければならないが、これを少し楽にできないかとの要求もある。これらの要求に対して、できるだけ運転者の意向に沿うような、次のような努力を行っている。

・エコノミ、パワーをスイッチで切り替える。

同じアクセル開度に対して比較的エンジン回転数を低く設定した、エコノミで静かな運転ができるシフトスケジュールと、比較的エンジン回転数を高く設定したパワフルで早い運転ができるシフトスケジュールなど複数のシフトスケジュールをコンピュータに記憶させる。シフトレバーの近くにエコノミ、パワーの切り替えボタンをつけ運転者が切り替える。

・アクセルペダルの動きで運転者の気持ちを読み取る。

スイッチでエコノミ、パワー変速線の切り替えを行う方式は、運転者が余分な操作をしなければならず、煩わしいこともあるので、これを自動化した。運転者がアクセルペダルを速く踏むかゆっくり踏むかを測定して、速く踏む場合はパワフルな運転を希望していると判断し、パワースケジュールを選ぶ。ゆっくり踏み込む場合はエコノミスケジュールを選ぶ方式。

・登降坂やカーブであまり変速を頻繁にして欲しくない。

変速段や変速比が運転者の意思に合わないと思うことがあるなかで、特に登降坂路を運転するときにそれを感じることが多い。登降坂路は傾斜が一定でなく一般的にはカーブも多い。したがって、アクセルペダルを大きく踏んだり離したりを頻繁に行ってしまう。そのたびにCVTが変速を行うのが煩わしいため、あまり変速をしない変速線に切り替える。

登降坂路を判断する方法は、車に傾斜計をつけても加減速で狂ってしまう。アクセル開度と変速比、車両速度から、平坦路を走行するときの計算上の加速度をコンピュータが記憶しており、その加速度より実際の加速度が速ければ下り坂であり、遅ければ上り坂であることがわかる。計算との差の大きさを計算して坂の勾配も出すことができる。

・下り坂でエンジンブレーキを掛けて欲しい。

運転者はマニュアルレバーを動かして下り坂でエンジンブレーキを掛けなければならないが、これを少し楽にするために、先の方法で下り坂だと判断したときにシフトダウンして自動的にエンジンブレーキを掛ける。この制御はなかなか難しい。ある程度は織り込まないといけないが、やりすぎると運転者に対して余計なおせっかいとなる。どの程度まで行うかが設計者の腕の見せどころである。

これらのことはAT車でも行っているが、AT車の場合は一気に1段変速比分変速してしまうため、違和感となることが多いが、CVTの場合、無段階でしかも必要に応じて少しだけの変速比も変えることができるため、より自然なフィーリングとなり、効果が大きい。

第6章　ATとCVTの比較

1．CVTがATに比べて優れている点とその理由

まだまだ自動変速機としてはいわゆるATが主流であるが、ここでCVTがATより優れている点、及びその理由について列挙してみたい。

(1)燃費が良い

一般にCVTはATに比べて一般走行で10%ほど燃費が良く、環境にやさしいユニットといわれている。その理由として以下のことがあげられる。

a．トルクコンバータを直結状態で使用する(ロックアップ)運転状態が多い。

ATもCVTも発進させたり、エンジンの振動を低減したりするため、トルクコンバータが使われている。

この部品は、ATの不連続な変速比の間を無段変速機のように滑らかにつなぎ合わせて運転フィーリング(運転性)を良くしてくれる。

トルクコンバータは滑らかな走りを実現するが、回転スリップがあり、エンジンがつくり出した出力をスリップによって減らしてしまう。このスリップをなくして出力を有効に伝達するためにロックアップクラッチをトルクコンバータの中に装着して、流体ではなく機械的に入出力軸を結合する(ロックアップ)。

ATの場合、第5章の図5−22で説明したように、ロー変速比からロックアップをする

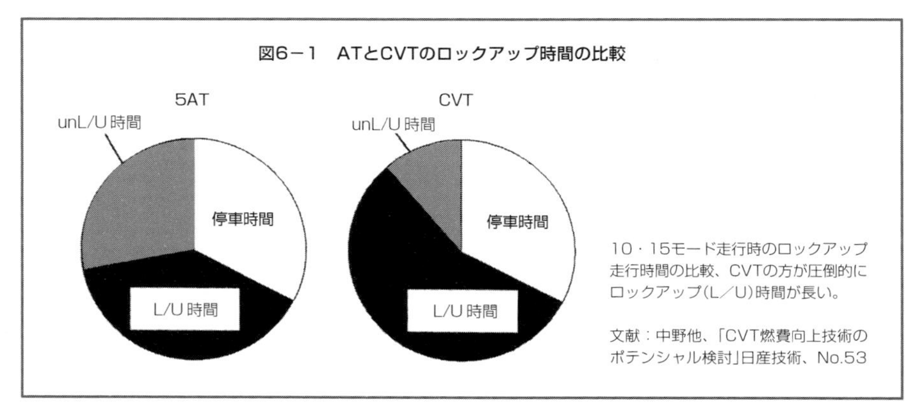

図6－1　ATとCVTのロックアップ時間の比較

と変速時に変速ショックが大きくなり、ドライバーに不快感を与えたり、スムーズな加速感を損ねてしまうため、通常ハイ変速比側で且つアクセルペダルを少し踏んだ状態でしかロックアップを使用できない。

これに対して、CVTはスタート時はトルクコンバータの助けを借りるが、走り始めると連続的な変速比を持っているため、ロー変速比からロックアップをしても変速ショックがなく、またアクセルを踏んだ分だけロー変速比側に変速し、運転者が要求した加速を連続的に得られる。このため、トルクコンバータの助けが不要であり、低車速から、またアクセル高開度までロックアップで走行することができる。

したがって、図6－1に示すように、CVTはATに比べてロックアップで走行できる時間(走行頻度)が多く、トルクコンバータのスリップロスが減り、燃費が向上する。この効果は、加減速の多い市街地走行や国土交通省の決めた燃費や排気試験のための走行方法である10・15モード走行の燃費改善に効果的である。

b. エンジンのフューエルカットを有効に使える。

信号が赤になり車両が減速しているような運転条件、すなわちアクセルを踏まない(アクセル全閉)でエンジンがスムーズに回転する、ある決められた回転数以上のとき、エンジンは燃費を良くするために燃料の噴射を止めてしまう。これをフューエルカットという。

ATの場合図6－2に示すように、停止寸前までハイ変速比のままで減速するためエンジン回転数が早く下がってしまうが、CVTの場合は車両スピードの低下に応じて徐々にロー変速比側に変速してゆくと、比較的長い時間エンジン回転を高い回転のまま保つことができる。

そうすることにより、停止のたびにフューエルカットする時間が長くなり燃費が良くなる。これも、市街地走行の燃費改善に効果的である。

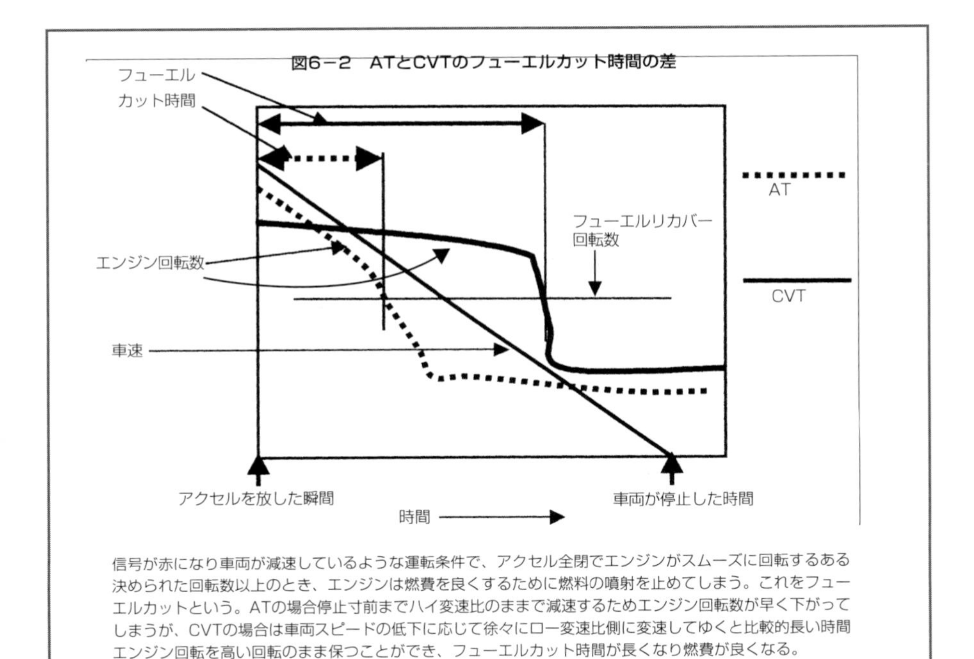

図6−2　ATとCVTのフューエルカット時間の差

信号が赤になり車両が減速しているような運転条件で、アクセル全閉でエンジンがスムーズに回転するある決められた回転数以上のとき、エンジンは燃費を良くするために燃料の噴射を止めてしまう。これをフューエルカットという。ATの場合停止寸前までハイ変速比のままで減速するためエンジン回転数が早く下がってしまうが、CVTの場合は車両スピードの低下に応じて徐々にロー変速比側に変速してゆくと比較的長い時間エンジン回転を高い回転のまま保つことができ、フューエルカット時間が長くなり燃費が良くなる。

c．エンジンの燃焼効率の良い運転状態で走れる。

エンジンは、その構造上図6−3に示すように、アクセル高開度で低回転時が効率的に良い特性を持っている。アクセル低開度では消費する燃料のうちエンジン自身を回転させるために大部分を使い、出力する馬力の割合が少なくなるために効率が悪い。

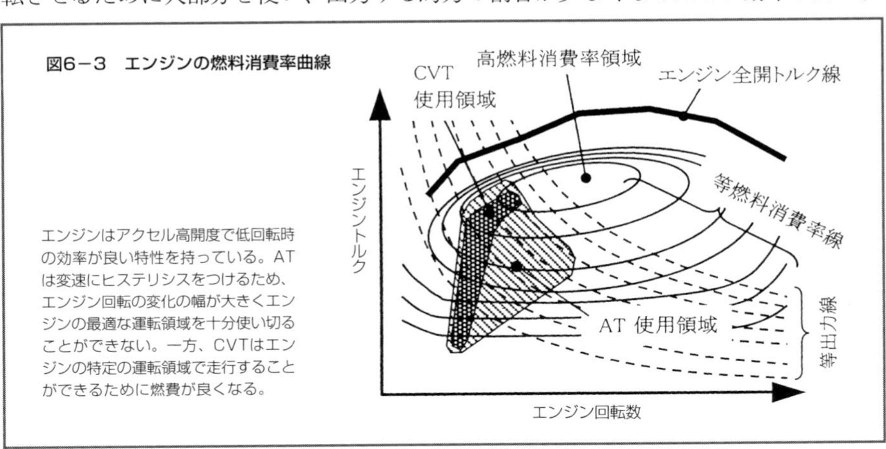

図6−3　エンジンの燃料消費率曲線

エンジンはアクセル高開度で低回転時の効率が良い特性を持っている。ATは変速にヒステリシスをつけるため、エンジン回転の変化の幅が大きくエンジンの最適な運転領域を十分使い切ることができない。一方、CVTはエンジンの特定の運転領域で走行することができるために燃費が良くなる。

また、高回転になると機械的なロスが増えたり、燃焼効率が悪くなったりで全体の効率が悪くなる。

ATは変速比が不連続であり、且つ変速の頻度を少なくするために変速をしにくくしたり（変速にヒステリシスをつける）するため、エンジン回転数の変化の幅が大きく、エンジンの最適な運転領域を十分使い切ることができない。一方、CVTはエンジンの特定の運転領域で走行することができるために燃費が良くなる。

また、6速以下のATと比べると、変速比の幅はCVTの方が広く、ATよりもハイ変速比の場合が多く、エンジンをより低回転数で使用できるための燃費効果もある。

（2）加速が良い

下記の理由により、一般的にはCVTの方が発進後車速が早く上がる（発進加速性が良い）。また、追い越しに要する時間が短い（追い越し加速性が良い）。坂道を登るときの加速（登坂走破性）が良い。それらを合わせて動力性能が良いという。

a．CVTはエンジンがもっとも大きな出力（最大馬力）を出せる運転条件で走れる

エンジンが最大馬力を出せるのは、最大馬力の回転数で且つアクセルを床まで踏む（アクセル全開）条件だけである。車両を加速したり登坂したりするのはエンジンの馬力を受けて行うため、最大馬力を多く使用した方がそれらの性能が良くなる。ATの場合は、エンジン回転が変化しながら車両が加速するので、最大馬力点ばかりを使用することができない。これを車速に対する駆動力線図（走行性能曲線）で表すと、図6－4のようになり、ATでは最大馬力を使用できない範囲がある。

b．アクセルの動きに対して駆動力が敏速に反応する（アクセルのレスポンス）

ATはトルクコンバータを介して動力を伝えている頻度が長く、トルクコンバータはエンジンの回転が上昇しトルクコンバータのスリップが増えて初めて駆動力

図6－4　ATとCVTの駆動力特性の差

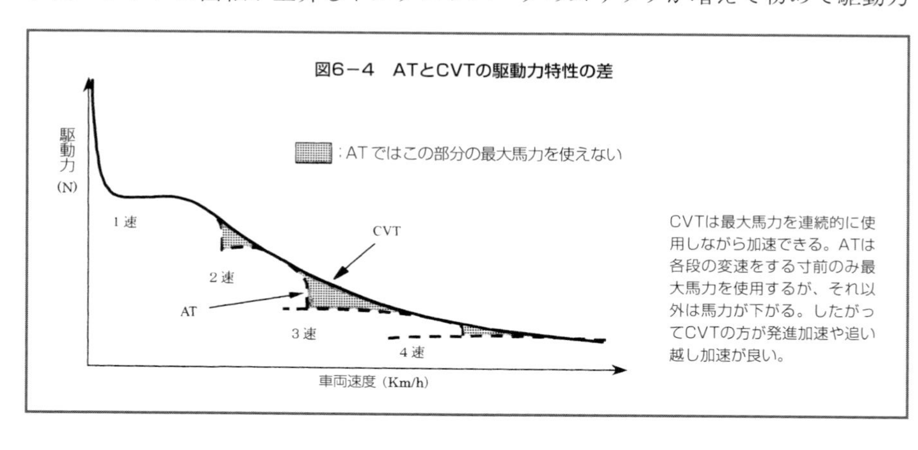

CVTは最大馬力を連続的に使用しながら加速できる。ATは各段の変速をする寸前のみ最大馬力を使用するが、それ以外は馬力が下がる。したがってCVTの方が発進加速や追い越し加速が良い。

図6−5　ATとCVTのアクセル開度に関する変速レスポンスの差

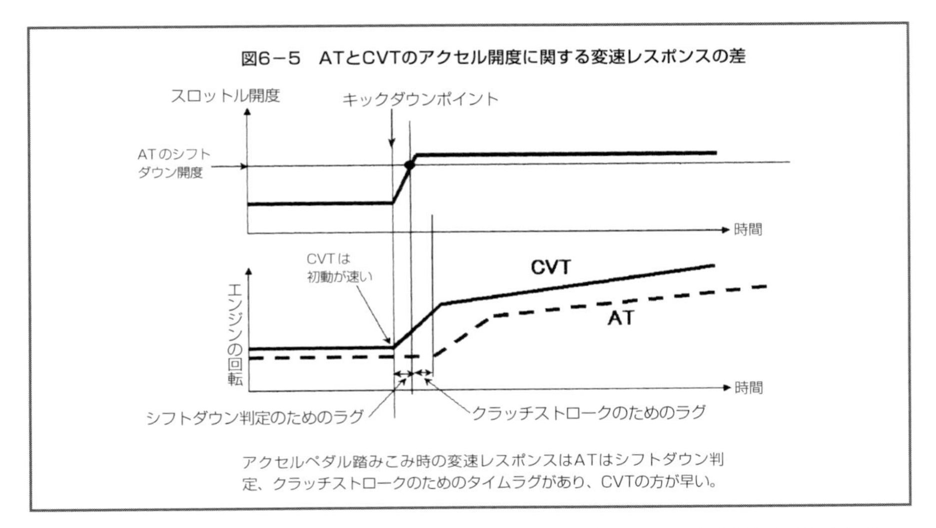

アクセルペダル踏みこみ時の変速レスポンスはATはシフトダウン判定、クラッチストロークのためのタイムラグがあり、CVTの方が早い。

が増える。したがって、アクセルを踏み込んで一瞬待ってから駆動力が増える。これは運転の滑らかさに貢献しているが、マニュアル変速機のようなダイレクトなレスポンスは得られない。CVTは発進以外ほとんどトルクコンバータを介せず、ロックアップクラッチでマニュアル変速機と同じように機械的に動力を伝えるため、早いレスポンスが得られる。また、変速を伴うレスポンスに対しても、ATはクラッチの遊びストロークのためのタイムラグなどがあり、そのため図6−5のようにCVTの方がレスポンスが良い。このことにより、CVTがきびきびした走りのフィーリングとなる。

また、アクセルを大きく踏み込むとロー変速比側にシフトダウンするが、このときの変速も一般的にはCVTの方が早く、ドライバーの要求に早く反応する。

(3)運転をしていてギクシャクしない

変速に伴う振動(変速ショック)がないため運転がスムーズであり、且つ駆動力が連続的に変化するため、よりドライバーの意向に沿った加速が得られる。

a．AT車は変速ショックがある

AT車を加速する場合、図6−6に示すように、車速の上昇に応じてアップシフト変速をする。変速によりエンジン回転数が低下し、それまでエンジンが持っていた回転エネルギが車両を加速することとなり、変速ショックとなる。CVTは連続的に変速するため、エンジン回転数を変えなくとも車両を加速してゆくことができる。

b．ATは駆動力が階段的に変化する

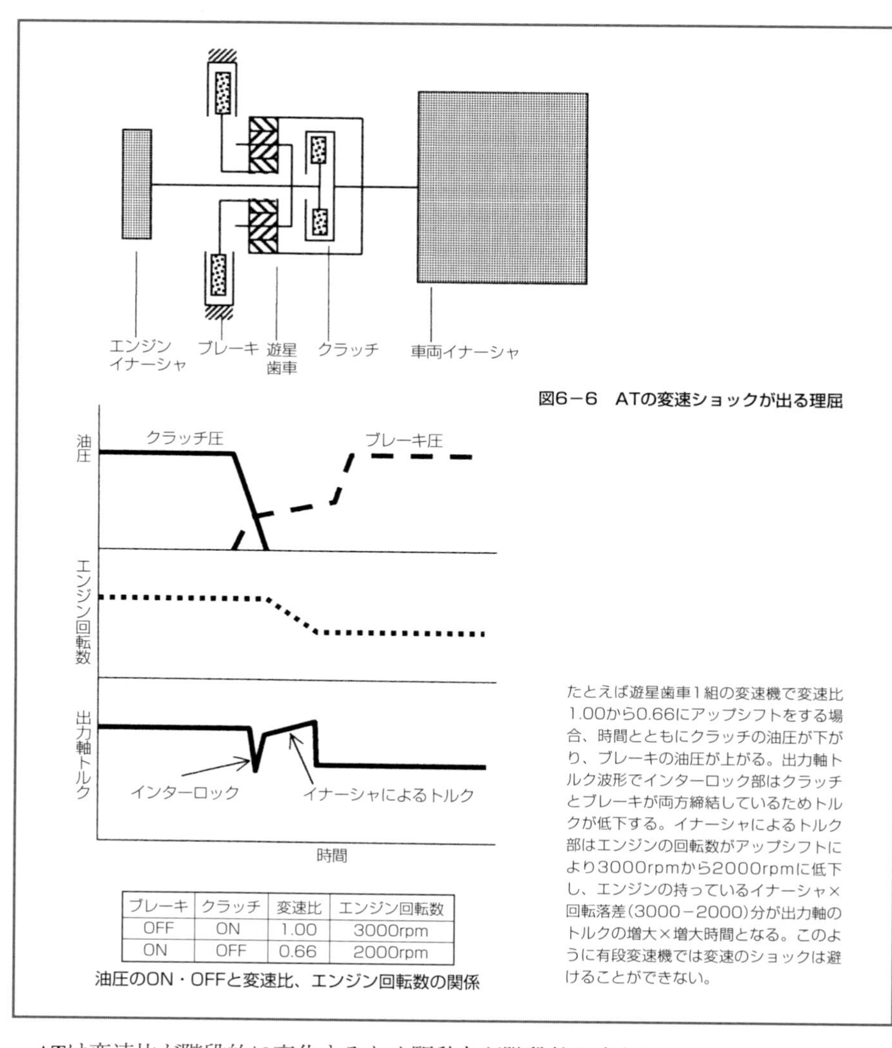

ブレーキ	クラッチ	変速比	エンジン回転数
OFF	ON	1.00	3000rpm
ON	OFF	0.66	2000rpm

油圧のON・OFFと変速比、エンジン回転数の関係

図6－6　ATの変速ショックが出る理屈

ATは変速比が階段的に変化するため駆動力が階段的に変わる。トルクコンバータやエンジンの特性でほとんど違和感をなくしているが、ドライバーはアクセルペダルに応じた連続的な駆動力を期待するためCVTの方がよりフィットする。

c. ATは駆動力の連続性が悪い

ATは、少しだけアクセルペダルを踏み込んだり放したりするだけで変速が行われると頻繁に変速することとなり、これを避けるために少しのアクセルペダルの変化に対

図6－7　ATとCVTのアクセル開度に対する駆動力の特性

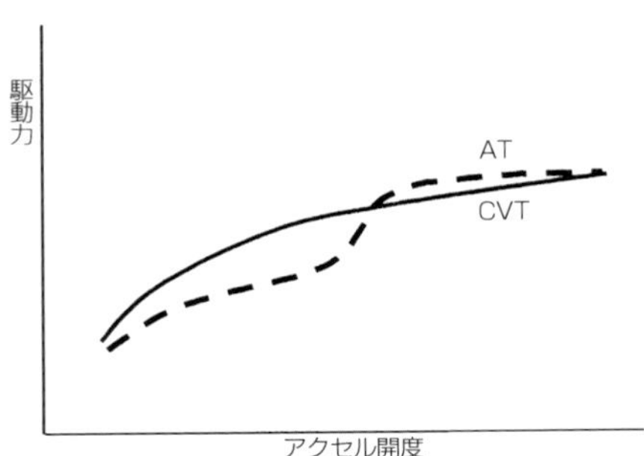

ATでは変速に伴う駆動力の連続性が悪い。CVTはアクセルペダルを少し踏んだときは少しだけ変速をするので常に期待した駆動力が得られる。

して変速をしにくくしている(変速のヒステリシス)。このことは、逆にいえばドライバーが少しアクセルペダルを踏んでも変速せず、駆動力の増加が期待したほど得られない。

また、たまたま変速があるときは期待以上の駆動力が得られてしまう。したがって、ATでは駆動力の連続性が悪い。CVTは図6－7に示すように、アクセルペダルを少し踏んだときは少しだけ変速をするので、常に期待した駆動力が得られる。このことにより、CVTの方が登坂路の走行がより自然な運転感覚となる。

(4)運転が楽しい

次のような付加機能を追加して運転を楽しくしている。

a．マニュアルシフト機能付き

ATにもあるがCVTの方が多段化でき、きめ細かい変速比が選べる。

b．下り坂で適度にエンジンブレーキがかかる

ATよりも変速比が連続的であるため、車両速度に応じて変速比を変えるなど、よりドライバーの運転感覚に合うエンジンブレーキがかかる。

c．ドライバーの運転感覚に合った変速比を選んでくれる

アクセルペダルの踏み方によってドライバーの好みを読み取り、変速スケジュールをパワフルにしたりエコノミにしたり変更する方式は、ATのようにデジタルでなくアナログ的に変化するため、よりドライバーの運転感覚に合う。

(5)ハイブリッド車両への適用性が良い

エンジンの動力とバッテリからの電源によるモータの動力との二つの動力を運転条件で適切に組み合わせることにより、大幅に燃費を向上させるのがハイブリッド車両

であるが、この車両にCVTを使用することにより、減速時のエネルギ回収がより効率良くできるなどメリットがあり、CVTと組み合わせてハイブリッドシステムを構成している例が多い。これについては詳細を第7章で述べる。

2. CVTがATに比べて劣っている点とその理由

ATは1939年に実用化され、以降技術的に改良され進化してきている。一方、CVTの販売開始は1987年で、50年近い開きがある。21世紀に入ってようやく多くの車種に採用されるようになった。遅れて普及するようになったのは、それだけ技術的な課題があったからで、かなり改善はされてきているとはいうものの、まだATに劣っているところがある。それについてここで見てみよう。

(1)伝達効率が悪い

CVTの方が回転抵抗(回転フリクション)が大きい。ATは自分自身が回転するときにフリクションがある。その原因は主にはオイルポンプや、クラッチ、シール、オイルの攪拌などがある。

CVTにおいても同じような部品があり、それ以外にもベルト、プーリ部のフリクションがあるため、一般にはATに比べて大きくなってしまう。そのような不利な点があっても、一般走行条件ではCVTが全体としては前項の燃費について記したように市街地走行燃費やモード走行燃費性能が良いが、一定速度で走り続けるような条件での燃費(定地走行燃費)が悪くなる。

(2)重量が重い

変速機の動力伝達は、力×作用半径(=トルク)で、その大きさが決まる。ATは歯車によりトルクを伝達する。CVTは歯車と同じ金属を使用するが摩擦力でトルクを伝達する。摩擦により伝達するため摩擦係数を0.1とすると押し付け力を歯車の10倍にする必要がある。使用する材料が同じであるため面積当たりの押し付け力(面圧)を同じにしなければならない。そのためには、接触する面積を10倍にしなければならないことになる。または作用半径を10倍にしなければならない。どちらにしても部品が大きくなり重くなる。

(3)寸法が大きい

重量と同じ理由により、寸法も大きくなる。

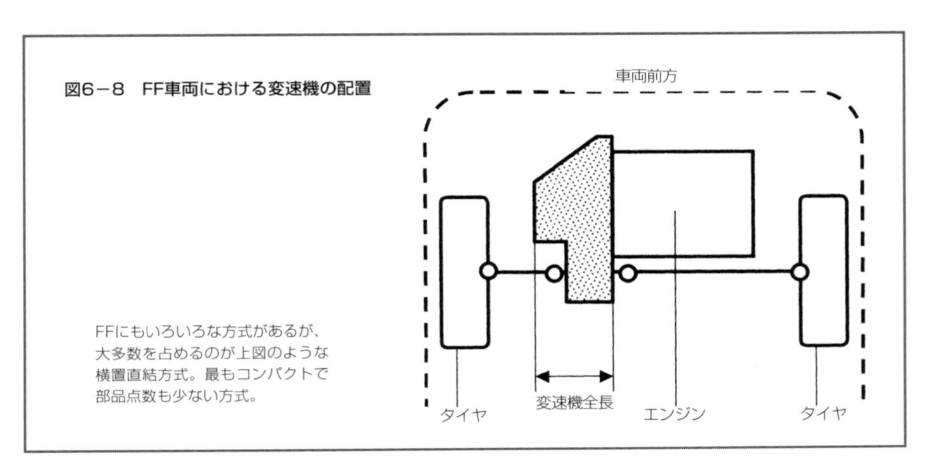

図6−8　FF車両における変速機の配置

a．FF(Front Engine Front Drive)車の場合

多くの車両に使用されているエンジン横置きのFF車は図6−8に示すように、エンジン、変速機を車両の走行方向に対して直角方向に置くから、これらを前輪のタイヤの間に収める必要がある。車両の幅が決められているため、変速機の全長を短く設計しなければならない。

全長をATと同じに設計しないと車両に搭載することができないため、CVTもほぼ同じサイズに収めている。しかしながら、CVTの方がもともと容積が大きいために、ATより出っ張る部分が大きく、車載する際にエンジンルームの部品配置に配慮が必要になる。

b．FR(Front Engine Rear Drive)車の場合

FR車の場合、変速機は運転席と助手席の間にトンネルと称して大きな出っ張りがある。したがって、変速機は胴周りが細いことが要求される。CVTはその構造上二つのプーリを胴の中に並行して配置しなければならないため、どうしても胴周りが太くなってしまう。このためFR車には搭載するのが難しく、開発を試みてはいるが未だ商品になったものはない。

(4)トルク容量に限界がある

CVTを大きなトルク容量まで適用する開発は急速に進んでおり、3.5リッタークラスのエンジンまで適用することが可能になっている。FF車両のほとんどの車に採用することができるが、さらに大きなエンジン付きの車両に適用できるCVTはない。

(5) 値段が高い

値段は生産量や政策により大きく変わるが、CVTの方が部品の種類は少ない。しかし、大きくて精度の高い部品が多く、生産量も少ないため一般的には値段的に不利である。

3. 結局どちらが優れた変速機か

以上をまとめてみると表6－1のようになる。

一言でいえば、性能の面ではATに比べ優れており、定地燃費こそ不利だがモード燃費としてはCVTの方が良い。一般の運転者からも運転性は運転していてその差がわかるといわれており、発展性の大きい変速機である。しかし、不利である大きさや重量などを考え、ATに変わるべき変速機となるかどうかは議論が分かれるところであり、総合性能としては拮抗しているといえる。オートマとマニュアルは、機能が異なるため長く2本立てで残る変速機であるが、ATとCVTはオートマという意味では同じ機能をもった変速機であり、自動車の歴史を見ても同じ機能をもつシステムが永久に2本立てで使われることはなく、総合的に優れたユニットに1本化される運命にある。

表6－1 AT、CVTの総合性能比較

	項目		CVT	AT
性能	燃費	モード	○	
		定地		○
	運転性	加速性	○	
		レスポンス	○	
		変速ショック	○	
		駆動力の連続性	○	
		運転して楽しい	○	
その他	重量			○
	大きさ			○
	FRへの適用性			○
	ハイブリッド車への適用性		○	

第7章　最近の技術と動向

CVTの技術動向としてハイブリッドCVT、新しいベルトCVTの技術、CVTに求められる技術、今後CVTはどうなるのか、ベルト以外のCVTなどについて解説してみる。ベルト以外の注目されるCVTとして最初にトロイダルCVTについて主に説明する。

1．トロイダル型CVT

1999年ジヤトコが商品化に成功したトロイダルCVT（Toroidal CVT）について説明する。このCVTは金属面を高圧で押し付け接触面をつくり、その接触面の半径位置を連続的に変える方式のCVTである。トロイダルとは円弧形状が軸上を回転するときにできる円環状の形状を表す幾何学的な名称で、たとえばドーナツのような形状である。トロイダルCVTにはハーフトロイダルCVTとフルトロイダルCVTがある。ここではジヤトコが商品化したハーフトロイダルCVTについて主に説明する。

(1) 全体構造

ベルトCVTは軸半径方向に大きく、軸方向に短いためFF方式に適しているのに対して、本方式のCVTは軸方向に長い形状であり、軸半径方向には比較的小さいため、FR方式により適している。

全体の構成は図7－1に示すように、エンジンからの回転トルクをトルクコンバータ

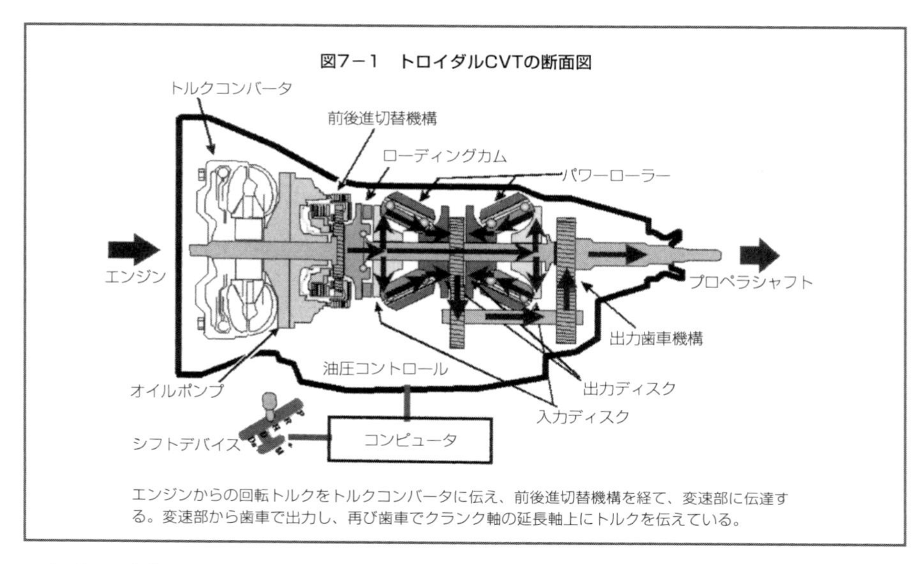

図7－1　トロイダルCVTの断面図

エンジンからの回転トルクをトルクコンバータに伝え、前後進切替機構を経て、変速部に伝達する。変速部から歯車で出力し、再び歯車でクランク軸の延長軸上にトルクを伝えている。

に伝え、前後進切替機構を経て、CVTに伝達する。ここまでは、機構的にはベルトCVTと同じである。変速部分は全く異なるので後で詳しく説明する。

FRの変速機は、一般的にはエンジンクランク軸の延長上に出力軸を出しており、本CVTも車両に搭載する場合に変更を少なくするため平行軸の歯車を使用し、CVTの変速部分の出力部から歯車で出力し、再び歯車でクランク軸の延長軸上にトルクを伝えている。また、回転方向を普通のATと同じ回転方向にするため、後方の歯車については3個の歯車を使用し、回転方向を逆回転している。

出力軸上には通常のATと同じように、パーキングギアを設定している。FR変速機は出力軸がプロペラシャフトにトルクを伝えるところで終わり、FF方式の減速歯車や差動歯車は、終減速機(ファイナルドライブ)がその機能を受け持っている。まとめると表7－1のようになり、変速機能部以外はベルトCVTと同じ機構である。

表7－1　FRトロイダルCVTとFFベルトCVTの機構差

	FR駆動方式のトロイダルCVT	FF駆動方式のベルトCVT
発進・制振機能	トルクコンバータ	左記に同じ
前後進切替ニュートラル機能	遊星歯車、クラッチ、ブレーキ部品	左記に同じ
変速機能	トロイダルCVT部品　トロイダル変速制御部品	ベルトCVT部品　ベルト変速制御部品
パーキング機能	パーキング部品	左記に同じ
減速機能	変速機には無い	減速歯車
左右輪差動機能	終減速機が受け持つ	差動歯車

図7－2　トロイダルCVTの変速機構

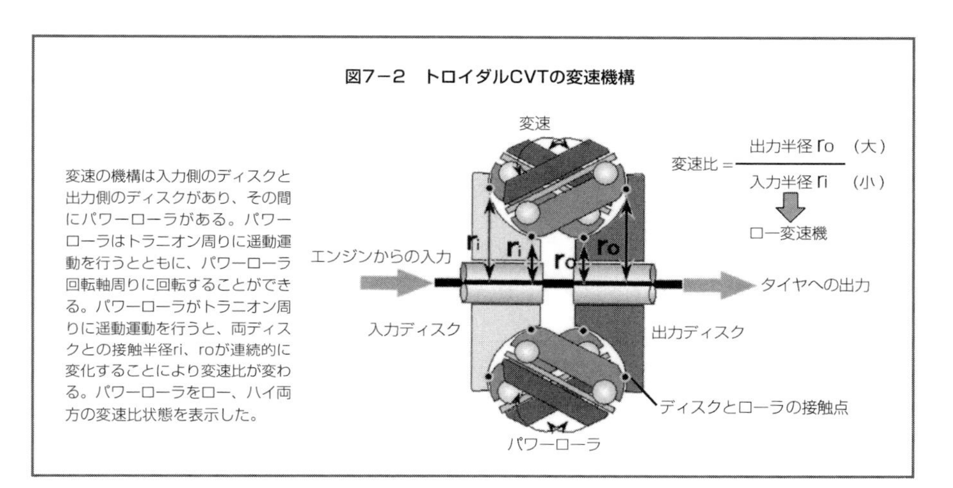

(2)変速の仕組み

タイヤが回転すると地面との間に摩擦が働き、車両は前の方に駆動される。このような力の伝達方法をトラクションドライブという。このとき、タイヤの半径を連続的に変えることができれば無段変速機になる。トロイダルCVTはそのように2個の円盤を押し付けながら、その円盤の半径を連続的に変えることにより変速を行っている。

変速の機構は入力側のディスクと出力側のディスクがあり、その間にパワーローラというローラがある。図7－2のように、パワーローラが遥動運動を行うとともにスラストベアリングで支持されているため、パワーローラ回転軸周りに回転することができる。パワーローラが遥動運動を行うと、両ディスクの接触半径が連続的に変化する。このことにより、変速比が連続的に変化する。動力の伝達は入力側ディスクからパワーローラ、出力側ディスクへと伝わる。

本方式は図7－1のように、ディスクの断面形状が半円状であるためハーフトロイダルCVTと呼んでいる。

図中ロー変速比とは入力側ディスクとパワーローラが小さな半径部で接触し、出力側ディスクとパワーローラは大きな半径で接触する状態である。ハイ変速比はその逆の状態である。変速比は次の式で表される。

変速比＝出力側接触半径／入力側接触半径

(3)接触面の滑り

2個の回転体が接触しながら回転する場合、接触状態によっては接触面で滑りが発生する。図7－3にテーパーローラベアリングとトロイダルCVTの接触状態を示す。

図7−3　テーパーローラベアリングとトロイダルCVTの接触面延長軸の関係

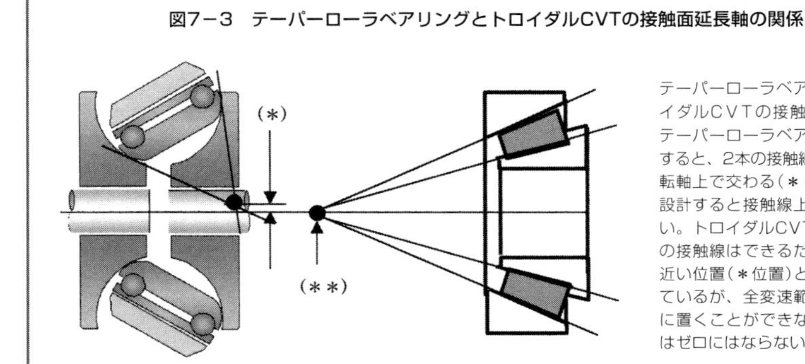

テーパーローラベアリングとトロイダルCVTの接触状態を示す。テーパーローラベアリングで説明すると、2本の接触線の延長線が回転軸上で交わる(＊＊位置)ように設計すると接触線上では滑りがない。トロイダルCVTの場合は2本の接触線はできるだけ回転軸上に近い位置(＊位置)となるようにしているが、全変速範囲で回転軸上に置くことができないため、滑りはゼロにはならないが小さい。

テーパーローラベアリングで説明すると、2本の接触線の延長線が回転軸上で交わるように設計すると接触線上では滑りがない。実際の接触は線ではなく面となるため、ローラの半径の差で滑りは発生する。

トロイダルCVTの場合は2本の接触線はできるだけ回転軸上に近い位置となるようにしているが、全部の変速範囲で回転軸上に置くことができないため、滑りはゼロにはならない。変速範囲の中で2ヶ所の変速比のときのみ2本の接触線が回転軸上で交わるため、このとき滑りはない。この場合も実際の接触は線でなく面となるためパワーローラの半径の差は滑りとなる。

(4)ディスク押し付け力

摩擦伝動(トロイダルの場合はトラクションドライブというべきであるが)の伝達力は

伝達力＝押し付け力×摩擦係数

であり、摩擦係数は0.06〜0.10程度であるため、大きな押し付け力で接触面を押し付けないと必要な力は伝達しない。ベルトCVTの場合は油圧で押し付けているが、トロイダルCVTの場合はローディングカムにより入力トルクに比例した押し付け力と、さらに入力トルクがゼロでも摩擦面がスリップしないように、皿ばねで一定の押し付け力を加えている。

ローディングカムの構造は図7−4に示すように、回転方向に傾斜面をもったローディングカムと入力ディスクがあり、その間にローラを挟んでいる。ローディングカムにトルクが伝わると、ローラがローディングカムの傾斜面を転がり、ローディングカムと入力ディスクが離れる方向に、すなわち軸方向に開く方向にスラスト力が発生し、これがディスクを押し付ける力となる。

押し付け力に油圧を使っていないため、伝達トルクの大きさに比べて比較的小さな

図7−4　ローディングカムの構造

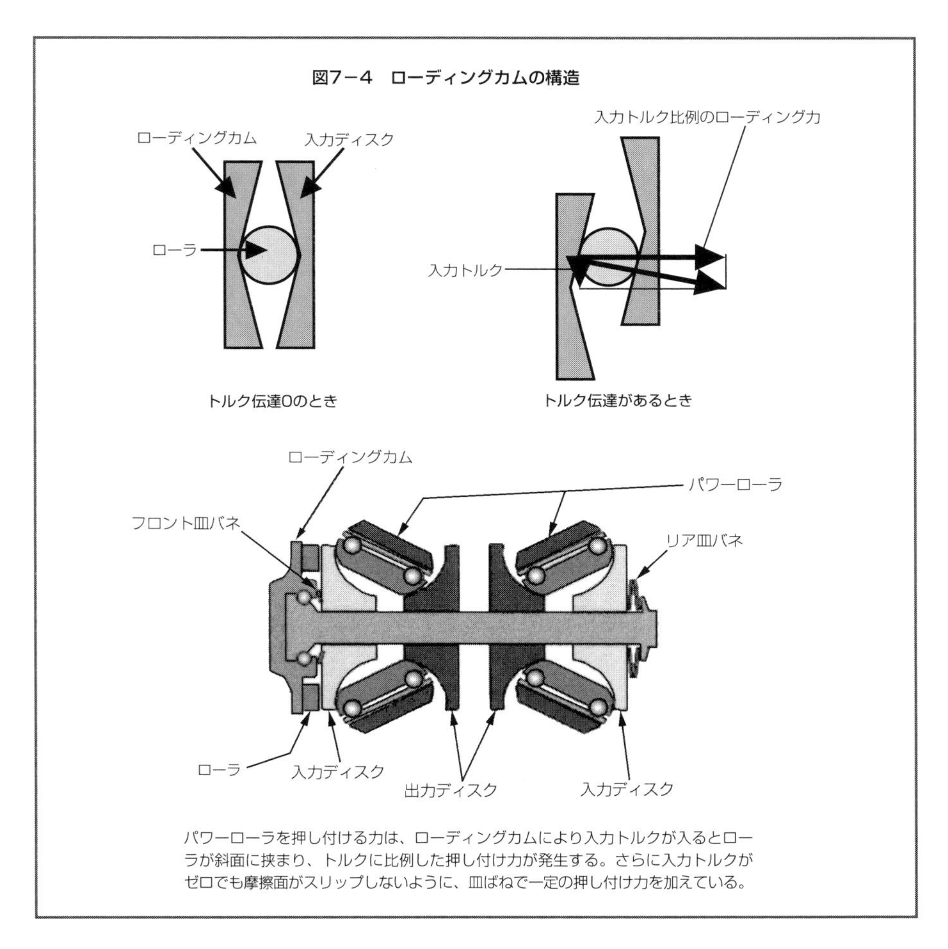

パワーローラを押し付ける力は、ローディングカムにより入力トルクが入るとローラが斜面に挟まり、トルクに比例した押し付け力が発生する。さらに入力トルクがゼロでも摩擦面がスリップしないように、皿ばねで一定の押し付け力を加えている。

油圧で済み、またトルクに対して正確でレスポンスの良い押し付け力が得られるメリットがある。

(5)変速比ごとの接触面必要押し付け力

ディスクとパワーローラ間の必要押し付け力の関係を考えてみる。計算式を式7−1に示し、計算結果の一例を図7−5に示す。ディスクはトルクに比例した押し付け力で軸方向に押し付けられるが、実際の接触面を押し付ける力は変速比によって変わるくさび角の影響を受け変化する。一方、変速比の変化によって接触点の半径が変化する。

式7－1　ディスクとパワーローラ間の必要押し付け力の関係式

必要押付け力Fi・Foは

$$Fi = T\mu Ri / \sin\phi$$

$$Fo = T\mu Ro / \sin\phi / I = Fi$$

$$Ri = D/2 - R\cos\phi$$

$$Ro = D/2 - R\cos(2\theta - \phi)$$

$$I = Ro/Ri$$

ここで

Fi、Fo：必要押付け力(N)

インデックスはi：入力側、o：出力側

T：伝達トルク(Nm)

μ：摩擦係数

Ri・Ro：パワーローラとディスクが接触する半径(m)

ϕ：傾転角(deg)、入力側接点と軸直角軸とのなす角

I：変速比

D：二つのパワーローラの遥動中心間距離(m)

R：パワーローラの円弧半径(m)

θ：パワーローラの半頂角(deg)

入力ディスク　出力ディスク　パワーローラ

図7－5　ディスクとパワーローラ間の必要押し付け力の関係

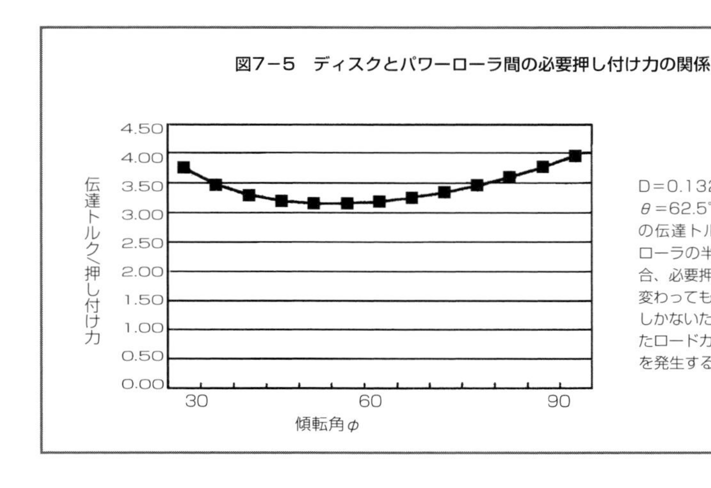

D＝0.132m、R＝0.04m、θ＝62.5°　μ＝0．06の場合の伝達トルクを示す。パワーローラの半頂角が62.5度の場合、必要押し付け力は変速比が変わっても、20～30%の変化しかないため、トルクに比例したロードカム方式で押し付け力を発生する機構が良い。

(6)接触面の面圧

円弧状の面を有する2面の金属表面が接触すると、金属表面が変形し、そこに発生する最大圧力、接触面積は次の式で計算することができる。これはHertzの面圧計算式で機械工学では有名な式であり、軸受、歯車、ワンウェイクラッチなどAT、CVTに関連が深いため式7−2に紹介をしておく。

式7−2　Hertzの面圧計算式

最大面圧Pmaxは

$$Pmax = 3F / (2\pi ab)$$

$$a = (6K^2 \varepsilon RF / \pi E')^{1/3}$$

$$b = (6 \varepsilon RF / \pi KE')^{1/3}$$

$$1/r = 1/rx + 1/ry$$

$$1/rx = 1/rax + 1/rbx$$

$$1/ry = 1/rax + 1/rby$$

$$\varepsilon = 1.0003 + 0.5968 (rx/ry)$$

$$K = a/b \fallingdotseq 1.0339 (ry/rx)^{0.636}$$

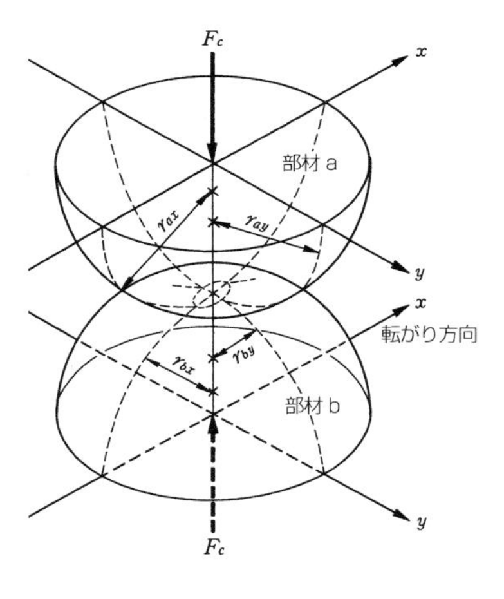

ここで

Pmax：最大面圧(Pa)

a、b：接触楕円の半径(m)

F：押付け力(N)

K：接触楕円のアスペクト比(上記式)

ε：修正項(上記式)

E´：材料定数、2.32×10^{11} (N/m^2)(鋼材の場合)

r：4ヶ所の等価半径(m)(上記式)

rx・ry：x軸、y軸方向の等価半径(m)(上記式)

ra：部材a(例えばディスク)の等価半径(m)(上記式)

rb：部材b(例えばパワーローラ)の等価半径(m)(上記式)

<計算例>

rax＝0.032m

ray＝−0.040m

rbx＝0.040m

rby＝0.039m

F＝50000N

の場合

Pmax＝2.4GPa

文献：田中裕久著「トロイダルCVT」コロナ社発行

実際のトロイダルCVTでこの計算を行うと、一例として最大で2.4GPaという大変大きな値となる。

(7) トラクション油

トロイダルCVTが商品化に成功した要因には、多くの要素開発の進歩があるが、その中でもオイルの進歩によるところが大きい。本CVTに使用するオイルは、トラクション油と呼び、AT・ベルトCVTに使用するATFとは区別している。

ATFは鉱物油を分留してつくられる油に種々の添加物その他を加えているが、トラクション油はすべて合成した材料に種々の添加剤を加えた合成油で、その製造工程からもきわめて高価な油である。

特性としては図7－6に示すように、きわめて大きい面圧が加わると、分子が整列し、固体状になり互いに絡み合って大きな剪断力、すなわち摩擦係数が大きくなる。一方、通常の軸受や歯車で使用するような面圧の低い状態では普通の潤滑材と同じような特性をもった便利な油である。

当然のことながら車両で使用するためには、トラクション油は上記の特性以外に、コントロールバルブによる油圧制御、オイルポンプによる油圧の発生、トルクコンバータによるトルクの伝達、クーラによるCVTの冷却など、それぞれ特性の異なる要求性能を満たさねばならない。使われる条件としては－40℃から140℃まで、また一般ユーザであれば車の使用期間中は無交換で機能を果たさなければならない。これら全部の要求を満たすためのトラクション油の開発は、大変な知恵と労力、時間とお金が必要である。

(8) パワーローラの支持方法

2枚のディスクに挟まれたパワーローラは回転しながら遥動できなければならない

図7－6　トラクション油の接触状態

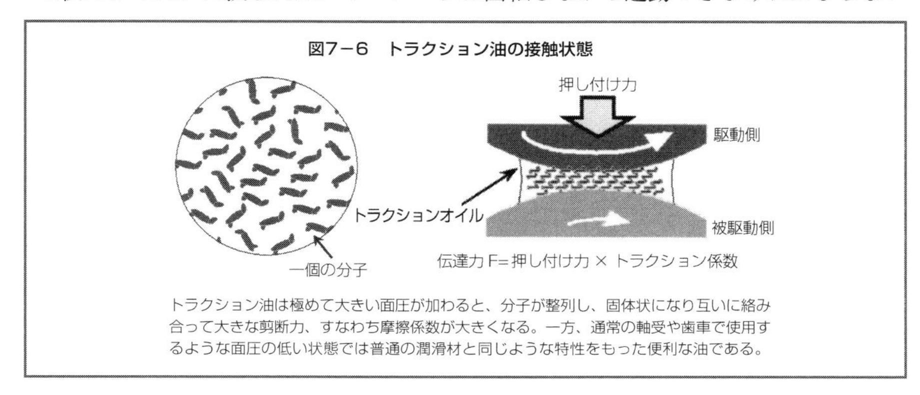

トラクション油は極めて大きい面圧が加わると、分子が整列し、固体状になり互いに絡み合って大きな剪断力、すなわち摩擦係数が大きくなる。一方、通常の軸受や歯車で使用するような面圧の低い状態では普通の潤滑材と同じような特性をもった便利な油である。

が、それ以外にも変速を行うという重要な機能を持っている。パワーローラの支持構造を示したのが図7−7である。

パワーローラは、ディスクから大きなスラスト力を受ける。このスラストを受けながら回転できるようにするため、スラストベアリングで支えられている。このスラストベアリングは大きなスラストを受け、且つ高速で回転するため、多くの軸受技術の結晶である。スラストベアリングはトラニオンに支えられている。

トラニオンから決まるパワーローラのセンタと、2個のディスクから決まるパワーローラのセンタは各部品の変形、部品精度のばらつきなどにより一致しない。これを避けるためにパワーローラとトラニオンを結ぶ軸は、パワーローラ部とトラニオン部で軸のセンタをオフセットさせており、パワーローラを車両の前後方向に移動可能にしている。

トラニオンはパワーローラが揺動できるように、揺動中心と同一軸上に配置された上下2ヶ所の軸受で支えられている。トラニオンにも外側にパワーローラよりのスラスト力を受けるため、左右の2個のトラニオンを上下2本のリンケージで結びお互いのスラスト力の大部分を消し合っている。上下2個のリンケージはその中央でシーソの

図7−7　パワーローラの支持構造

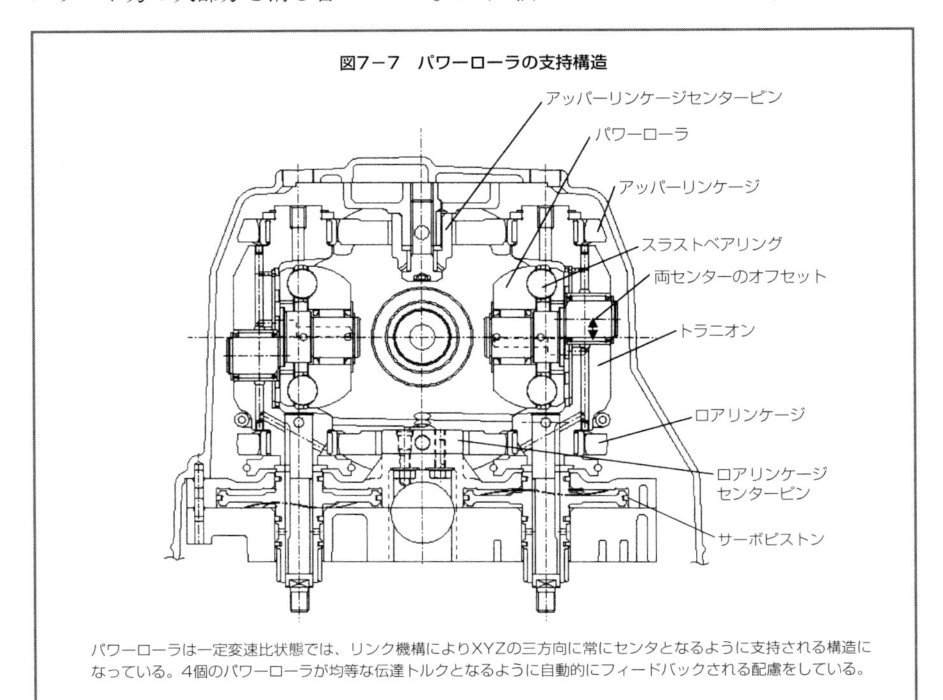

パワーローラは一定変速比状態では、リンク機構によりXYZの三方向に常にセンタとなるように支持される構造になっている。4個のパワーローラが均等な伝達トルクとなるように自動的にフィードバックされる配慮をしている。

ように動けるよう、センターピンでケースに固定されている。リンクがシーソのように動くと左右のトラニオン、すなわちパワーローラが上下に動ける構造になっている。したがって、リンクとトラニオンの結合もパワーローラが遥動できながら、リンクのシーソ運動ができるよう球面リングで結合している。

トラニオンはサーボピストンと一体構造になっており、サーボピストンの上下には油圧室があり、油圧の操作によりピストンを上下に動かすことができる。このパワーローラを上下に動かすことにより変速を行っている。

(9)変速機構

ベルトCVTの変速機構は、油圧により両プーリを押し付ける力のバランスを変えて変速を行っている。これはハンドル装置のない車でカーブを曲がってゆくときに、無理やり車の前の部分に横方向に力を加え曲げるようなもので、これでも車が動いていると、タイヤの撓みや横滑りにより車は曲がることができる。ただし、大きな油圧力を必要とする。

一方、トロイダルCVTの変速は、ハンドルを切ると前輪のタイヤが切られ車が動いていると自然と車が曲がってゆくような考え方で変速を行っている。図7−8に示すように、パワーローラを先に説明した機構で油圧力により上下に動かすと、パワーローラの転がる方向と、ディスクの回転する方向がずれる。このずれによりパワーローラ

図7−8　ハンドル装置と車両の曲がり方

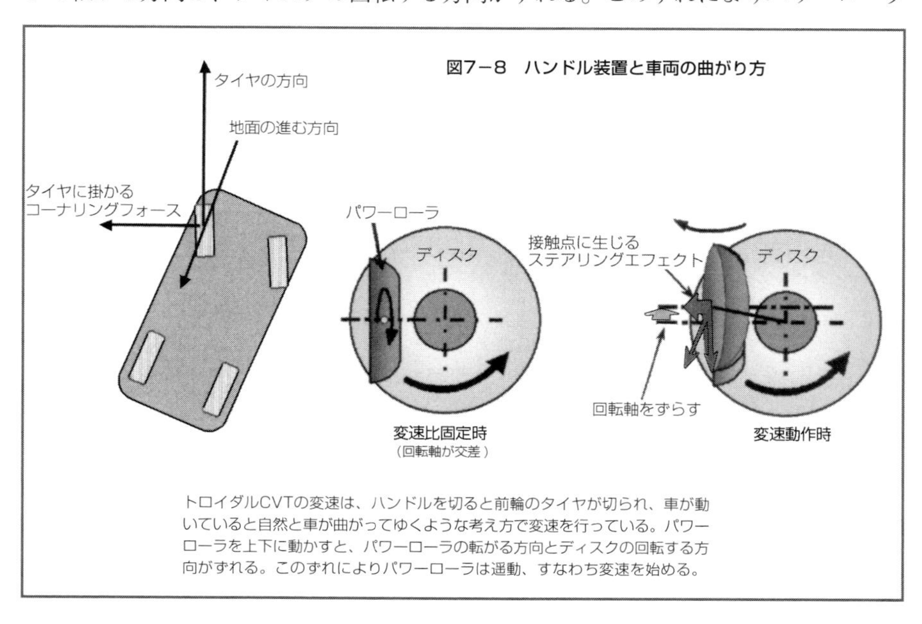

トロイダルCVTの変速は、ハンドルを切ると前輪のタイヤが切られ、車が動いていると自然と車が曲がってゆくような考え方で変速を行っている。パワーローラを上下に動かすと、パワーローラの転がる方向とディスクの回転する方向がずれる。このずれによりパワーローラは遥動、すなわち変速を始める。

は遥動、すなわち変速を始める。車でいえば、ハンドルを切った瞬間には、タイヤの角度と今まで進んでいた車の進行方向がずれているのと同じで、すぐに車はタイヤの角度の方向に曲がり始める。車は所定のカーブを曲がりきるとハンドルを戻して直進する。トロイダルCVTの場合も所定の変速比に到達すると、パワーローラを再び元の位置、すなわちディスクの回転中心位置に戻すと、新しい変速比を保って動力を伝達する。

このような変速の方法を取っているため、変速スピード(変速レスポンス)が速い。たとえば、アクセルを急に踏み込んだ場合、エンジン回転が上昇するように変速するが、この変速スピードはエンジンが変速機をニュートラルにして回転が上昇するスピードにするほど速いスピードで変速することも機構的には可能である。もっとも、こんなに速く変速すると、車が加速しなかったり変速に伴うショックが発生したりするため、もっと遅い適度な変速スピードに落としてコントロールしている。

(10)変速油圧制御

変速を行うための油圧制御回路について説明する。図7−9に示すように、変速の指示はベルトCVTと同じようにステップモータにより、レバーのステップモータ側の端を矢印の方向に変速したい量だけ動かす。この動きにより、変速制御バルブと油の通

図7−9　変速の油圧制御回路

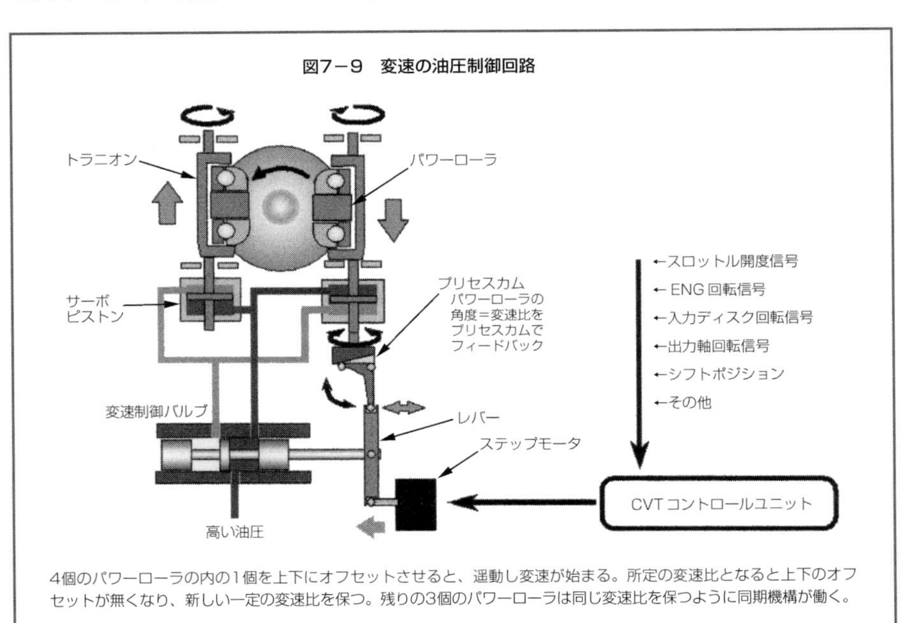

4個のパワーローラの内の1個を上下にオフセットさせると、遥動し変速が始まる。所定の変速比となると上下のオフセットが無くなり、新しい一定の変速比を保つ。残りの3個のパワーローラは同じ変速比を保つように同期機構が働く。

路が変化する。すなわち、高圧の油が右側のサーボピストンの上の油圧室に入り、一方下の油圧室の油が排出(ドレイン)され圧力が低下する。両油圧室の圧力が変化することにより、矢印で示したようにサーボピストン、すなわちパワーローラが下に押し下げられる。同様に、反対側のパワーローラは、油圧室が上下逆になっているため上に押し上げられる。パワーローラが上下に移動することにより、変速を開始する。

変速するということはパワーローラが遥動する、すなわちトラニオンが遥動する。トラニオンの下部には傾斜板を持ったプリセスカムがあり、プリセスカムも遥動するため、傾斜板に接触し上下変位を左右変位に変え、レバーのプリセスカム側の端をステップモータの矢印とは逆の方向に動かし、変速制御バルブが元の中立位置まで移動したところで、油圧室への油圧の変化が止まり、変速が終了する。すなわち、ステップモータでレバーを移動した分と同じだけ、変速によりレバーの他端が逆方向に移動したところで変速は完了する。

車両の速度やアクセル開度などの情報によりTCUから電気信号を送り、ステップモータで目標位置まで動かすことにより、目的となる変速比が得られる。この変速制御の考え方は、ベルト式CVTのステップモータ方式の制御と基本的には同じである。

(11)フルトロイダルCVT

以上、ハーフトロイダルCVTについて詳しくみてきたが、同じように円盤を押し付けトルクを伝達する方式であるフルトロイダルCVTについて説明する。入出力ディスクが図7−10に示すように、円形状であるためフルトロイダルCVTと呼んでいる。パ

図7−10　フルトロイダルCVTの変速機構

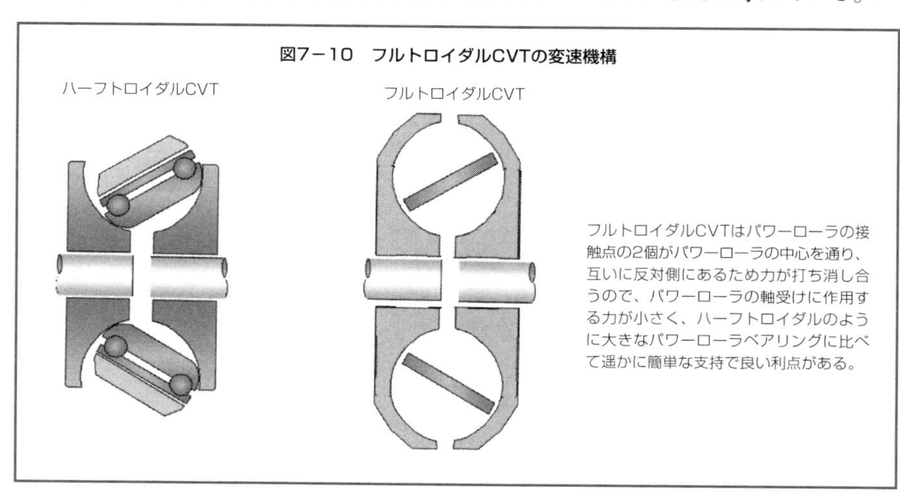

図7－11　フルトロイダルCVTの接触面延長軸の関係

フルトロイダルCVTの接触面延長軸は2本の接触面の延長線上と、回転中心がそれぞれ大きく離れて1箇所で交わることがない。変速比が1：1の状態で最大の滑りとなり、ディスクが1回転するとパワーローラと転がりながらお互いの接触面も1回転する。

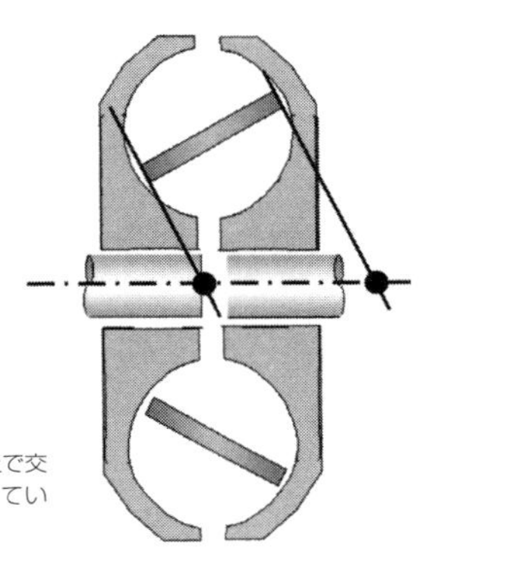

転がり面の接戦が回転軸上で交わらない(2つの●が離れている)と滑りが大きくなる。

ワーローラの中心がディスクの円の中心にあり、この中心でパワーローラを遥動させる。パワーローラの接触点の2個がパワーローラの中心を通り互いに反対側にあるため力が打ち消し合うので、パワーローラの軸受けに作用する力が小さく、ハーフトロイダルのように大きなパワーローラベアリングに比べて遥かに小さいベアリングで済む利点がある。

一方、接触面の滑りについて考えてみよう。ハーフトロイダルで滑りについて説明した図7－3をフルトロイダルについて描いたのが図7－11である。この図で示すように、2本の接触面の延長線上と、回転中心がそれぞれ大きく離れて1箇所で交わることがない。変速比が1：1の状態ではディスクが1回転したとき、接触面も1回転する。いわゆるスピンが1である。

このようにスピンが大きいと、接触面の摩耗や伝達効率の悪化を招く。本方式はGMが1928年から開発を行っていたが断念した。

2. ハイブリッドシステムとCVTとの関わり

エンジン＋ガソリンタンクと電気モータ、ゼネレータ＋バッテリの二組の動力源を持ち、それぞれの動力源の特徴を生かしてガソリンの消費を抑えたハイブリッドカーが環境問題意識の強まりとともに注目を集めている。ハイブリッドの二組の動力源から車両を駆動する駆動装置と、CVTとの関わりを考えてみる。

表7－2　ハイブリッドの動力源の特徴

	長所	短所	得意とする運転モード
エンジン ＋ ガソリンタンク	高出力 コンパクト エネルギ密度が高い	低出力時の効率が悪い 車両停止時も回転している	高負荷時 長距離運転
電気モータ，ゼネレータ ＋ バッテリ	ゼロ回転からの発進が可能 エネルギ回収が可能 低出力時も効率が良い 逆回転ができる	エネルギ密度が低い	車両停止時 発進時 低負荷時 減速時 後進時

（注）エネルギ密度：出せるエネルギ量／構成部品の重さ

(1)動力源の特徴と役割

それぞれの動力源の長所短所と得意な運転モードを表7−2にまとめてみた。

それぞれに得意とする運転モードがあるために、得意な領域でうまく駆動力を引き出すのが駆動系の役割である。運転条件ごとにクラッチなどで動力伝達を切り替えた

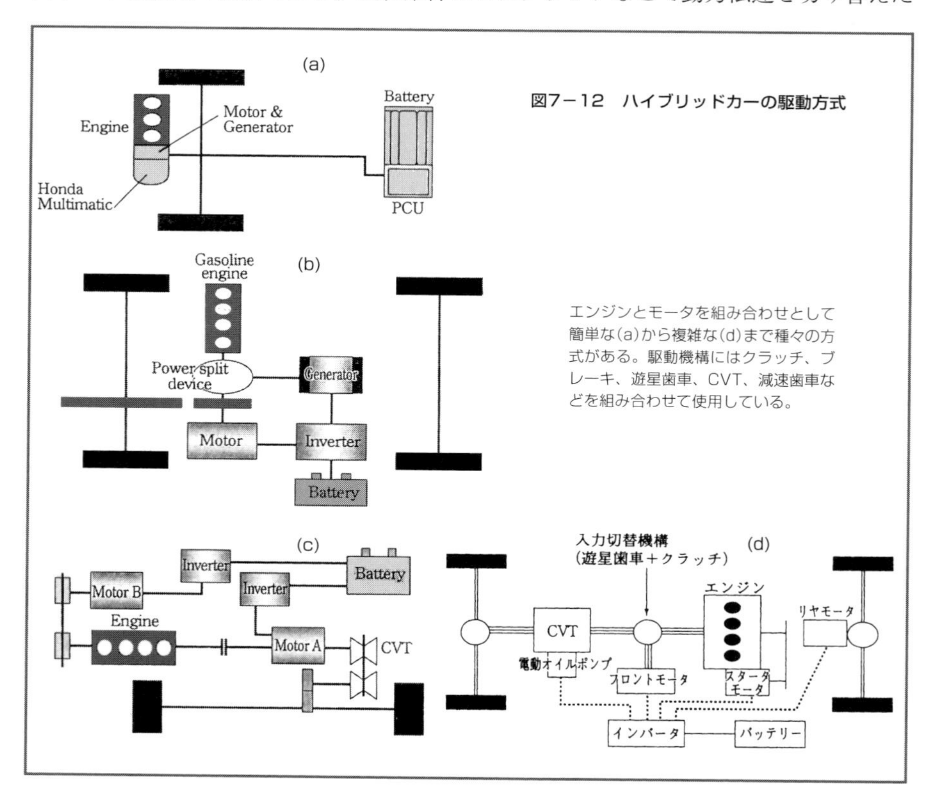

図7−12　ハイブリッドカーの駆動方式

エンジンとモータを組み合わせとして簡単な(a)から複雑な(d)まで種々の方式がある。駆動機構にはクラッチ、ブレーキ、遊星歯車、CVT、減速歯車などを組み合わせて使用している。

り、遊星歯車で二つの動力をある割合で足し合わせたり、車両の速度が変化するが、CVTで連続的に変速してエネルギを回収したりするため、種々な方式の駆動系がある。一般的には構造を複雑にするにつれ、より燃費性能の向上が得られるが、機構が複雑で高価となる。市販車の駆動系の一部を図7－12に紹介する。

なお、カバーに掲載されているCVT8/JATCOのハイブリッドは図7－12(C)のモーターBを無くした方式で、シンプルな構成であるがCVTの特性をうまく使って連続した加速感や効率の良いエネルギ回収を実現した、環境に優しい技術である。

(2) CVTの役割

ここでCVTの役割について述べると、車両は加減速をしながら走行する。ガソリン車では減速時はブレーキをかけたり、エンジンブレーキで減速するが、いずれも減速で持っているエネルギは捨ててしまっている。ハイブリッドカーは、ゼネレータがあり減速のエネルギを発電することによりバッテリに電気エネルギとして回収することができる。ただし、ゼネレータはある程度の回転速度範囲は効率が良いが、車両のスピードは大きく変化するため、エネルギ回収できる範囲が狭い。変速機をつければ良いが、有段変速機では変速のたびにショックが発生してしまうため、CVTが必要となる。このような理由でCVT付きのハイブリッドカーが増えているが、種々な方式が考えられている。

3. ベルトCVTに要求される技術は何か

新しいベルトCVTの技術を考えるヒントとして、CVTはどのような性能、機能が優れていれば良いかを考えてみる。ユニットの設計の際、ユニットは車両に使われるものであるため、常に車両の性能を上げるために何をすべきかと、一段上の車両要求から考えてみる。これらの要求を満たすようにCVTは新しくなっていくと考えられる。

(1) 車両性能からの向上の要求

ベルトCVTが影響する車両性能からの向上の要求(車両ニーズ)を列挙してみる。営業性なども含めた広い意味での性能も含めてみた。

a. 動力性能

発進加速が良い。中速、高速の加速が良い。
アクセルペダルの動きに対して駆動力の変化が適切である。
アクセルペダルの動きに対して駆動力のレスポンスが良い。

変速比の選び方(変速スケジュール)が適切である。
タイヤのホールド性が良い。

b．燃費性能

低速、高速の定常燃費が良い。
モード走行燃費が良い。
停止時の燃料消費量が少ない。
コースティング時の燃料消費量が少ない。

c．運転性

駆動力が連続的でショックが少ない。
クリープ力が適切で、変化しない。
加減速感が意に添っている。
登降坂で駆動力が意に添っている(登坂走破性が良い)。
アクセルペダルの動きに対して駆動力のレスポンスが速い。
前進走行中間違えてリバースにシフトしてもリバースに入らない。
エンジンブレーキの効きが適切である。
パーキングに確実に入り、スムーズに抜ける。
セレクトレバーをなくしてもボタンスイッチでできる。
低温、高地、エアコンの使用などでも運転性は変わらない。
運転して楽しい。
誤発進しない。
意に反した駆動力の変化がない。

d．音振性能

定常、加速、減速などあらゆる運転条件で静かである。
特別目立つ異音がしない。

e．車載性能

車載しやすく、変更が少ない。
エンジンルームが小さくできる。
車載要求に応じやすいよう少ない変更で対応できる。
重量が軽い。
エンジン、操作系、出力軸などとつながりやすい。

f．保証、メンテナンス性

故障しない。
不具合の率が低い。
クレーム対応が早い、確実に直る。

故障しても最低限の走りができる(フェールセーフ機能がある)。

メンテナンスが要らない。

g．営業性

コストが安い。

(2) CVTユニットに求められる性能

車両が要求する性能に対応するユニットに求められる性能(ユニットニーズ)を挙げてみる。実際は車両の要求とマトリックス的に対応しているが、ここでは対応関係は省略する。

a．動力性能

変速比の幅が大きい。

変速比の段差感が小さい。

ローのギア比が大きい。

トルコンの容量が適切。

アクセルペダルの動きと駆動力がリニアになっている。

変速が速い(変速レスポンスが良い)。

変速比の選定(スケジュール)が適正。

伝達効率が良い。

フリクションが少ない。

b．燃費性能

伝達効率が良い。

フリクションが少ない。

スリップが少ない。

変速比の幅が大きい。

フューエルカット頻度が高い。

エンジンの効率の良い範囲を多用する変速制御。

重量が軽い。

c．運転性

変速ショックが少ない。

ロックアップショックが少ない。

マニュアルレバー作動時のショックが少ない。

クリープ力が適切、変化しない。

加減速、登降坂で変速スケジュールが意に添っている。

変速のレスポンスが速い。

前進走行中リバースに入らない。
エンブレの効きが適切である。
パーキングに確実に入り、スムーズに抜ける。
マニュアルレバーのボタンスイッチ化。
低温、高地、エアコンの使用などでも運転性は変わらない。
運転して楽しいマニュアルシフトなどがある。
その他付加制御機能がある。
急ブレーキ後の再発進が最ロー変速比から可能。

d．音振性能

ベルトノイズが聞こえない。
ギアノイズが聞こえない。
ロックアップ時エンジンの回転変動によるこもり音が聞こえない。
曲げ振動によるこもり音低減。
その他異音、振動がない。

e．車載性能

寸法が小さい。
車載要求に応じやすいように少ないユニット変更で対応できる。
重量が軽い。
エンジン、操作系、出力軸などとつながりやすい形状。

f．保証・メンテナンス性

故障しない。
フェールセーフがある。
メンテナンスが要らない。

g．営業性

コストが安い。

(3)CVTでの達成手段

以上のような要求性能に対して、達成手段について思いつくものを列挙してみた。いわゆるユニットニーズに対してシーズである。今後のCVTの将来の姿を考える場合、これらの性能が向上する機構、制御が進歩してゆくものと思う。

a．動力性能

プーリやベルトの改良による変速比幅の拡大。
適切な変速比指示によるスムーズで加速の良い変速制御。
遊星歯車の配置改善による後進時の変速比適切化。

トルクコンバータの容量、トルク比を車両の性格に合わせた適切設計。
変速スケジュールの適正化による加速性能の改善。
電子、油圧回路の工夫によって早い変速の実現。
シフトスケジュールの自動変更制御などによる変速スケジュールの多様化。

b．燃費性能

伝達効率が良い。
滑りの減少などによる低フリクションベルト。
小型ポンプ。
ブレーキの油溝拡大。
低フリクションシールリング。
ライン圧の最適制御。
オイル攪拌抵抗の低減。
オイルの低リーク化。
最高段変速比が小さい。
トルクコンバータの速度比の大きいところの容量係数が大きい。
高効率なトルクコンバータ。
低車速ロックアップ制御。
複板クラッチ化でロックアップの多用。
スリップロックアップ制御。
ニュートラル制御。
コーストロックアップ、ダウンシフト制御でフューエルカット頻度が高い。
変速スケジュールは燃費性能には低エンジン回転化。
シフトスケジュールの自動変更制御。
トルコンの超偏平、アルミクラッチ、アルミキャリアなどによる重量低減。

c．運転性

変速ショック感が少ない変速制御。
なめらかなロックアップ締結制御。
シフトレバー作動時のショックが少ない。
クリープ力が適切、変化しない。
エンジンとの相互制御による運転性の改善。
車両との相互制御による運転性の改善。
加減速、登降坂で変速スケジュールが意に添う登降坂制御、自動エンジンブレーキ。
変速のレスポンスが速い制御機構。
降坂時自動エンジンブレーキ制御によるエンジンブレーキの効きが適切。

パーキングに確実に入る、スムーズに抜ける機構設計。
セレクトレバーのボタンスイッチ化。
低温、高地、エアコンの使用などでも運転性は変わらない制御。
運転して楽しいマニュアルシフトの設定。
その他より自然感のある付加制御がある。

d. 音振性能

ピッチの縮小、ランダムピッチ化などによるベルトノイズの低減。
歯形修正、モジュールの適正化、伝達誤差解析などによるギアノイズの低減。
ロックアップダンパーの低剛性化によるロックアップ時こもり音の低減。
ハウジング、ケースの曲げ剛性向上による曲げ振動によるこもり音低減。
トルクコンバータ流体音、クラッチジャダー、油圧の流体音、クラッチ締結時の異音などの異音、振動がない。

e. 車載性能

FFは全長が短い、第2軸が短い、FRは胴が細い、オイルパンの幅が狭い配置設計。
トルコンの超偏平、CVT専用超偏平トルコン、湿式発進クラッチなどによる小型化。
ケースの変更のみで対応できるようにし車載時の変更部品を減らす。
トルコンの超偏平、アルミクラッチ、アルミキャリア、セレクト時ライン圧制御などによる重量の低減。
TCUのCVT内組み込みによる配線を減らす設計。
エンジン、操作系、出力軸などとつながりやすい設計。

f. 保証、メンテナンス性

故障しない、オイル漏れがしない、運転性が悪化しない、異音がしない設計。
電気的な破損時もマニュアルシフトで最低限の走行ができるなどフェールセーフがある。
オイル交換不要などメンテナンスが要らない。

g. 営業性

部品点数の削減、特殊熱処理、表面処理の廃止、新製法、新材料、調達の最適化などによるコストの低下。

4. ベルトCVTの最近の技術または動向

前3. 項であげた性能向上は常に改善が図られており、新しいCVTが発表されるごとに良くなってきている。以下には、最近発表されたユニットなどから特徴的な動向及び新技術について主なものを解説する。

(1)全体構成部品

新しい機構が完成すると基本の構成は同じでも、しばらくの間は種々の異なった部品を組み合わせたユニットが商品化されるのが一般的である。ベルト式CVTにおいては、発進機構は遠心クラッチ、電磁クラッチ、湿式クラッチ、トルクコンバータ、前後進クラッチは湿式クラッチと遊星歯車式、シンクロと平行歯車式、制御は油圧式、電子式、ベルトはゴム式、VDT式、チェーン式、金属強化のプラスチックとゴムの複合式など、実に多くの機構が各社から開発され商品化されたが、それから約20年を経て商品化された大多数のCVTは、

発進要素：トルクコンバータ(ただしコンパクト性に優れた湿式クラッチもあり)

前後進クラッチ：湿式クラッチと遊星歯車式

制御：電子式

ベルト：VDT式

となり、結局総合的な機能として優れた方式に統合化される模様である。

図7−13　代表的なベルトCVTの部品配置

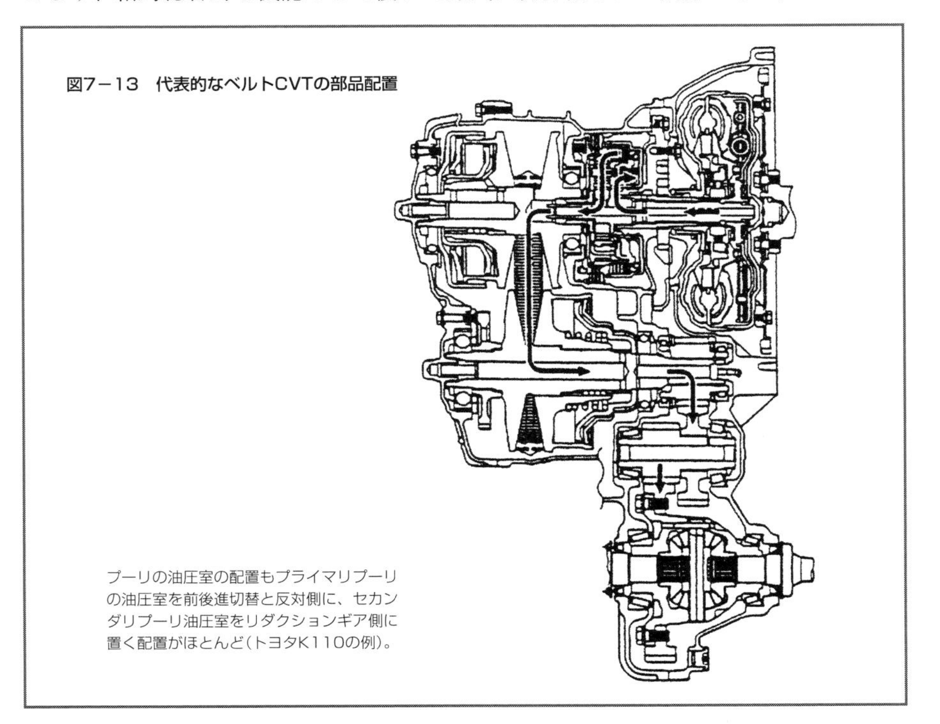

プーリの油圧室の配置もプライマリプーリの油圧室を前後進切替と反対側に、セカンダリプーリ油圧室をリダクションギア側に置く配置がほとんど(トヨタK110の例)。

(2)配置

動力の伝わる方向から配置をみてみると、ほとんどの機種は、トルクの伝達順はトルクコンバータ→前後進切替え→プライマリプーリ→セカンダリプーリ→リダクションギア→ファイナルギアであり、またプーリの油圧室の配置もプライマリプーリの油圧室を前後進切替えと反対側に、セカンダリプーリ油圧室をリダクションギア側に置く配置がほとんどであり、これが最もコンパクトな配置と思われる。

(3)全変速比幅の傾向

全変速比幅が大きいと発進の加速力を大きくできるし、高速のエンジン回転数を低くすることができる。ATの全変速比幅は多段化のブームとともに大きくなっている。トルクコンバータ付きのCVTは、ATの5〜6速並みの変速比幅があるが、時代とともに少しずつ、図7－14に示すように広くなっている。

(4)ホンダの改善ベルト

ホンダが自動車メーカーとしては初めてVDT型ベルトの自社生産を開始した。図7－15に示すように、ベルトのピッチ半径より内径側のエレメントを1mmほど短縮した独自の改良を行った。この改良により、プーリの軸径が同じの場合でも、ベルトのピッチ半径を小さくでき、変速比の幅を大きくできる。ATが6速、7速と多段化、変速

図7－14　CVTの全変速比幅の変化

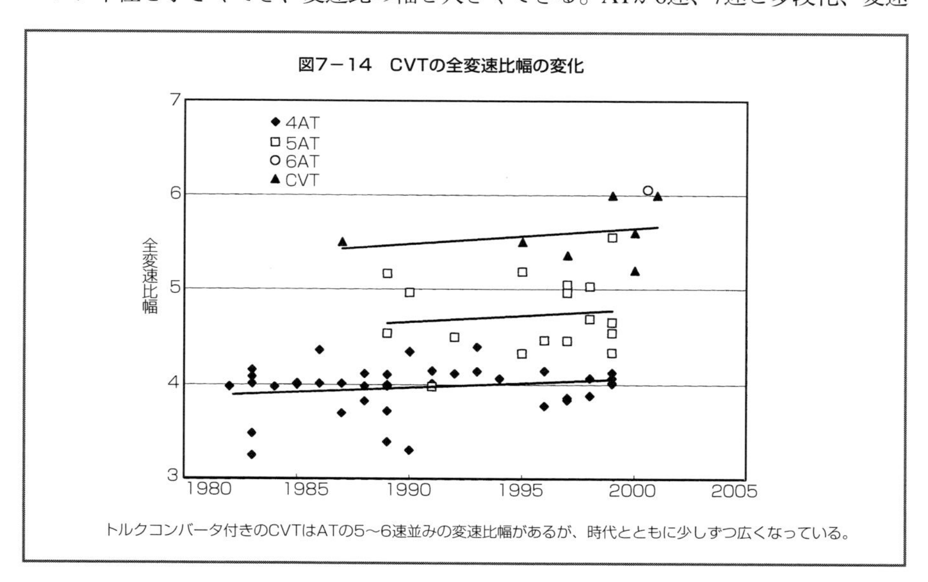

トルクコンバータ付きのCVTはATの5〜6速並みの変速比幅があるが、時代とともに少しずつ広くなっている。

図7－15　ホンダの改善ベルト

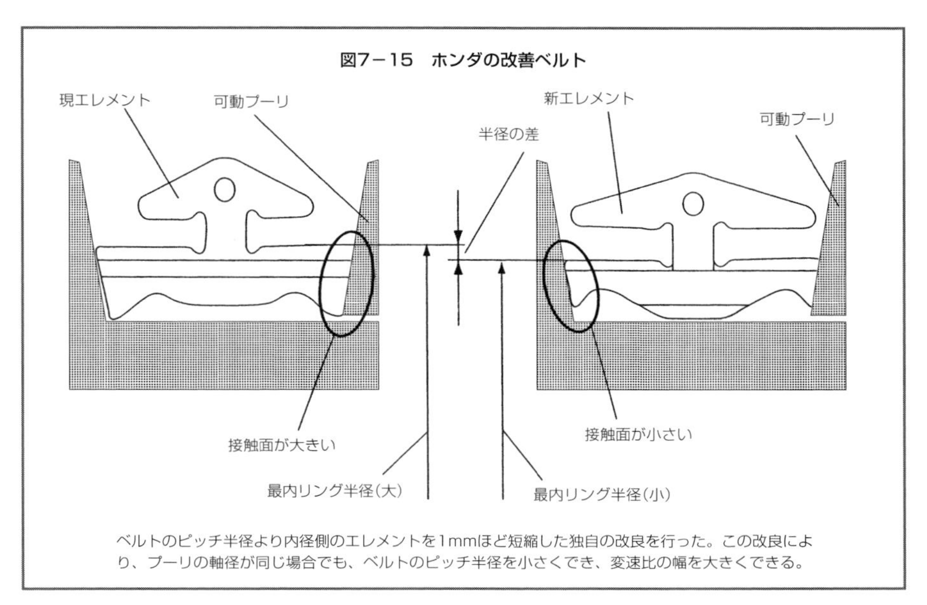

ベルトのピッチ半径より内径側のエレメントを1mmほど短縮した独自の改良を行った。この改良により、プーリの軸径が同じ場合でも、ベルトのピッチ半径を小さくでき、変速比の幅を大きくできる。

比の幅のワイド化が図られており、ATに対して優位に立つためにも、またホンダのCVTはトルクコンバータに比べトルクの増大ができない湿式発進を採用しているためもあり、CVTの変速比幅のワイド化は必要な技術である。

(5)CVT内組み込み記録素子によるソレノイド特性精度の向上

CVTユニット内部にコンピュータの記録素子で書き換え可能なEPROMを組み込み、ユニットの特性を測定したデータを組み込みEPROMに記憶させ、そのユニットのバラ

図7－16　ソレノイド特性の精度改善例

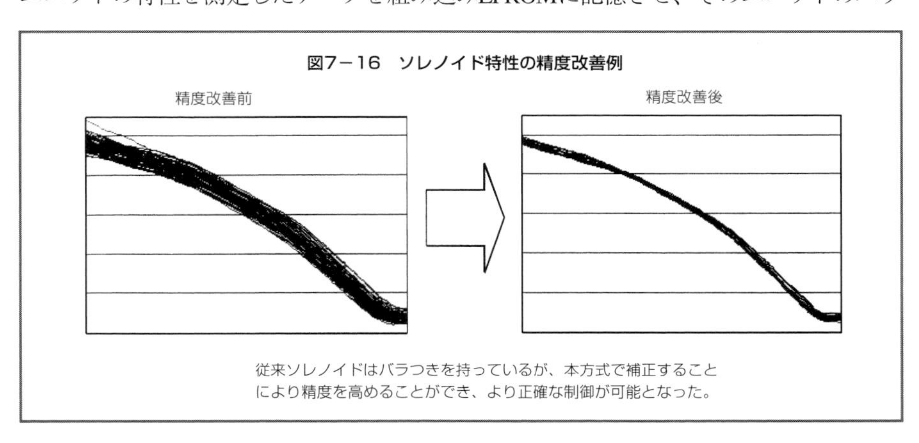

従来ソレノイドはバラつきを持っているが、本方式で補正することにより精度を高めることができ、より正確な制御が可能となった。

つき値を補正する方式をジヤトコのCVTに採用された。図7－16に示すように、従来ソレノイドはバラつきを持っているが、本方式で補正することにより精度を高めることができ、より正確な制御が可能となった。

(6)マニュアルシフト

ATでもお馴染みであるが、MTのような感覚で運転を楽しみたい、または自分で思い通りの変速比を選びたいという運転者の要求に応えるため、図5－28に示すように、シフトレバーを前後に動かすとアップシフトやダウンシフトができる方式(マニュアルシフト、スポーツシフト、ティプトロ)の採用が増えている。ATの場合は、そのATの変速段と同じ段数にしかできないが、CVTの場合は、無限に段数があるために幾らでも段数を設定できるメリットがある。6段とか8段を採用している例がある。

(7)オイルポンプの配置

オイルポンプは従来エンジンの回転がそのまま伝わるトルクコンバータの後ろの軸上に配置しているが、CVT全体の軸長がその分だけ長くなってしまう。また、トルクコンバータの軸が太いためオイルポンプの径が大きくなってしまう。

全長を短くしたいため、またコンパクトなオイルポンプを使用したいため、オイルポンプを軸上から離して、図7－17のように、チェーンでオイルポンプを駆動する方式が採用されている。容積効率の良いベーン型のオイルポンプとの組み合わせで使用する場合は、この方式との組み合わせとなる。

図7－17　チェーン駆動のオイルポンプ

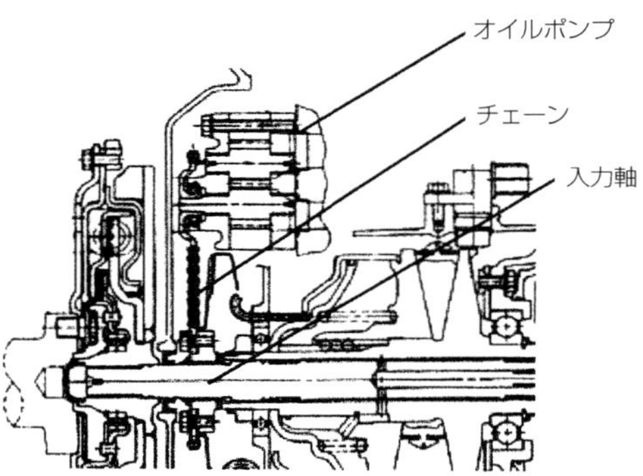

オイルポンプ
チェーン
入力軸

オイルポンプは従来トルクコンバータの後ろの軸上に配置しているが、CVT全体の軸長がその分だけ長くなってしまう。またトルクコンバータの軸が太いためオイルポンプの径が大きくなってしまう。全長を短くしたいため、またコンパクトなオイルポンプを使用したいため、オイルポンプを軸上から離して、チェーンでオイルポンプを駆動する方式が採用されている。

(8)CVT専用トルクコンバータ

エクセディより、図7－18に示すようなCVT専用の極めて薄いトルクコンバータが発

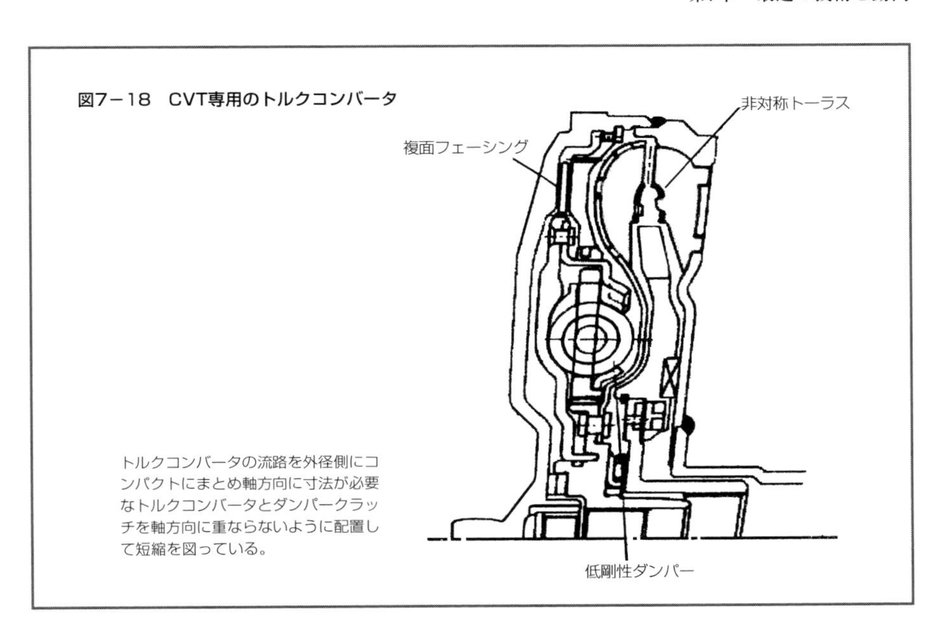

図7－18　CVT専用のトルクコンバータ

表された。これはトルクコンバータの流路を外径側にコンパクトにまとめ軸方向に寸法が必要なトルクコンバータとダンパークラッチを軸方向に重ならないように配置して短縮を図っている。トルクコンバータの流路の外径は同じような寸法であるため伝達容量が変わらない。伝達効率は多少の低下を招くと思われるが、CVTのトルクコンバータは発進時のほんの数10mしか使用しないため実用上問題ない。それよりもATに対して重量やコンパクトさに不利なCVTの競争力を上げるには効果的と思われる。

(9)IVT(Infinite Variable Transmission)

ベルトやトロイダルCVTの変速要素は車両として成立させるためには、発進要素や前後進切替装置を追加しなければならない。さらにシンプルな構造で変速比幅が広いCVTにするために考えられているのがIVTである。

構造と変速比の一例を図7－19に挙げる。CVTと遊星歯車を組み合わせ、動力を分割して伝達すると、無限大の変速比をつくることができる。無限大の変速比とはエンジンが回転していても車両が止まっている。すなわちニュートラルとなり、ここから少しだけ変速すると前後進ができる。

これで、発進部品と前後進切替部品が不要となる。このままでは変速比幅が不足するので、クラッチやブレーキをつけて変速比幅を稼いでいる。研究している例は多い

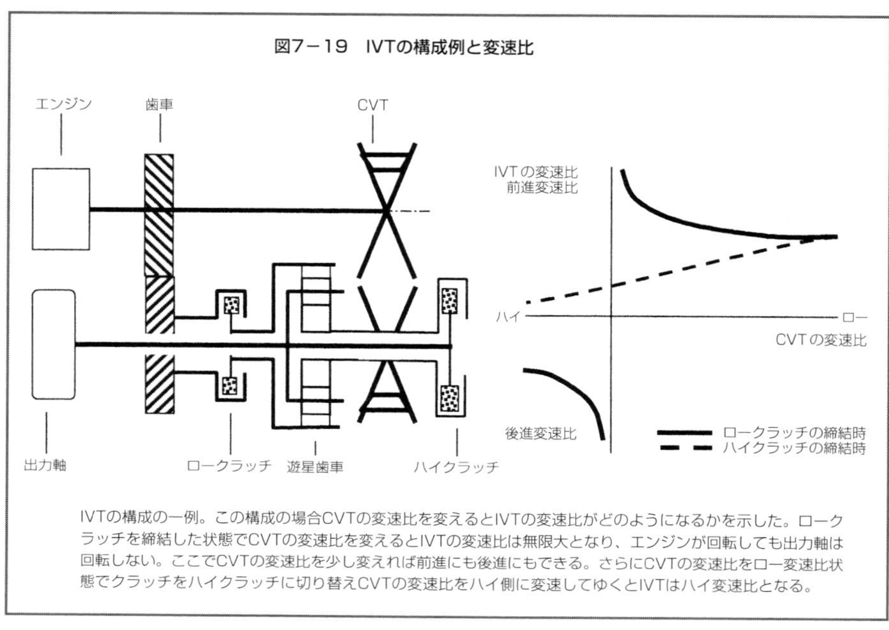

図7－19　IVTの構成例と変速比

IVTの構成の一例。この構成の場合CVTの変速比を変えるとIVTの変速比がどのようになるかを示した。ロークラッチを締結した状態でCVTの変速比を変えるとIVTの変速比は無限大となり、エンジンが回転しても出力軸は回転しない。ここでCVTの変速比を少し変えれば前進にも後進にもできる。さらにCVTの変速比をロー変速比状態でクラッチをハイクラッチに切り替えCVTの変速比をハイ側に変速してゆくとIVTはハイ変速比となる。

が、いまだ現行のCVTを追い越した機能のものは現れていない。

(10)副変速機付きCVT

これまで商品化されたのはCVT機構のみですべての変速を行っていたが、歯車による変速機構と組み合わせることによりCVT部の変速比幅が狭くなっても変速機としての変速比幅が広くかつ小型軽量化した変速機が商品化された。CVTとしての変速比幅を狭くしたため効率の悪いHIGH側変速比を狭めたため効率向上の効果もある。

図7－20　JATCO　CVT7のカットモデル

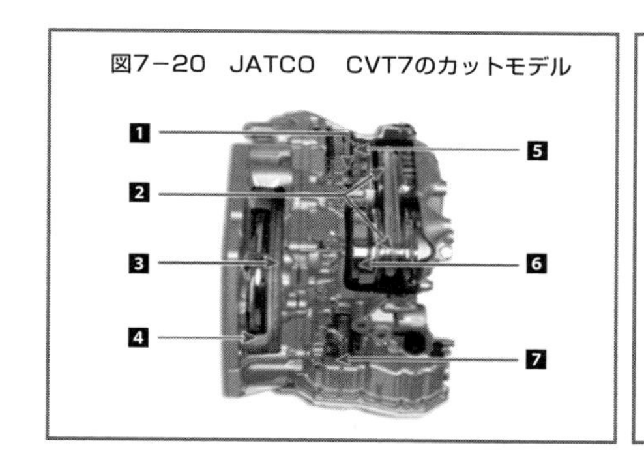

図7－21　TOYOTA Direct Shift-CVTのカットモデル

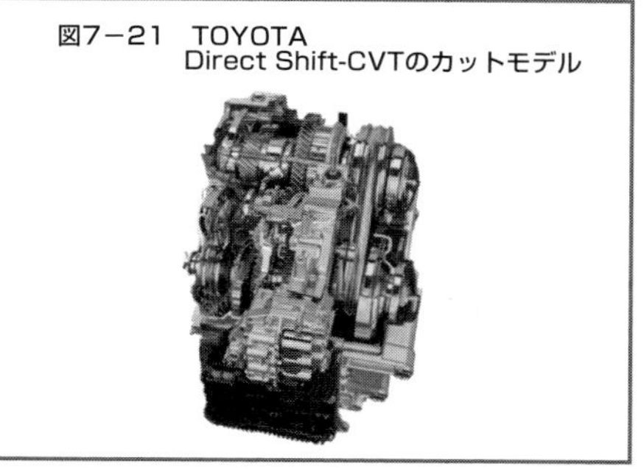

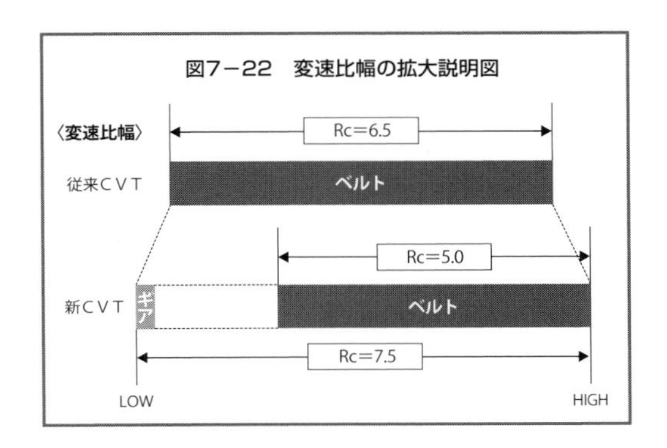

図7－22　変速比幅の拡大説明図

ベルトCVTの課題である「HIGH側変速比部の効率が悪いと重量が重い」を解決する方法の一つである。

・JATCO　CVT7の例(2010年発売)

1．副変速機の追加、2．プーリー比幅の縮小、3．コンバータの扁平化、4．クラッチ部の合理化、5．オイルとCVT部を離しオイルの撹拌抵抗を減らす、6．低剛性ダンパーによるロックアップ領域の拡大、7．オイルポンプの配置の合理化、
などにより変速比幅7.3と効率改善により車両の燃料消費性能を改善し、他に従来品に対して13％の軽量化、10％の全長短縮が実現できた。

・TOYOTA　Direct Shift-CVT(2018年発売)

図7－22に示すように、LOW変速比時は従来の歯車変速機で行いHIGH側変速比部をCVTで行うことにより変速機としての変速比幅を7.5まで増やし車両としての燃費性能を6％(従来比)改善した。

5．今後CVTはどうなるのか

金属ベルトCVT搭載車が世の中に誕生したのは1987年であり、CVTの採用機種の割合は日本のFF乗用車では増加の傾向である。ただし、欧州や北米においては採用例はあるが、その割合は多くない。これは難しい問題であるが、今後、CVTはどこまで伸びてゆくかを考えてみたい。

MTとATは運転操作が異なり、エンジンでいえばガソリンとディーゼルのように機能の異なるユニットである。機能の異なるユニットは長く並存する。ATとCVTは性能

の差はあるが操作方法においても同じ機能のユニットである。自動車の歴史を見ても、同じ機能のユニットが長期間並存した例がない。性能や生産性を含めて総合的に優れた方式のユニットに統合されていく傾向となる。この理由は同じ機能で2種類のユニットを生産し続けると部品の種類が増え、生産性が落ちるためと考えられる。エンジンでいえばレシプロエンジンとロータリエンジンがあり、性能は異なるが機能が同じであり、一時はロータリエンジンの割合が増加したが、燃費性能なども含めた総合性能の優劣により、結局はレシプロエンジンに軍配が上がっている。

それでは、ATとCVTはどちらが総合的に優れているのか。この結論を出す前にもう一つの自動車ユニットの歴史的事実がある。それは多少コストや重量が重くなっても、性能の良い方式が勝ち、統合されてゆく。たとえばATでいえば、多段化、ロックアップクラッチの追加、電子制御化などはいずれもユニットは大きく、重く、高価になっているが、それを上回る性能の向上により、ほとんどのユニットはその方向に進んでいる。車両全体を見ても、どんどん高価な部品が次々に採用されている。多少高価でもユーザがそれを選ぶからである。

CVTは、今のところATに比べて大きく、重く、高価なユニットである。性能的には、前節で述べたようにATに比べて優れている。問題はそのバランスと思われる。一方、ATやCVTはユニットを新設計するには開発費と、生産設備の新規投資のため数100億円の費用が必要である。したがって、総合的に差があってもすぐに今の設備を廃却して新しいユニットに変更するというわけにはいかない。リスクもあるので、変化は非常に緩慢と行われる。

良い性能のものが使われてゆくという見方では、軍配はCVTに上がるように見え、採用車種の拡大からみてもまだまだ増加していくユニットであると思うが、性能で劣る部分がないわけでもない。緩慢に変化している現在、さらに本質的な競争力を上げる努力が必要と筆者は考えている。CVTに要求されるニーズとそれを達成するシーズについて多くの項目を前節で書いたが、今後ATに対して優位となるための重要な項目を三つだけ挙げるとすれば以下と思われる。

①ベルトフリクションの低減、特に高速時。

②重量の低減。

③コストの低減。

本技術発祥の地のヨーロッパでベルト式CVTの普及に関して伸び悩んでいる理由は、このうち①で、特に高速走行の頻度が高い地域では改善が必要である。CVTかATかの勝負は、今後CVTの開発に関わる人たちの努力と知恵でいかにCVTが良くなってゆくかに依存している。この本の読者の中からCVTに興味を持ち、CVT改善に大きな成果を上げCVTが勝つことを筆者は望んでやまない。

主要用語解説

・AT、CVTの範疇で使われている意味で解説する。
・(　)は別の呼び方を示す。
・〔　〕はその用語の単位を示す。

【ア行】

IVT(Infinite Variable Transmission)……………195
CVTと遊星歯車などを使用し無限大の変速比ができるようにして、発進装置を不要とした変速機。

アキュームレータ……………………………………155
一定の圧力を保つ圧力室。

アクセル開度センサ…………………………………115
アクセル開度をスライダで抵抗値の変化に変えるセンサ。

アクセル全開…………………………………………164
アクセルを床まで踏むこと。

アクセルのレスポンス………………………………164
アクセルの動きに対して駆動力の反応速さ。

アクチュエータ………………………………………109
電気信号を油圧や変位に変えてCVTを動かす装置。ソレノイドやステップモータなど。

圧縮式ベルト……………………………………………51
VDT型ベルトがエレメントの圧縮で動力を伝達しているため圧縮式ベルトと呼ばれている。

アップシフト…………………………………………144
ハイ変速比側に変速すること。

安定性…………………………………………………140
フィードバック制御で一定の状態を保てる性能。

一方向クラッチ(One Way Clutch)……………………18
一方向回転のみトルクを伝え、逆方向はフリーとなるクラッチ。

インターロック…………………………………………59
2つの変速比の異なる歯車が同時に噛み合うこと。

運転性…………………………………………………161
運転していて車から感じるすべての性能や感覚。

AT(Automatic Transmissionの略語)
多段型自動変速機、広い意味ではCVTもAutomatic Transmissionに含まれる。

ATF(Automatic Transmission Fluid)…………122
AT、CVT用の油。

エコノミ、パワー変速線……………………………159
燃費優先や動力性能優先の変速線図。

エネルギ回収…………………………………………168
車両の減速時のエネルギを電気などのエネルギに回収して再利用するもの。

FR(Front Engine Rear Driveの略)………………169
エンジンが前にあり後輪を駆動する方式。

FEM計算(有限要素法)…………………………………44
部品の応力や変形を計算する手法で、形状を単純な小さな要素に分割してマトリックス解析で計算する手法。

FF(Front Engine Front Driveの略)……………………15
エンジンが前にあり前輪を駆動する方式。

エレメント………………………………………………48
VDT型のベルトの構成部品で厚さ2mm前後の鋼板の両サイドにプーリと接する傾斜面をもった部品。

遠心キャンセルダム…………………………………120
セカンダリプーリ油圧室の遠心力の大部分を打ち消すように作用する油樋。

遠心クラッチ………………………………………28,78
錘に加わる遠心力をクラッチの押し付け力に変えたクラッチ。

遠心力……………………………………………………52
回転する物体が半径方向に飛び出そうとする力。〔N〕

エンジンの回転変動…………………………………151
エンジンは4気筒の場合は180度回転するごとに爆発するためトルクの発生に変動がでて回転も変動すること。

追い越し加速性能……………………………………164
追い越しに要する時間に影響する性能。一定の車速を上げるのに要する時間など。

応答性…………………………………………………140
フィードバック制御で一定の状態になるまでの時間。

応力………………………………………………………61
単位面積の材料に加わる荷重。〔Pa〕

オーバーシュート……………………………………147
フィードバック制御で目標値を超えてしまうこと。

オフセット………………………………………………51
2点間の隔たり。ここではVDT型ベルトのピッチ径と最内リング内径の差などをいう。

オリフィス……………………………………………131
回路の一部分が細くなっているところ、流量や圧力を調整する。

ON、OFFソレノイド弁………………………………133
低圧と高圧の切り替えを行うことができるソレノイド弁。

【カ行】

回転角速度………………………………………………59
単位時間当たりの回転角度。〔rad/sec〕

回転センサ……………………………………………114
電磁ピックアップに歯車などを近づけ回転を検地する装置。

回転変動…………………………………………………15
回転数が一定の周期で変動しながら回転する場合の回転数の最大・最小差。

片振幅…………………………………………………152
振動全振幅の半分。

片調圧方式……130
片方のプーリの圧力を制御することで変速させる方式。
カップリング範囲……74
トルクコンバータのトルク増大が得られない速度比範囲、ステータが回転している範囲。
含有空気量……134
ATFに含まれる空気の量。
強制潤滑……108
摩擦面に油を直接供給する潤滑方法。
切り替え弁……135
油路を切り替えて油の流れる方向を変える弁。
金属ベルト……26
金属でできたベルト。
駆動力
車両の場合は前後に動かそうとする力。〔N〕
クラッチジャダー……190
クラッチが締結する時に発生する事がある自励振動。
クラッチ点(カップリングポイント)……74
トルクコンバータのコンバータ範囲からカップリング範囲に変わる点。
クリープ現象……70
アイドル回転数時に車両がわずかに前進すること。
減速歯車……101
FFの場合の呼び方で、FRの場合は終減速比。エンジンの回転がタイヤの回転数に比べて高いためこれを合わせるために減速する歯車。
効率……76
出力馬力に対する入力馬力の割合。
コースティング状態……71
エンジンが車両の慣性力によりまたは下り坂などで駆動されている状態。
誤発進……186
運転者は発進する意思がないのに発進すること、ブレーキペダルのつもりでアクセルペダルを踏んでしまったときなど。
ゴムベルト……26
湾曲中心に強化心材を入れたゴムでできたベルト。
こもり音……146
エンジンの振動などが車体に伝達し車体内に伝わる音。
コントロールバルブ(油圧制御装置)……110
油圧回路、バルブ、アクチュエータなどで構成。
コンバータ範囲……73
トルクコンバータのトルク増大が得られる速度比範囲 、ステータが止まっている範囲。

【サ行】

最大馬力……164
エンジンの最も大きな出力。〔PSまたはKw〕
サイドギア……102
差動歯車の出力軸につく歯車。
作動圧……132
大量の油量にしてプーリやクラッチを直接作動させる油圧。〔Pa〕
差動機能……17
左右のタイヤに力は伝えるがお互いに自由に回転するようにする。
差動制限装置……104
左右のタイヤの作動にトルク的な制限をつけた差動装置。
サンギア……86
遊星歯車の太陽のように中心にある歯車。
三方弁……133
制御圧を得るのに供給圧の弁を開けるか、排圧ドレイン圧弁を開けるかのどちらかの作動となるソレノイド弁。
CVT(無段変速機、Continuously Variable Transmission)
連続的に変速比の変わる変速機。
シーブ角……46
プーリとベルトの接触部の角度。
湿式発進クラッチ……28,83
湿式の多板クラッチを油圧で制御して発進機能を持たせるクラッチ。
自動エンジンブレーキ……189
下り坂であることを検知して、適度なエンジンブレーキを掛けること。
シフトロック……100
ブレーキペダルを踏んだ状態でないと、セレクトレバーを「P」から動かせない機構。
車載性能……186
変速機が車両に搭載しやすいかどうかの性能。
循環流速……72
トルクコンバータ内の油が3つの翼の間を循環している流速。
シングルピニオン式……87
プラネタリギアをサンギアとリングギアの間に1列だけ配置した遊星歯車。
シンクロ(同期装置)……28,97
2つの部材の回転数を同じにするまでブロックする装置。
信号圧……132
圧力は得られるが油量が少なく，バルブを動かし油路を切り替える程度の油量しかない制御油圧。
スケルトン(スケマティック)……85
動力機構の力のつながりなどをわかりやすく書いた図。
スタータインヒビット……100
セレクトレバーがP、N位置以外はスタータモータの始動を禁止すること。
ステータ……70
トルクコンバータの固定軸にワンウエイクラッチを介してつながる翼、トルク増大作用がある。
ステップモータ……110
電気信号で定められた量だけモータを動かし、変位に変えてCVTを動かす装置。
ストール……78
Dレンジでブレーキを踏み、アクセルを全開する状態。
ストール回転数……79
ストール時のエンジン回転数。

【ナ行】

【ハ行】

参考文献

Schmidt,O.C., Practical Treatise on Automobiles,Stanley Institute 1911
Automotive Industries July 3,1924
SAE Transactions,Vol.15 1925
SAE Journal,Vol.40,No.5 1937
Ford Motor Co.,ERDA Contractor Coodination Meeting May5,1976
Mechanical Engineering Vol.98,No.10 October 1976
SAE Paper 7900849 1979
The Motor Vehicle,Butterworths,London 1983
Jasbir Singh: General Motors "Vti" Eiectronic Continuously Variable Transaxle,SAE 2003-01-0594
Andreas Piepenbrink:The Technology of the ZF CVT-CFT23, SAE 2001-01-0873
Masabumi Nishigaya :Development of Toyota's NEW "Super CVT" SAE 2001-01-0872
服部他、「1.5Lクラスの金属ベルト式無段変速機の開発」JSAE学術講演会前刷集No.21-03
Herbert Mozer他、「The Technology of the ZF CVT-CF23」SAE 2001-01-0873
今井田他、「2LエンジンクラスベルトCVTのプーリ開発」JSAE学術講演会8-99
小林他、「金属CVTベルトのフリクショントルク解析」JSAE学術講演会74-98
斎藤「CVT金属ベルト応力シミュレーション技術の開発」JSAE学術講演会21-03
丸山他、「金属VベルトタイプCVTの変速機構に関する研究」JSAE学術講演会前刷集No.108-02
中野他、「CVT燃費向上技術のポテンシャル検討」日産技術No.53
田中裕久著「トロイダルCVT」コロナ社
坂本研一著「オートマチック・トランスミッション入門」グランプリ出版
JSAE「自動車技術ハンドブック」精興社
「JATCO Technical Review No.2 No.4」ジヤトコ（株）

〈著者紹介〉
守本佳郎（もりもと・よしろう）
1941年兵庫県に生まれる。大阪市立大学工学部機械工学科卒業。1964年日産自動車㈱入社。駆動設計部、機構研究所でAT、CVT等の設計、研究に29年間在籍、日産自動車のCVTや電子制御ATの初期研究を立ち上げた。1993年ジヤトコ㈱に移り、AT、CVTの設計に8年間在籍し商品化設計に関与した。2001年定年退職しジヤトコ㈱、現代自動車㈱等で教師やコンサルタントを実施した。機械工学技術士、ISO9000審査員補。

無段変速機CVT入門

著　者　守本佳郎
発行者　山田国光

発行所　株式会社グランプリ出版
〒101-0051　東京都千代田区神田神保町1-32
電話 03-3295-0005㈹　FAX 03-3291-4418

印刷・製本　モリモト印刷株式会社